普通高等教育“十二五”规划教材

数学物理方程

陈明文　刘　宇　编著
郑连存　　　　　审

机 械 工 业 出 版 社

本书系统地介绍了数学物理方程的基本概念、基本方法，内容深入浅出，语言简练、通俗易懂，讲解推理自然，理论推导系统完整.

全书内容共分十章. 书中不仅介绍了三类典型的偏微分方程（波动方程、热传导方程和调和方程）和定解条件的推导、二阶偏微分方程的基本概念和分类、分离变量法、特殊函数法、行波法、积分变换法、基本解与格林函数法，还介绍了适用于求解非线性数学物理问题的摄动和渐近方法，及其在解决材料和冶金等领域数学物理问题中的一些应用.

本书可作为数学、物理学、材料科学、冶金、电子信息科学等专业的本科教材，也可作为相关专业的研究生教材和参考书.

图书在版编目（CIP）数据

数学物理方程/陈明文，刘宇编著. —北京：机械工业出版社，2013.2（2019.6 重印）

普通高等教育“十二五”规划教材

ISBN 978-7-111-40978-6

Ⅰ.①数… Ⅱ.①陈…②刘… Ⅲ.①数学物理方程－高等学校－教材 Ⅳ.①O175.24

中国版本图书馆 CIP 数据核字（2012）第 311781 号

机械工业出版社（北京市百万庄大街 22 号 邮政编码 100037）
策划编辑：韩效杰 责任编辑：韩效杰 李 乐
版式设计：霍永明 责任校对：张 媛
责任印制：常天培
北京机工印刷厂印刷（三河市南杨庄国丰装订厂装订）
2019 年 6 月第 1 版第 3 次印刷
184mm×240mm · 14.75 印张 · 295 千字
标准书号：ISBN 978-7-111-40978-6
定价：33.00 元

电话服务
客服电话：010-88361066
010-88379833
010-68326294

网络服务
机 工 官 网：www.cmpbook.com
机 工 官 博：weibo.com/cmp1952
金 书 网：www.golden-book.com
机工教育服务网：www.cmpedu.com

前　　言

数学物理方程是一门基础性和应用性很强的学科，是从事数学、物理学、材料科学和信息科学等工程技术领域研究必不可少的理论和方法. 数学是研究空间形式和数量关系的科学，数学一直在自然科学研究中发挥着举足轻重的作用. 数学物理方程更是在创立和发展物理学理论进程中的主要工具之一. 当年，柯朗（R. Courant）和希尔伯特（D. Hilbert）合著的《数学物理方法》在早期只有数学家们感兴趣，物理学家们不屑一顾. 可是，当物理学家们对冥思苦想很多年而不得其解的方程无可奈何而不得不求助于数学家时，发现这本书中的理论恰恰是他们所期望的解答，甚至比他们所期望的还要好. 数学物理方程通过对具体物理过程的分析，抓住主要因素，对物理现象建立系统的数学模型，并且依据物理实际背景对数学模型进行分析、求解，揭示物理现象的本质，以达到对物理现象的深入的理解. 从这个意义上说，数学物理方程是数学和物理学系统理论的结晶.

本书根据编者多年的教学经验，在已有教材的基础上，力求系统地介绍数学物理方程的基本概念、基本方法，内容深入浅出，语言叙述准确、简练，讲解推理自然、易懂，对于某些内容不惜笔墨，便于读者理解. 本书理论推导和方法具有系统性和完整性，例如：在第1章数学物理方程的定解问题中增加流体中的热传导方程的建立和推导；在第4章贝塞尔函数中增加球贝塞尔函数和虚宗量贝塞尔函数内容；在第5章增加伴随勒让德函数与球函数内容. 充实这些内容使圆柱形区域和球形区域内的数学物理问题的解决趋于完善，以适应不同专业领域读者的要求. 非线性问题是近几十年来科学研究的重要课题，本书第10章介绍适用于求解非线性数学物理问题的摄动和渐近方法，及其在解决材料和冶金等领域数学物理问题中的一些应用.

本书内容安排：第1章介绍了数学物理方程的基本概念以及三类典型的二阶偏微分方程和定解条件的建立和推导，增加了在流体中热传导方程的推导；第2章介绍了二阶线性偏微分方程的分类和化简；第3章到第6章介绍了分离变量法，其中第4章至第6章分别以贝塞尔函数、勒让德多项式和埃尔米特多项式介绍了求解数学物理方程常用的特殊函数法；第7章介绍了积分变换法；第8章介绍了基本解的概念和格林函数法；第9章介绍了关于定解问题解的适定性问题的研究；第10章介绍了摄动和渐近方法.

本书可作为数学、物理学、材料科学、冶金、电子信息科学等专业的本科教材，也可作为相关专业的研究生教材和参考书. 全书分为十章. 第 1 章至第 5 章、第 10 章由陈明文编写，第 6 章至第 9 章由刘宇编写. 全部讲授大约需要 60 学时. 不同的专业可根据不同的需要选用教材的不同章节.

本书由北京科技大学郑连存教授审阅，谨此表示感谢.

由于编者的水平有限，错误及缺点在所难免，敬请同行与读者指正.

编　者

目　录

第 1 章

数学物理方程的定解问题

在定量地研究许多物理和工程技术问题时，需要用数学语言精确地描述物理过程. 首先，选定某个(或某些)描述物理过程的物理量，根据物理定律归结出一些偏微分方程(称为泛定方程)，由于这些偏微分方程是从物理过程、力学和工程技术问题导出的，人们称之为数学物理方程；其次，确定物理量在某个特定区域边界上的数值(称为边界条件)，如果在所研究的问题与时间有关的情况下需要确定这一区域内各点在初始时刻的数值(称为初始条件). 这些偏微分方程和边界条件、初始条件组成了数学物理方程的定解问题. 在这一章中，我们从几个不同的物理模型出发，建立数学物理中三类典型的数学物理方程：描述振动和波动特征的**波动方程**、描述输运过程的**热传导(或扩散)方程**以及描述稳恒状态或平稳状态的**调和方程**，并列出边界条件和初始条件，给出适当的数学物理方程定解问题. 数学物理方程一方面直接地联系着物理学和工程技术问题，另一方面广泛地运用了许多数学学科中的成果，因而它成为数学与物理学和工程技术的实际问题之间的桥梁.

1.1 数学物理方程的建立

一般来说，一个物理量是空间变量 x, y, z 和时间变量 t 的函数，例如流体的温度 T、速度 v、压强 p，其数学形式均可以表示为

$$u=u(x, y, z, t).$$

根据物理定律，这个物理量满足某个数量关系式，在数学上表现为满足某个偏微分方程(组). 因为方程中的自变量不止一个，所以方程中所出现的导数是以偏导数的形式出现的. 下面，我们通过建立具体物理问题的数学模型推导出一些简单的数学物理方程.

1. 均匀弦的横向振动方程

弦的横向振动问题是数学物理方程中的一个典型问题.

设有一根柔软且具有弹性的均匀细弦，长度为 l，两端拉紧后，让弦离开平衡位置，在垂直于弦线的恢复力作用下作微小的横向振动，求在不同时刻不同位置的弦线的运动状态.

注意：这里所指的柔软且具有弹性的"**弦**"是指弦可以任意地变形，在任意点处张力的方向总是沿着弦在该点的切线方向．"**均匀**"是指弦的线密度为常数．"**细**"是指弦的直径远远小于弦的长度，弦的重力可以忽略不计，在数学上可以把弦看做一条光滑的曲线．这里所指的"**横向振动**"是指在一个平面内弦上各点的运动方向垂直于最初的平衡位置．"**微小的**"是指弦上各点的位移与弦的长度相比很小，弦的纵向伸长量可以忽略不计.

现在我们建立弦的横向振动的偏微分方程．首先需要明确要研究的物理量是什么．本问题研究的是弦沿着垂直于平衡位置方向的横向位移.

其次，判断要研究的物理量遵循的物理定律是什么．本问题的物理量遵循牛顿第二定律.

最后，按照物理定律得出弦的横向振动的数学物理方程.

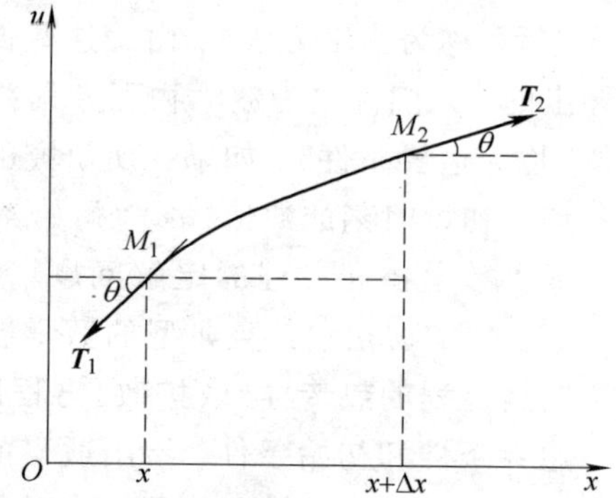

图 1.1　弦横向振动的微元示意图

因为这根弦是均匀、柔软且有弹性的，平衡时沿一条直线拉紧，故取这条直线为 x 轴，弦在一个平面上振动，我们用 $u(x,\ t)$ 表示弦的 x 点在时刻 t 的位移．如图 1.1 所示，取弦的一小弧段 $(x,\ x+\Delta x)$，设 ρ 为弦的线密度，M_1M_2 的弧长为 Δs，$\boldsymbol{T}_1$ 和 $\boldsymbol{T}_2$ 分别为弦在 x 点和 $x+\Delta x$ 点所受的张力，θ_1，θ_2 分别为相应的倾角，所以张力在 x 点和 $x+\Delta x$ 点的横向分量分别为 $-T_1\cos\theta_1$，$T_2\cos\theta_2$，纵向分量分别为 $-T_1\sin\theta_1$，$T_2\sin\theta_2$.

根据牛顿第二定律，此小弧段的运动方程为

$$\begin{cases}\rho\cdot\Delta s\dfrac{\partial^2\overline{u}}{\partial t^2}=T_2\sin\theta_2-T_1\sin\theta_1 \quad (\text{其中 }\overline{u}\text{ 为弧段的平均位移}), & (1.1.1)\\ T_2\cos\theta_2-T_1\cos\theta_1=0. & (1.1.2)\end{cases}$$

因为弦作垂直于 x 轴的微小横向振动，横向位移 $u(x,\ t)$ 关于 x 的偏导数满足 $|u_x(x,\ t)|\ll 1$，所以倾角 θ_1，θ_2 是很小的，保留一阶小量，舍去高于一阶的小量，则有 $\cos\theta_1\approx\cos\theta_2$．于是由方程(1.1.2)可知弦在 x 轴方向是平衡的，$T_1=T_2=T$，即在没有沿 x 轴方向的外力时，弦中各点的张力大小是相同的．同时，张力在 x 点和 $x+\Delta x$ 点的纵向分量分别为

$$-T_1\sin\theta_1=-T\sin\theta_1\approx-T\tan\theta_1=-T\frac{\partial u(x,t)}{\partial x},$$

$$T_2\sin\theta_2=T\sin\theta_2\approx T\tan\theta_2=T\frac{\partial u(x+\Delta x,t)}{\partial x}.$$

又有

$$\Delta s=\sqrt{(\Delta x)^2+(\Delta u)^2}=\sqrt{1+\left(\frac{\Delta u}{\Delta x}\right)^2}\cdot\Delta x\approx\sqrt{1+\tan^2\theta_1}\cdot\Delta x\approx\Delta x,$$

所以方程(1.1.1)可变为

$$\begin{aligned}\rho\cdot\Delta x\frac{\partial^2\overline{u}}{\partial t^2}&=T(\sin\theta_2-\sin\theta_1)\\&\approx T(\tan\theta_2-\tan\theta_1)\\&=T\left(\frac{\partial u(x+\Delta x,t)}{\partial x}-\frac{\partial u(x,t)}{\partial x}\right)\\&=T\frac{\partial^2u(x+\eta\Delta x,t)}{\partial x^2}\Delta x,\end{aligned}$$

其中，$0<\eta<1$. 消去两边的 Δx，当令 $\Delta x\to0$ 时，有 $\overline{u}\to u$，于是

$$\rho\frac{\partial^2u}{\partial t^2}=T\frac{\partial^2u}{\partial x^2},\tag{1.1.3}$$

或

$$\frac{\partial^2u}{\partial t^2}=a^2\frac{\partial^2u}{\partial x^2},\tag{1.1.4}$$

其中 $a^2=\frac{T}{\rho}$. 因为弦没有受到外力的作用，方程(1.1.4)称为**弦的自由振动方程**.

如果弦还受到垂直于 x 轴方向的外力的作用，其单位长度所受的外力为 $F(x,t)$，那么我们得到

$$\rho\cdot\Delta x\frac{\partial^2\overline{u}}{\partial t^2}=T\frac{\partial^2u(x+\eta\Delta x,t)}{\partial x^2}\Delta x+F(x,t)\Delta x.\tag{1.1.5}$$

消去两边的 Δx，并令 $\Delta x\to0$，于是得到

$$\frac{\partial^2u}{\partial t^2}-a^2\frac{\partial^2u}{\partial x^2}=f(x,t),\tag{1.1.6}$$

其中 $f(x,t)=\frac{F(x,t)}{\rho}$ 表示单位质量所受的力. 这个方程称为**弦的受迫振动方程**.

方程(1.1.4)和方程(1.1.6)只含有一个空间变量，我们称之为**一维弦振动方程**(或**一维波动方程**). 因为未知函数 $u(x,t)$ 以及 $u(x,t)$ 关于变量 x 和 t 的导数的幂次为一次，所以方程关于未知函数是线性方程.

建立数学物理方程是一个辩证分析的过程. 由于客观事物的复杂性，要求对所研究的对象能够抓住事物发展的主要因素，摈弃次要因素，使问题得到适度的简

化．在上面的推导过程中，我们假设弦是完全柔软的，所以张力 $\boldsymbol{T}$ 才会沿着弦的切线方向；又假设弦的横振动是很小的，所以可以舍去高于一阶的小量，用 $\sin\theta$ 代替 $\tan\theta$，并且弦的纵向伸长量可以忽略不计．如果我们不作出这些假设，问题将变得复杂．例如，因为各点张力大小不相同，张力 T 就会依赖于横向位移 $u(x,\ t)$，所以得到的方程将不是线性方程，而是非线性方程．

2. 均匀薄膜的横向振动方程

设有一绷紧的柔软且有弹性的均匀薄膜，静止平衡时薄膜的平面为 xOy 平面，薄膜上各点在任意时刻 t 的横向位移是$u(x,\ y,\ t)$.

因为薄膜是均匀的，柔软且有弹性，所以薄膜上各点的张力为常数 T. 在薄膜上任取一微元，其原来的静止位置在 $[x,\ x+\Delta x;\ y,\ y+\Delta y]$，如图 1.2 所示．

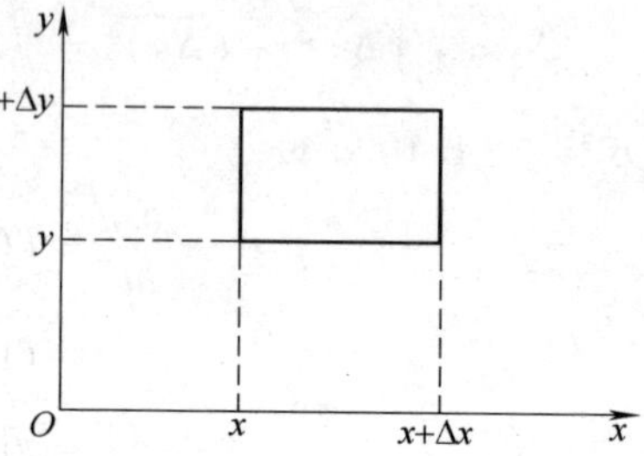

图 1.2　静止平衡时均匀薄膜平面区域微元示意图

先看 x 和 $x+\Delta x$ 这两边．薄膜所受的张力的横向分量分别为 $-T\dfrac{\partial u(x,y,t)}{\partial x}$和 $T\dfrac{\partial u(x+\Delta x,y,t)}{\partial x}$，所以薄膜在 x 和 $x+\Delta x$ 两边所受的总横向作用力是

$$\left(T\frac{\partial u(x+\Delta x,y,t)}{\partial x}-T\frac{\partial u(x,y,t)}{\partial x}\right)\Delta y=T\frac{\partial^2 u(x+\alpha\Delta x,y,t)}{\partial x^2}\Delta x\Delta y,\quad(1.1.7)$$

其中 $0<\alpha<1$. 同理，在 y 和 $y+\Delta y$ 两边所受的总横向作用力是

$$T\frac{\partial^2 u(x,y+\beta\Delta y,t)}{\partial y^2}\Delta x\Delta y,\quad(1.1.8)$$

其中 $0<\beta<1$.

设 ρ 表示薄膜的面密度，$\overline{u}$ 为该微元的平均位移，根据牛顿第二定律，我们就得到这小块薄膜微元的横向运动方程

$$\rho\frac{\partial^2\overline{u}}{\partial t^2}\Delta x\Delta y=T\frac{\partial^2 u(x+\alpha\Delta x,y,t)}{\partial x^2}\Delta x\Delta y+T\frac{\partial^2 u(x,y+\beta\Delta y,t)}{\partial y^2}\Delta x\Delta y.\quad(1.1.9)$$

两边消去 Δx，Δy，令 $\Delta x\to 0$，$\Delta y\to 0$，有 $\overline{u}\to u$，于是

$$\rho\frac{\partial^2 u}{\partial t^2}=T\left(\frac{\partial^2 u}{\partial x^2}+\frac{\partial^2 u}{\partial y^2}\right),\quad(1.1.10)$$

或

$$\frac{\partial^2 u}{\partial t^2}=a^2\left(\frac{\partial^2 u}{\partial x^2}+\frac{\partial^2 u}{\partial y^2}\right),\quad(1.1.11)$$

其中 $a^2=\dfrac{T}{\rho}$. 这个方程称为**均匀薄膜的自由振动方程**．

如果薄膜在单位面积上所受的横向外力是 $F(x, y, t)$，那么

$$\frac{\partial^2 u}{\partial t^2}=a^2\left(\frac{\partial^2 u}{\partial x^2}+\frac{\partial^2 u}{\partial y^2}\right)+f(x,y,t), \tag{1.1.12}$$

其中 $f(x, y, t)=\dfrac{F(x, y, t)}{\rho}$. 这个方程称为**均匀薄膜的受迫振动方程**，它含有两个空间变量，我们也称它为二维波动方程．若用二维拉普拉斯算子 $\Delta=\nabla^2=\dfrac{\partial^2}{\partial x^2}+\dfrac{\partial^2}{\partial y^2}$表示，则方程(1.1.12)可写为简洁的形式

$$\frac{\partial^2 u}{\partial t^2}=a^2\Delta u+f, \tag{1.1.13}$$

类似地，可导出三维波动方程(如电磁波、声波的传播)

$$\frac{\partial^2 u}{\partial t^2}=a^2\left(\frac{\partial^2 u}{\partial x^2}+\frac{\partial^2 u}{\partial y^2}+\frac{\partial^2 u}{\partial z^2}\right)+f(x,y,z,t). \tag{1.1.14}$$

3. 均匀细杆的热传导方程

设有一根导热性各向相同的等截面材料细长杆（图 1.3），截面面积为 S，导热系数 k，比热容 c 及密度 ρ 均为已知．假设外界介质温度为 0℃，由牛顿热交换定律可知，在长为 Δx 的一段杆上，单位时间内细杆与周围介质进行热交换所损失的热量与这段杆和外界介质的温度差成正比，即

$$Q_N=\alpha(u(x, t)-0)S\Delta x, \tag{1.1.15}$$

其中 α 为热交换系数．假设沿着细杆有热源分布，热源在单位时间内提供的热源密度为 $g(x, t)$（即在单位时间内、单位体积内提供的热量)．

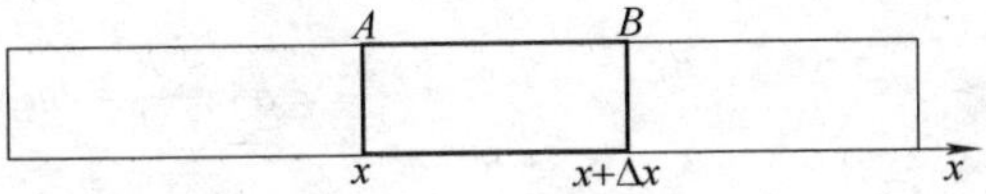

图 1.3　细杆的微元示意图

现在我们用微分法来建立细杆的热传导方程．在杆上取一小段杆作为微元，其两个截面 A 和 B 分别对应坐标 x 和 $x+\Delta x$，由热传导的傅里叶(Fourier)定律可知，在从 t 到 $t+\Delta t$ 这一段时间内由截面 A 流入这个微元的热量与时间间隔 Δt、截面面积 S 以及温度梯度 u_x 成正比，即

$$Q_A=-ku_x(x, t)\Delta t\cdot S. \tag{1.1.16}$$

在从 t 到 $t+\Delta t$ 这一段时间内由截面 B 流出这个微元的热量为

$$Q_B=-ku_x(x+\Delta x, t)\Delta t\cdot S. \tag{1.1.17}$$

因此，通过截面 A 和截面 B 流进这个微元的热量为

$$\begin{aligned}Q_A-Q_B&=-ku_x(x, t)\Delta t\cdot S-(-ku_x(x+\Delta x, t)\Delta t\cdot S)\\&\approx\frac{\partial}{\partial x}(ku_x(x, t))\Delta x\Delta t\cdot S.\end{aligned} \tag{1.1.18}$$

从 t 到 $t+\Delta t$ 这一段时间内热源提供的热量为

$$Q_S \approx g(x,\ t)\cdot S\cdot \Delta x\Delta t, \tag{1.1.19}$$

而从 t 到 $t+\Delta t$ 这一段时间内细杆与外界进行热交换所损失的热量为

$$Q_N = \alpha(u(x,\ t)-0)\Delta x\Delta t\cdot S. \tag{1.1.20}$$

因此，从 t 到 $t+\Delta t$ 这一段时间内，流入微元的净热量为

$$Q_A - Q_B + Q_S - Q_N \approx \frac{\partial}{\partial x}\left(k\frac{\partial u}{\partial x}\right)S\Delta x\Delta t - \alpha u(x,t)S\Delta x\Delta t + g(x,t)S\Delta x\Delta t. \tag{1.1.21}$$

根据能量守恒定律，流入微元的净热量等于细杆的温度由 $u(x,\ t)$ 增加到 $u(x,\ t+\Delta t)$ 所需热量，即

$$c\rho[u(x,t+\Delta t)-u(x,t)]\Delta x\cdot S = c\rho\frac{\partial u}{\partial t}S\Delta x\Delta t.$$

因此，

$$c\rho\frac{\partial u}{\partial t}S\Delta x\Delta t = \frac{\partial}{\partial x}\left(k\frac{\partial u}{\partial x}\right)S\Delta x\Delta t - \alpha u(x,t)S\Delta x\Delta t + g(x,t)S\Delta x\Delta t. \tag{1.1.22}$$

将两端同除以 $S\cdot\Delta x\Delta t$，并令 $\Delta x\to 0$，$\Delta t\to 0$，得

$$c\rho\frac{\partial u}{\partial t} = \frac{\partial}{\partial x}\left(k\frac{\partial u}{\partial x}\right) - \alpha u + g(x,t). \tag{1.1.23}$$

方程(1.1.23) 称为**一维热传导方程**. 特别地，当物性参数 k，α，c 及 ρ 均为常数时，方程(1.1.23)可改写为

$$\frac{\partial u}{\partial t} = a^2\frac{\partial^2 u}{\partial x^2} - bu + f(x,t), \tag{1.1.24}$$

其中 $a^2=\frac{k}{c\rho}$，$b=\frac{\alpha}{c\rho}$，$f(x,\ t)=\frac{1}{c\rho}g(x,\ t)$. 当物性参数为常数，细杆与外界物质无热交换且无热源时，方程(1.1.24)可写为

$$\frac{\partial u}{\partial t} = a^2\frac{\partial^2 u}{\partial x^2}. \tag{1.1.25}$$

4. 三维热传导方程

在一般的导热固体中，温度是不均匀的，热量总是从温度高的地方向温度低的地方转移，这就是热传导现象. 考虑一均匀的各向同性的导热固体，假定其内部没有热源，与周围介质没有热交换，推导固体内部的温度分布方程.

设 $u=u(x,\ y,\ z,\ t)$ 表示物体在点 $(x,\ y,\ z)$ 处任意时刻 t 的温度，根据热传导的傅里叶定律，热流密度矢量 $\boldsymbol{q}$（即单位时间内通过单位面积的边界流出的热量）与温度梯度的关系是

$$\boldsymbol{q} = -k\nabla u,$$

其中负号表示热流与温度梯度的方向相反，比例系数 k 为导热系数，∇称为哈密尔

顿(Hamilton)算子或梯度算子,

$$\nabla = \boldsymbol{i}\frac{\partial}{\partial x} + \boldsymbol{j}\frac{\partial}{\partial y} + \boldsymbol{k}\frac{\partial}{\partial z}.$$

现在物体中任意取一微元 Ω(图 1.4), $\partial\Omega$ 为其边界面. 在时间 $\mathrm{d}t$ 内, 通过边界面 $\partial\Omega$ 的热量 $\mathrm{d}Q$ 与时间 $\mathrm{d}t$、热流通过边界面 $\partial\Omega$ 的面积元 $\mathrm{d}S$ 和热流密度矢量沿 $\mathrm{d}S$ 的法向 $\boldsymbol{n}$ 的投影 $\boldsymbol{n}\cdot\nabla u$ 成正比, 流入微元 Ω 的热量为

$$Q_1 = -\int_{\partial\Omega}\boldsymbol{q}\cdot\boldsymbol{n}\mathrm{d}S\mathrm{d}t = \int_{\partial\Omega}k(\nabla u)\cdot\boldsymbol{n}\mathrm{d}S\mathrm{d}t,$$

Ω 内各点由 t_1 时刻的温度 $u(x, y, z, t_1)$ 变化到 t_2 时刻的温度 $u(x, y, z, t_2)$, 需要吸收热量

$$Q_2 = \int_{\Omega}(\rho c u(x,y,z,t_2) - \rho c u(x,y,z,t_1))\mathrm{d}V = \int_{\Omega}(\rho c)\frac{\partial u}{\partial t}\mathrm{d}V\mathrm{d}t,$$

即流入微元 Ω 的热量必然使得内能 $\rho c u$ 增加, 其中 ρ 是密度, c 是比热容, $\mathrm{d}V$ 是空间微元. 根据热量守恒定律, $Q_1 = Q_2$, 得到

$$\int_{\Omega}(\rho c)\frac{\partial u}{\partial t}\mathrm{d}V\mathrm{d}t = \int_{\partial\Omega}k(\nabla u)\cdot\boldsymbol{n}\mathrm{d}S\mathrm{d}t. \tag{1.1.26}$$

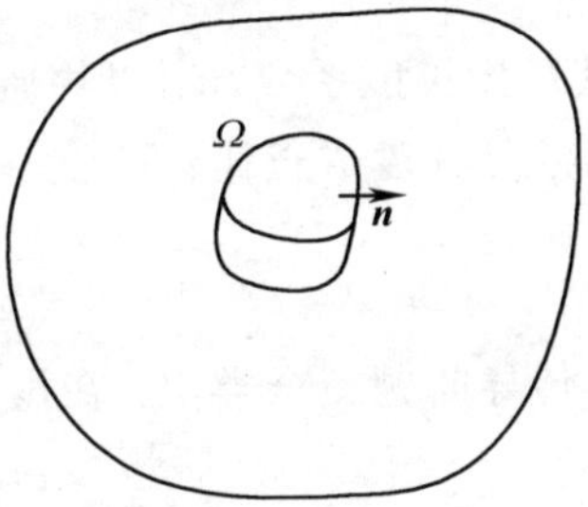

图 1.4　物体中微元 Ω 示意图

由高斯公式, 得

$$\int_{\partial\Omega}k(\nabla u)\cdot\boldsymbol{n}\mathrm{d}S = \int_{\Omega}\nabla\cdot(k\nabla u)\mathrm{d}V, \tag{1.1.27}$$

将式(1.1.27)代入式(1.1.26), 得到

$$\int_{\Omega}\left[(\rho c)\frac{\partial u}{\partial t} - \nabla\cdot(k\ \nabla u)\right]\mathrm{d}V = 0.$$

再由 Ω 的任意性, 我们得到在导热固体中的温度场方程

$$\rho c\frac{\partial u}{\partial t} = \nabla\cdot(k\ \nabla u). \tag{1.1.28}$$

这个方程称为**三维热传导方程**. 如果假定热力学参数 ρ, c, k 均为常数, 那么方程(1.1.28)可化为

$$\frac{\partial u}{\partial t} = a^2\left(\frac{\partial^2 u}{\partial x^2} + \frac{\partial^2 u}{\partial y^2} + \frac{\partial^2 u}{\partial z^2}\right), \tag{1.1.29}$$

其中 $a^2 = \dfrac{k}{\rho c}$为热扩散系数. 在有热源的情形时, 得到

$$\frac{\partial u}{\partial t} = a^2\left(\frac{\partial^2 u}{\partial x^2} + \frac{\partial^2 u}{\partial y^2} + \frac{\partial^2 u}{\partial z^2}\right) + f(x,y,z,t). \tag{1.1.30}$$

特别地, 如果温度的分布与某个空间坐标(如 z)无关, 那么方程(1.1.29)和方程

(1.1.30)分别变为

$$\frac{\partial u}{\partial t}=a^2\left(\frac{\partial^2 u}{\partial x^2}+\frac{\partial^2 u}{\partial y^2}\right) \tag{1.1.31}$$

和

$$\frac{\partial u}{\partial t}=a^2\left(\frac{\partial^2 u}{\partial x^2}+\frac{\partial^2 u}{\partial y^2}\right)+f(x,y,t). \tag{1.1.32}$$

它们称为**二维热传导方程**.

5. 扩散方程

假如物体中物质的浓度不是均匀的，那么物质的分子就从浓度高的地方向低的地方转移，由此就发生了扩散现象．以 $u(x, y, z, t)$表示物质中某点在任何时间 t 的浓度，根据扩散现象的菲克(Fick)定律，扩散流强度 $\boldsymbol{q}$ 与浓度梯度 ∇u 的关系是

$$\boldsymbol{q}=-D\nabla u,$$

其中 D 为扩散系数，所以物质在时间 $\mathrm{d}t$ 内通过某一截面积 $\mathrm{d}S$ 所扩散的量 $\mathrm{d}m$ 与该点的浓度梯度成正比，符号相反，即

$$\mathrm{d}m=-D\frac{\partial u}{\partial n}\mathrm{d}S\mathrm{d}t.$$

与热传导问题完全类似，在没有扩散源的情况下，得到

$$\frac{\partial u}{\partial t}=\frac{\partial}{\partial x}\left(D\frac{\partial u}{\partial x}\right)+\frac{\partial}{\partial y}\left(D\frac{\partial u}{\partial y}\right)+\frac{\partial}{\partial z}\left(D\frac{\partial u}{\partial z}\right), \tag{1.1.33}$$

其中 D 是扩散系数．在有扩散源的情况下，得到

$$\frac{\partial u}{\partial t}=\frac{\partial}{\partial x}\left(D\frac{\partial u}{\partial x}\right)+\frac{\partial}{\partial y}\left(D\frac{\partial u}{\partial y}\right)+\frac{\partial}{\partial z}\left(D\frac{\partial u}{\partial z}\right)+f(x,y,z,t). \tag{1.1.34}$$

方程(1.1.33)和方程(1.1.34)称为**扩散方程**.

特别地，如果物质是均匀的，那么扩散系数 D 为常数，方程(1.1.33)和方程(1.1.34)分别变为

$$\frac{\partial u}{\partial t}=a^2\left(\frac{\partial^2 u}{\partial x^2}+\frac{\partial^2 u}{\partial y^2}+\frac{\partial^2 u}{\partial z^2}\right)\qquad(a^2=D) \tag{1.1.35}$$

和

$$\frac{\partial u}{\partial t}=a^2\left(\frac{\partial^2 u}{\partial x^2}+\frac{\partial^2 u}{\partial y^2}+\frac{\partial^2 u}{\partial z^2}\right)+f(x,y,z,t). \tag{1.1.36}$$

当方程只与变量 x，y 有关时，方程变为二维扩散方程．当方程只与变量 x 有关时，方程变为一维扩散方程.

6. 稳定温度分布

当热传导或物质扩散达到稳定状态时，温度或浓度的变化与时间 t 无关，即

$$\frac{\partial u}{\partial t}=0,$$

所以扩散方程(1.1.34)变为

$$\frac{\partial}{\partial x}\left(k\frac{\partial u}{\partial x}\right)+\frac{\partial}{\partial y}\left(k\frac{\partial u}{\partial y}\right)+\frac{\partial}{\partial z}\left(k\frac{\partial u}{\partial z}\right)+f(x,y,z,t)=0. \tag{1.1.37}$$

方程(1.1.37)称为**泊松方程**. 如果物体是均匀的、各向同性的, 则方程(1.1.37)化为如下的方程

$$\Delta u=\frac{\partial^2 u}{\partial x^2}+\frac{\partial^2 u}{\partial y^2}+\frac{\partial^2 u}{\partial z^2}=-\frac{1}{k}f(x,y,z,t). \tag{1.1.38}$$

如果 $f=0$, 那么方程(1.1.38)化为**拉普拉斯方程**

$$\Delta u=\frac{\partial^2 u}{\partial x^2}+\frac{\partial^2 u}{\partial y^2}+\frac{\partial^2 u}{\partial z^2}=0. \tag{1.1.39}$$

7. 流体的无旋稳恒流动

以 $\boldsymbol{U}(x, y, z)$ 表示流体的速度分布, 流体源的强度为 $f(x, y, z)$, 其中

$$f(x, y, z)=\nabla\cdot\boldsymbol{U}(x, y, z). \tag{1.1.40}$$

当流动是无旋的时候, 存在速度势 u 使得

$$\boldsymbol{U}=-\nabla u. \tag{1.1.41}$$

将式(1.1.41)代入式(1.1.40), 得到流体无旋稳恒流动的速度势满足泊松方程

$$\Delta u=-f. \tag{1.1.42}$$

若流体在某区域内没有流体源, 即 $f=0$, 则在该区域上式(1.1.42)简化为拉普拉斯方程

$$\Delta u=0. \tag{1.1.43}$$

8. 流体的连续性方程

考虑一维理想流体, 其横截面积为 S, 流体密度为 $\rho(x, t)$, 流体的流速为 $U(x, t)$, 在内部无源的条件下推导流体的连续性方程.

在流体柱上任取一微元 Δx, 微元有点 x 处和点 $x+\Delta x$ 处两个截面, 任取一个时间段 $[t, t+\Delta t]$. 流体从 0 到 Δt 这段时间内从 x 处截面流入的质量为

$$S\cdot U(x, t)\cdot\rho(x, t)\Delta t,$$

从 $x+\Delta x$ 处截面流出的质量为

$$S\cdot U(x+\Delta x, t)\cdot\rho(x+\Delta x, t)\Delta t,$$

所以流体从 0 到 Δt 这段时间内此微元中流体净增量为

$$\Delta_x=S\cdot(U(x, t)\rho(x, t)-U(x+\Delta x, t)\cdot\rho(x+\Delta x, t))\Delta t. \tag{1.1.44}$$

由于在时刻 t 的流体质量为 $\Delta x\cdot S\cdot\rho(x, t)$, 在时刻 $t+\Delta t$ 的流体质量为 $\Delta x\cdot S\cdot\rho(x, t+\Delta t)$, 在 Δt 时间内该微元 Δx 内的流体净增量为

$$\Delta_t=\Delta x\cdot S\cdot\rho(x, t+\Delta t)-\Delta x\cdot S\cdot\rho(x, t). \tag{1.1.45}$$

由于流动的连续性和质量守恒, 有

$$\Delta_x=\Delta_t.$$

令 $\Delta x\to 0$, $\Delta t\to 0$, 得到如下的方程

$$\frac{\partial \rho}{\partial t}+\frac{\partial(\rho U(x,t))}{\partial x}=0, \tag{1.1.46}$$

方程(1.1.46)称为一维的**连续性方程**.

类似地, 在一般的情形时, 设流体密度为 $\rho(x, y, z, t)$, 流体的流速为

$$\boldsymbol{U}(x, y, z, t)=(u(x, y, z, t), v(x, y, z, t), w(x, y, z, t)),$$

则理想流体的**连续性方程**为

$$\frac{\partial \rho}{\partial t}+\nabla\cdot(\rho\boldsymbol{U})=0. \tag{1.1.47}$$

因为

$$\nabla\cdot(\rho\boldsymbol{U})=\boldsymbol{U}\cdot\nabla\rho+\rho\nabla\cdot\boldsymbol{U},$$

所以方程(1.1.47)可写为

$$\frac{\partial \rho}{\partial t}+\boldsymbol{U}\cdot\nabla\rho+\rho\nabla\cdot\boldsymbol{U}=0.$$

又因为对于不可压缩流体, 有

$$\frac{\mathrm{d}\rho}{\mathrm{d}t}=0,$$

其中$\frac{\mathrm{d}\rho}{\mathrm{d}t}$表示全导数, 所以

$$\frac{\mathrm{d}\rho}{\mathrm{d}t}=\frac{\partial \rho}{\partial t}+\boldsymbol{U}\cdot\nabla\rho=0. \tag{1.1.48}$$

因此, 得到不可压缩流体的**连续性方程**

$$\nabla\cdot\boldsymbol{U}=0. \tag{1.1.49}$$

9. 流体中的热传导方程

前面的热传导方程是在导热固体中推导的, 我们可以类似地推导出导热流体的热传导方程. 设想在液体内任意取一微元 $\Omega(t)$(图 1.5), 液体的流动速度为 $\boldsymbol{U}$, 随着液体的运动, 其边界面 $\partial\Omega(t)$ 是随着时间变化的, 这个微元将会移动而且体积也会改变. 流入微元 $\Omega(t)$ 的热量为

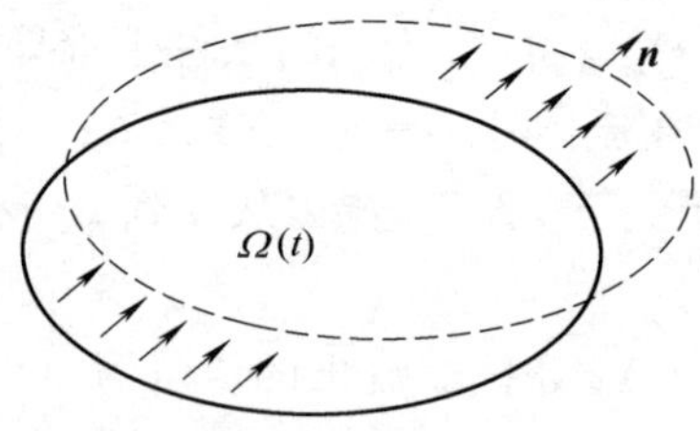

图 1.5 物体中微元 $\Omega(t)$ 及其边界 $\partial\Omega(t)$ 随时间演化示意图

$$Q(t)=-\int_{\partial\Omega(t)}\boldsymbol{q}\cdot\boldsymbol{n}\mathrm{d}S.$$

流入微元的热量必然使得内能增加, 根据能量守恒定律, 得到

$$\frac{\mathrm{d}}{\mathrm{d}t}\int_{\Omega(t)}(\rho c)u\mathrm{d}v=-\int_{\partial\Omega(t)}\boldsymbol{q}\cdot\boldsymbol{n}\mathrm{d}S, \tag{1.1.50}$$

其中 u 表示温度, ρ 和 c 分别表示密度和比热容. 由高斯公式, 得到

$$-\int_{\partial\Omega(t)} \boldsymbol{q}\cdot\boldsymbol{n}\mathrm{d}S = \int_{\partial\Omega(t)} k(\nabla u)\cdot\boldsymbol{n}\mathrm{d}S\mathrm{d}t = \int_{\Omega(t)} \nabla(k(\nabla u))\mathrm{d}V\mathrm{d}t.$$

在变动边界区域内，由于温度场对空间的不均匀性和对时间的不定常性，标量场 $f(x,\ y,\ z,\ t)$ 关于时间 t 的变化由两部分组成，可以表示为

$$\frac{\mathrm{d}}{\mathrm{d}t}\int_{\Omega(t)} f(x,y,z)\mathrm{d}V = \int_{\Omega(t)} \frac{\partial f}{\partial t}\mathrm{d}V + \int_{\partial\Omega(t)} f\boldsymbol{U}\cdot\boldsymbol{n}\mathrm{d}S = \int_{\Omega(t)} \left[\frac{\partial f}{\partial t} + \nabla\cdot(f\boldsymbol{U})\right]\mathrm{d}V.$$

对于温度场 u，我们有

$$\begin{aligned}\frac{\mathrm{d}}{\mathrm{d}t}\int_{\Omega(t)} (\rho c u)\mathrm{d}V &= \int_{\Omega(t)} \frac{\partial(\rho c u)}{\partial t}\mathrm{d}V + \int_{\partial\Omega} (\rho c u)\boldsymbol{U}\cdot\boldsymbol{n}\mathrm{d}S \\ &= \int_{\Omega(t)} \left[\frac{\partial(\rho c u)}{\partial t} + \nabla\cdot(\rho c u\boldsymbol{U})\right]\mathrm{d}V. \end{aligned} \tag{1.1.51}$$

将式(1.1.51)代入式(1.1.50)，得到

$$\int_{\Omega(t)} \left[\frac{\partial}{\partial t}(\rho c u) + \nabla\cdot(\rho c u\boldsymbol{U}) - \nabla\cdot(k\nabla u)\right]\mathrm{d}V = 0.$$

再由 $\Omega(t)$ 的任意性，得到液体中的温度场方程

$$\frac{\partial}{\partial t}(\rho c u) + \nabla\cdot(\rho c u\boldsymbol{U}) - \nabla\cdot(k\nabla u) = 0. \tag{1.1.52}$$

又由

$$\nabla\cdot(\rho c u\boldsymbol{U}) = (\rho c u)\nabla\cdot\boldsymbol{U} + \boldsymbol{U}\cdot\nabla(\rho c u),$$

方程(1.1.52)变为

$$\frac{\partial}{\partial t}(\rho c u) + (\rho c u)\nabla\cdot\boldsymbol{U} + \boldsymbol{U}\cdot\nabla(\rho c u) = \nabla\cdot(k\nabla u). \tag{1.1.53}$$

方程(1.1.53)称为流体中的**热传导方程**.

如果将流体视为不可压缩的牛顿流体，由连续性方程 $\nabla\cdot\boldsymbol{U}=0$，那么方程(1.1.53)可化为

$$\frac{\partial}{\partial t}(\rho c u) + \boldsymbol{U}\cdot\nabla(\rho c u) = \nabla\cdot(k\nabla u). \tag{1.1.54}$$

如果假定热力学参数 ρ，c，k 均为常数，那么式(1.1.54)可化为

$$\frac{\partial u}{\partial t} + (\boldsymbol{U}\cdot\nabla)u = a^2\nabla^2 u, \tag{1.1.55}$$

其中 $a^2=\dfrac{k}{c\rho}$ 为热扩散系数.

形如式(1.1.55)的方程普遍适用于任何有传热、传质过程的连续介质，包括气体、液体与固态变形体，这只要把 u 以及 a^2 取作相应的物理量和参数即可. 特别地，如果忽略流体流动，那么得到前面在固体中相应的方程.

以上所列的方程皆为一阶和二阶偏微分方程. 二阶偏微分方程在实际中最为常见. 还有其他高阶的方程、偏微分方程组和复函数偏微分方程. 例如，细杆的微小

横振动所满足的方程是一个四阶线性偏微分方程

$$\frac{\partial^2 u}{\partial t^2}-a^2\frac{\partial^4 u}{\partial x^4}=f(x,t), \tag{1.1.56}$$

其中 u 为杆的横向位移, $f(x,t)=\dfrac{F(x,t)}{\rho}$, $\rho=\rho(x)$ 为杆的密度, $F(x,t)$ 为单位长度杆上外加的横向力.

1.2 定解条件

从前面的例子可以看到, 我们选取物体内部的微元推导出相应的方程, 所得到的泛定方程反映物体内部各部分的运动规律. 求解数学物理方程问题还需要预先确定出初始条件和边界条件, 才能使所求的解反映具体问题所具有的物理定律.

初始条件是用以说明初始状态的条件. **边界条件**是用以说明边界上的约束情况的条件.

下面具体说明初始条件和边界条件的数学表达式.

1.2.1 初始条件

对于弦振动问题来说, 若以 $\varphi(x)$ 表示弦在振动开始时刻的位移, 以 $\psi(x)$ 表示弦在开始时刻的速度, 则初始条件可以表示为

$$u(r,\ \theta)\big|_{t=0}=\varphi(x), \tag{1.2.1}$$

$$u_t(r,\ \theta)\big|_{t=0}=\psi(x). \tag{1.2.2}$$

对于热传导问题来说, 若以 $\varphi(x,\ y,\ z)$ 表示物体内任一点 $(x,\ y,\ z)$ 在 $t=0$ 时刻的温度分布, 则热传导方程的初始条件可以表示为

$$u(x,\ y,\ z,\ 0)=\varphi(x,\ y,\ z). \tag{1.2.3}$$

对于稳态问题, 因为问题与时间无关, 所以不需要初始条件.

1.2.2 边界条件

边界条件一般分为以下三类.

第一类边界条件 所求的未知函数在边界上的值是给定或已知的.

例如, 对于一维弦的横振动, 若弦固定在端点上, 则边界条件为

$$u(0,\ t)=0,\ u(l,\ t)=0. \tag{1.2.4}$$

一般条件下, 若在弦的两端有变化的位移, 它的第一类边界条件为

$$u(0,\ t)=g_1(t),\ u(l,\ t)=g_2(t). \tag{1.2.5}$$

对于热传导问题, 需要给定物体表面 S 的温度 $g(x,\ y,\ z,\ t)$, 即

$$u(x,\ y,\ z,\ t)\big|_{(x,y,z)\in S}=g(x,\ y,\ z,\ t). \tag{1.2.6}$$

第二类边界条件　所求未知函数沿着边界的外法线方向的变化率是已知的.

例如，对于一维弦的横振动，若弦在端点沿垂直于 x 轴方向的直线作自由运动，因两个端点处所受的张力在 u 轴方向的分量为 $-Tu_x(0,t)$、$Tu_x(l,t)$，则

$$u_x(0,t)=0,\ u_x(l,t)=0. \tag{1.2.7}$$

一般情况下，如果给出端点处垂直于弦的外力，它的第二类边界条件为

$$u_x(0,t)=g_1(t),\ u_x(l,t)=g_2(t). \tag{1.2.8}$$

对于三维热传导问题来说，边界上流入的热流密度为已知函数 $G(x,y,z,t)$. 即

$$-\frac{\partial q}{\partial n}\bigg|_{(x,y,z)\in S}=G(x,y,z,t), \tag{1.2.9}$$

根据热传导的傅里叶定律 $\boldsymbol{q}=-k\nabla u$ 可得沿边界曲面外法线方向 $\boldsymbol{n}$ 的热流 q_n 为

$$q_n=-k\frac{\partial u}{\partial n}\bigg|_{(x,y,z)\in S},$$

从而

$$\frac{\partial u}{\partial n}\bigg|_{(x,y,z)\in S}=\frac{1}{k}G(x,y,z,t)\big|_{(x,y,z)\in S}. \tag{1.2.10}$$

对于边界是绝热的情形，因为 $G=0$，所以

$$\frac{\partial u}{\partial n}\bigg|_{(x,y,z)\in S}=0. \tag{1.2.11}$$

第三类边界条件　边界上的函数值和法向导数的线性组合关系为已知条件.

例如，在一维弦的横振动问题中，弦的端点处除了受到外力的作用之外，还受到弹簧的作用，这时横振动满足第三类边界条件，即

$$-T\frac{\partial u}{\partial x}\bigg|_{x=0}+\alpha_1 u(x,t)\big|_{x=0}=g_{01}(t), \tag{1.2.12}$$

$$T\frac{\partial u}{\partial x}\bigg|_{x=l}+\alpha_2 u(x,t)\big|_{x=l}=g_{02}(t), \tag{1.2.13}$$

其中 α_1，α_2 表示弹簧的劲度系数，$\alpha_1>0$，$\alpha_2>0$. 也可写成

$$\frac{\partial u(0,t)}{\partial x}-h_1u(0,t)=g_1(t), \tag{1.2.14}$$

$$\frac{\partial u(l,t)}{\partial x}+h_2u(l,t)=g_2(t), \tag{1.2.15}$$

其中 $h_1>0$，$h_2>0$.

对于热传导方程来说，如果物体内部和周围的介质通过边界 S 有热量交换，根据热交换定律，所交换的热量为

$$q=\alpha(u|_S-u_1)\quad(\alpha\ 为热交换系数).$$

又根据能量守恒定律，这个交换的热量等于通过物体表面的导热量

$$q=-k\frac{\partial u}{\partial n}\bigg|_S,$$

因此，热传导问题的第三类边界条件为

$$\left(k\frac{\partial u}{\partial n}+\alpha\cdot u\right)\bigg|_S=\alpha\cdot u_1. \tag{1.2.16}$$

当外部介质的温度为零时，有

$$\left(k\frac{\partial u}{\partial n}+\alpha\cdot u\right)\bigg|_S=0. \tag{1.2.17}$$

综上所述，在数学上三类边界条件表示为下面的形式：

第一类边界条件

$$u|_{(x,y,z)\in S}=g(x,y,z), \tag{1.2.18}$$

第一类边界条件也称为**狄利克雷(Dirichlet)条件**，相应的定解问题称为**狄利克雷问题**.

第二类边界条件

$$\frac{\partial u}{\partial n}\bigg|_{(x,y,z)\in S}=g(x,y,z), \tag{1.2.19}$$

第二类边界条件也称为**诺依曼(Neumann)条件**，相应的定解问题称为**诺依曼问题**.

第三类边界条件

$$\left(\alpha\frac{\partial u}{\partial n}+\beta\cdot u\right)\bigg|_{(x,y,z)\in S}=g(x,y,z), \tag{1.2.20}$$

第三类边界条件也称为**洛平(Robin)条件**，相应的定解问题称为**洛平问题**.

当式(1.2.18)、式(1.2.19)、式(1.2.20)中的 g 恒为零时，相应的边界条件称为**齐次的**，否则称为**非齐次的**.

除了上面的三类边界条件以外，还有其他形式的边界条件．例如，在某些数学物理问题中，需要加上**周期性条件**、**自然边界条件**、**辐射条件**、**界面条件或连接条件**和**能量守恒条件**或**质量守恒条件**等限定条件.

例如，在圆形区域中，稳定态的温度分布 $u=u(r,\ \theta)$ 满足狄利克雷问题

$$\begin{cases}\Delta u=0 & (r<R),\\ u|_{r=R}=f(\theta) & (0\leqslant\theta\leqslant2\pi).\end{cases}$$

因为区域的形状是圆形的，所以 u 满足**周期性条件**：

$$u(r,\ \theta)=u(r,\ \theta+2\pi),$$

又因为圆形区域内温度总是有限的，所以 u 满足**自然边界条件**

$$|u(r,\ \theta)|<+\infty.$$

又如，在某些热传导问题中边界条件还要考虑**辐射条件**：

$$-\frac{\partial u}{\partial n}\bigg|_{(x,y,z)\in S}=\beta(u^4-u_0^4),$$

其中 β 是一个常数，u_0 是外界的温度．

在两种不同介质的分界面上有**界面条件**．例如，在凝固过程热传导问题中，固体和液体之间的交界面 S 上固相温度和液相温度满足**界面连续条件**：

$$u_1\big|_{(x,y,z)\in S}=u_2\big|_{(x,y,z)\in S},$$

其中 u_1 和 u_2 分别是液相温度和固相温度．如果考虑弯曲界面的情形，那么**界面条件(吉布斯-汤姆森(Gibbs-Thomson)条件)**为

$$u_1\big|_{(x,y,z)\in S}=u_2\big|_{(x,y,z)\in S}=T_M\left(1+\frac{2\gamma}{\Delta H}K\right),$$

其中 T_M 是纯物质的平衡凝固温度，γ 是各向同性表面张力，ΔH 是单位体积的潜热，K 是界面的平均曲率．

又如，在固体力学中，由两根不同质地的细杆连接成一根杆，当细杆作纵向振动时，在连接点处满足**界面连接条件**：

$$u_1\big|_{x=x_0}=u_2\big|_{x=x_0},E_1\frac{\partial u_1}{\partial x}\bigg|_{x=x_0}=E_2\frac{\partial u_2}{\partial x}\bigg|_{x=x_0},$$

其中 u_1 和 u_2 分别是细杆的两部分的位移，E_1 和 E_2 分别为两部分的弹性模量．

一般地，初始条件、边界条件、周期性条件和自然边界条件等条件统称为**定解条件**．

1.3　定解问题

1.3.1　定解条件

由数学物理方程和定解条件组成的数学问题统称为数学物理方程的**定解问题**；同时含有初始条件和边界条件的定解问题称为**混合问题**；含有初始条件不含边界条件的定解问题称为**初始问题**(或柯西问题)；含有边界条件不含初始条件的定解问题称为**边值问题**．

因此，我们需要讨论下面三种典型的定解问题：

(1)波动方程定解问题的初始问题(柯西问题)为

$$\begin{cases}u_{tt}-a^2\Delta u=f(x,\ y,\ z,\ t)(-\infty<x,\ y,\ z<+\infty,\ t>0),\\ u\big|_{t=0}=\varphi(x,\ y,\ z),\ u_t\big|_{t=0}=\psi(x,\ y,\ z)\end{cases}\tag{1.3.1}$$

以及热传导定解问题的初始问题(柯西问题)为

$$\begin{cases}u_t-a^2\Delta u=f(x,\ y,\ z,\ t)(-\infty<x,\ y,\ z<+\infty,\ t>0),\\ u\big|_{t=0}=\varphi(x,\ y,\ z).\end{cases}\tag{1.3.2}$$

(2)混合问题

波动方程混合问题

$$\begin{cases} u_{tt}-a^2\Delta u=f(x,y,z,t)\ ((x,y,z)\in G,t>0), \\ \left(\alpha\dfrac{\partial u}{\partial n}+\beta\cdot u\right)\Big|_{\partial G}=g(x,y,z,t), \\ u\big|_{t=0}=\varphi(x,y,z),u_t\big|_{t=0}=\psi(x,y,z) \end{cases} \tag{1.3.3}$$

以及热传导方程混合问题

$$\begin{cases} u_t-a^2\Delta u=f(x,y,z,t)\ ((x,y,z)\in G,t>0), \\ \left(\alpha\dfrac{\partial u}{\partial n}+\beta\cdot u\right)\Big|_{\partial G}=g(x,y,z,t), \\ u\big|_{t=0}=\varphi(x,y,z). \end{cases} \tag{1.3.4}$$

其中 G 表示空间中的某一区域，∂G 表示这个区域的边界．

(3)边值问题

$$\begin{cases} \Delta u=f(x,y,z)\ ((x,y,z)\in G), \\ \left(\alpha\dfrac{\partial u}{\partial n}+\beta\cdot u\right)\Big|_{\partial G}=g(x,y,z). \end{cases} \tag{1.3.5}$$

其中 G 表示空间中的某一区域，∂G 表示这个区域的边界．

以上三类定解问题的方程都是二阶线性偏微分方程，它们在物理和工程技术中遇到的最多．由于数学物理方程与实际问题联系非常密切，往往含有空间坐标和时间坐标．我们把方程中出现的空间坐标的个数称为方程的**维数**．如果方程中不出现时间 t，则称方程是**稳态的**或**定常的**，否则方程称为**非稳态的**或**非定常的**．上面的边值问题就是稳态的，初始问题和混合问题就是非稳态的．定常的数学物理方程描述的是一些稳定(与时间无关)的物理现象，而非定常的数学物理方程描述的是一些不稳定的物理现象，相应的定解问题也称之为**演化问题**．

我们知道，若将未知变量或函数的某一表达式代入一个方程而使这个方程成为一个恒等式，则称该表达式为该方程的一个**解**．对一个二阶偏微分方程而言，如果一个函数具有该偏微分方程所要求的各阶连续偏导函数，并且代入该方程中能使这个方程成为一个恒等式，则称该函数为该方程的一个**解**或一个**古典解**，在本课程中我们只考虑方程的古典解形式．

1.3.2 定解问题解的适定性

(1) 解的**存在性**问题．在给定的定解条件下，定解问题的解是否存在．从第 3

章起，我们介绍三种典型的数学物理方程的解法，这些解法直接给出了解的存在性的证明.

(2) 解的**唯一性**问题. 在给定的定解条件下，定解问题的解若存在，它是否唯一? 如果知道一个定解问题具有唯一解，那么我们就能采用任何合适的方法去寻找它的解.

(3) 解的**稳定性**问题. 当定解条件有微小扰动时，定解问题的解变化也很微小，则称该定解问题的解是**稳定的**，否则称它的解是**不稳定的**. 因为定解条件中的一些已知量，通常总是利用实验得到的数据，不可避免地会有一定的误差，所以人们自然会关心定解条件的微小扰动是否会导致解的变化很大. 用数学的语言来讲，研究解的稳定性问题，就是研究解对定解条件的连续依赖性问题.

以热传导初始问题为例，若当 $\varphi=\varphi_i$，$g=g_i$ 时的解为 $u_i(i=1,\ 2)$，对任意给定的 $\varepsilon>0$，存在 $\delta>0$，使得当$\max\limits_{\partial G}|\varphi_1-\varphi_2|<\delta$，$\max\limits_{\partial G}|g_1-g_2|<\delta$ 时，

$$\max_G|u_1-u_2|<\varepsilon,$$

则称问题的解关于初值 φ 和 g 是稳定的. 若对 $\varepsilon>0$，存在 $\delta>0$，使得当

$$\iint\limits_{\partial G}|\varphi_1-\varphi_2|^2\mathrm{d}S<\delta,\ \iint\limits_{\partial G}|g_1-g_2|^2\mathrm{d}S<\delta$$

时，

$$\iiint\limits_G|u_1-u_2|^2\mathrm{d}V<\varepsilon,$$

则称问题的解关于 φ 和 g 在函数类 L^2 中是稳定的.

定解问题解的存在性、唯一性和稳定性称为定解问题解的**适定性**.

如果定解问题存在唯一的稳定的解，那么称该定解问题的解是**适定的**，否则就称它为**不适定的**.

例如，对于某物体，如果在 $t=t_1$ 时具有一个温度分布，那么在初始时刻 $t=t_0$ $(t_0<t_1)$时物体具有一个什么样的初始温度分布才能达到这个温度分布? 这是一个不适定的问题. 现在对不适定问题的研究已成为偏微分方程的一个重要的研究方向.

习题 1

1. 设有一根长为 l，均匀柔软密度为 ρ 的细弦，平衡时沿直线拉紧，而且受不随时间变化的张力作用，除了受到重力的作用以外不受外力影响. 推导弦作微小横向振动的方程.

2. 设有一均匀的导热薄片，两个侧面绝热，内部无热源，仿照一维和三维的情形，推导薄片的热传导方程.

3. 设在一真空空间区域 Ω 中有一个静电场 $E(x, y, z)$，电荷的密度分布函数为 $\rho(x, y, z)$，试建立静电场中电位函数 $u(x, y, z)$ 的方程.

4. 设有一根长为 l 的均匀细杆，一端固定，另一端受到一个变化的力 $F=A\sin\omega t$ 的作用，此处 A 及 ω 为常数，其方向与细杆一致，写出其相应的边界条件.

5. 设有一根长为 l 的均匀细杆，由其两端，在单位时间内通过单位面积分别供给热量 q_1 和 q_2，写出其相应的边界条件.

6. 设一半径为 a，表面涂黑的导体球，球面按照牛顿冷却定律散热，在正上方受到日光的暴晒，在垂直于光线的单位面积上，单位时间内吸收热量为 M. 设周围介质温度为 0. 在球坐标系下写出边界条件.

第 2 章

二阶线性偏微分方程的分类

数学物理方程这门课程主要是研究偏微分方程，特别是下面三类典型的二阶线性偏微分方程. 在物理学和工程技术的许多实际问题中，常常遇到二阶线性偏微分方程.

（1）波动方程

$$\frac{\partial^2 u}{\partial t^2}-a^2\left(\frac{\partial^2 u}{\partial x^2}+\frac{\partial^2 u}{\partial y^2}+\frac{\partial^2 u}{\partial z^2}\right)=f(x,y,z,t).$$

（2）热传导方程

$$\frac{\partial u}{\partial t}-a^2\left(\frac{\partial^2 u}{\partial x^2}+\frac{\partial^2 u}{\partial y^2}+\frac{\partial^2 u}{\partial z^2}\right)=f(x,y,z,t),$$

其中 $u=u(x,\ y,\ z,\ t)$ 是未知函数，x，y，z 一般指空间坐标，t 一般指时间坐标，$a>0$ 为常数，f 为已知函数.

（3）泊松方程

$$\frac{\partial^2 u}{\partial x^2}+\frac{\partial^2 u}{\partial y^2}+\frac{\partial^2 u}{\partial z^2}=f(x,y,z),$$

其中 $u=u(x,\ y,\ z)$ 是未知函数，x，y，z 一般指空间坐标，f 为已知函数.

本章介绍二阶线性偏微分方程的基本概念、分类方法以及如何将偏微分方程进行标准化.

2.1 一些基本概念

二阶偏微分方程： 一般地，如果把所有自变量，包括空间坐标和时间坐标，依

次记作 x_1, x_2, …, x_n, 未知函数记作 $u(x_1, x_2, \cdots, x_n)$, 于是关于未知函数 u 及其一阶、二阶偏导数的关系式

$$F(x_1, x_2, \cdots, x_n, u, u_{x_1}, u_{x_2}, \cdots, u_{x_n}, u_{x_1x_1}, u_{x_1x_2}, \cdots, u_{x_nx_n})=0 \tag{2.1.1}$$

称为含有 n 个自变量的**二阶偏微分方程**, 其中偏微分方程中偏导数和混合导数的最高阶导数是2.

二阶线性偏微分方程: 如果二阶偏微分方程可以表示为

$$\sum_{i=1}^{n}\sum_{j=1}^{n} a_{ij}u_{x_ix_j} + \sum_{i=1}^{n} b_i u_{x_i} + c_1 u = f, \tag{2.1.2}$$

其中 a_{ij}, b_i, c_1, f 只是 x_1, x_2, …, x_n 的函数, 就称其为**二阶线性偏微分方程**, 其中偏微分方程中未知函数 u 和未知函数的偏导数和混合导数的幂次最高为1, 而且未知函数的偏导数和混合导数项中至少有一项的幂次为1.

二阶拟线性偏微分方程: 如果二阶偏微分方程(2.1.2)中仅对所有最高阶偏导数是线性的, 那么称该方程为**二阶拟线性偏微分方程**.

齐次方程与非齐次方程: 如果二阶线性偏微分方程(2.1.2)中 $f=0$, 则称该二阶线性偏微分方程是**齐次**的, 否则称方程是**非齐次**的.

常系数方程: 如果二阶线性偏微分方程(2.1.2)中的系数 a_{ij}, b_i, c_1 都是常数, 则称该方程是**常系数**的.

2.2 二阶线性偏微分方程的分类

本节以含有两个自变量的二阶线性偏微分方程为例讨论二阶线性偏微分方程的分类.

含有两个自变量的二阶线性偏微分方程的一般形式是

$$a_{11}u_{xx} + 2a_{12}u_{xy} + a_{22}u_{yy} + b_1u_x + b_2u_y + c_1u = f, \tag{2.2.1}$$

其中 a_{11}, a_{12}, a_{22}, b_1, b_2, c_1, f 只是平面区域 G 中关于 x 和 y 的函数.

在以下的讨论中, 我们假定 a_{11}, a_{12}, a_{22}, b_1, b_2, c_1, f 是平面区域 G 中的连续可微函数. 通过引入适当的坐标变换, 对线性方程(2.2.1)进行简化和分类.

引入自变量的代换

$$\xi=\varphi(x, y), \quad \eta=\psi(x, y),$$

假定二元函数 $\varphi(x, y)$ 和 $\psi(x, y)$ 在平面区域 G 内是二阶连续可微的, 且在平面区域 G 中, 雅可比行列式不为零, 即

$$\frac{\partial(\varphi,\psi)}{\partial(x,y)}=\begin{vmatrix}\varphi_x & \varphi_y\\ \psi_x & \psi_y\end{vmatrix}\neq 0,$$

以保证 ξ 和 η 的独立性以及反函数的存在性.

$$u_x = u_\xi\varphi_x + u_\eta\psi_x,\ u_y = u_\xi\varphi_y + u_\eta\psi_y,$$

$$u_{xx} = u_{\xi\xi}\varphi_x^2 + 2u_{\xi\eta}\varphi_x\psi_x + u_{\eta\eta}\psi_x^2 + u_\xi\varphi_{xx} + u_\eta\psi_{xx},$$

$$u_{xy} = u_{\xi\xi}\varphi_x\varphi_y + u_{\xi\eta}(\varphi_x\psi_y + \varphi_y\psi_x) + u_{\eta\eta}\psi_x\psi_y + u_\xi\varphi_{xy} + u_\eta\psi_{xy},$$

$$u_{yy} = u_{\xi\xi}\varphi_y^2 + 2u_{\xi\eta}\varphi_y\psi_y + u_{\eta\eta}\psi_y^2 + u_\xi\varphi_{yy} + u_\eta\psi_{yy}.$$

把它们代入方程(2.2.1)得

$$A_{11}u_{\xi\xi} + 2A_{12}u_{\xi\eta} + A_{22}u_{\eta\eta} + B_1u_\xi + B_2u_\eta + c_1u = f, \tag{2.2.2}$$

其中

$$A_{11} = a_{11}\varphi_x^2 + 2a_{12}\varphi_x\varphi_y + a_{22}\varphi_y^2, \tag{2.2.3}$$

$$A_{12} = a_{11}\varphi_x\psi_x + a_{12}(\varphi_x\psi_y + \varphi_y\psi_x) + a_{22}\varphi_y\psi_y, \tag{2.2.4}$$

$$A_{22} = a_{11}\psi_x^2 + 2a_{12}\psi_x\psi_y + a_{22}\psi_y^2, \tag{2.2.5}$$

$$B_1 = a_{11}\varphi_{xx} + 2a_{12}\varphi_{xy} + a_{22}\varphi_{yy} + b_1\varphi_x + b_2\varphi_y, \tag{2.2.6}$$

$$B_2 = a_{11}\psi_{xx} + 2a_{12}\psi_{xy} + a_{22}\psi_{yy} + b_1\psi_x + b_2\psi_y. \tag{2.2.7}$$

从式(2.2.3)和式(2.2.5)看到，如果选取函数 φ 和 ψ 是满足一阶偏微分方程

$$a_{11}z_x^2 + 2a_{12}z_xz_y + a_{22}z_y^2 = 0 \tag{2.2.8}$$

的两个互相独立的解，那么 $A_{11}=0$，$A_{22}=0$，这样方程(2.2.2)就简化了.

至此，方程(2.2.2)的化简问题转化为一阶偏微分方程(2.2.8)的求解问题. 现在证明，求方程(2.2.8)的解的问题和一个二阶常微分方程的求通解问题等价.

定理 假设 $a_{11}\neq 0$，函数 $z=z(x,y)$ 是方程(2.2.8)的一个非常数解的充分必要条件是 $z(x, y)=C$(常数)是常微分方程

$$a_{11}\left(\frac{\mathrm{d}y}{\mathrm{d}x}\right)^2 - 2a_{12}\frac{\mathrm{d}y}{\mathrm{d}x} + a_{22} = 0 \tag{2.2.9}$$

的通解.

证 事实上，因 $z=z(x,y)$ 是非常数函数，z_x 和 z_y 至少有一个不为零，设 $z_y\neq 0$，则方程(2.2.8)可改写为

$$a_{11}\left(-\frac{z_x}{z_y}\right)^2 - 2a_{12}\left(-\frac{z_x}{z_y}\right) + a_{22} = 0. \tag{2.2.10}$$

同时，当 $z_y\neq 0$ 时，由隐函数 $z(x, y)=C$(常数)确定函数 $y=y(x)$，且

$$\frac{\mathrm{d}y}{\mathrm{d}x} = -\frac{z_x}{z_y},$$

因此方程(2.2.10)化成方程(2.2.9). 反之亦然.

方程(2.2.9)可分解为两个一次方程

$$\frac{\mathrm{d}y}{\mathrm{d}x} = \frac{a_{12} + \sqrt{a_{12}^2 - a_{11}a_{22}}}{a_{11}},\ \frac{\mathrm{d}y}{\mathrm{d}x} = \frac{a_{12} - \sqrt{a_{12}^2 - a_{11}a_{22}}}{a_{11}}, \tag{2.2.11}$$

方程(2.2.9)和方程(2.2.11)称为方程(2.2.1)的**特征方程**. 它们的解称为方程

(2.2.1)的**特征线**.

由以上的等价定理，我们可以根据方程(2.2.11)中的根号下的符号划分二阶线性偏微分方程(2.2.1)的类型：

$\Delta = a_{12}^2 - a_{11}a_{22} > 0$, 方程为双曲型；

$\Delta = a_{12}^2 - a_{11}a_{22} = 0$, 方程为抛物型；

$\Delta = a_{12}^2 - a_{11}a_{22} < 0$, 方程为椭圆型.

容易验证

$$A_{12}^2 - A_{11}A_{22} = (a_{12}^2 - a_{11}a_{22})(\varphi_x\psi_y - \varphi_y\psi_x)^2, \tag{2.2.12}$$

这说明当作自变量变换时，方程的类型保持不变.

2.3 二阶线性偏微分方程的标准化

二阶线性偏微分方程的形式是

$$a_{11}u_{xx} + 2a_{12}u_{xy} + a_{22}u_{yy} + b_1u_x + b_2u_y + c_1u = f,$$

我们通过自变量代换可以将方程化为标准类型的方程.

情形 1 $\Delta = a_{12}^2 - a_{11}a_{22} > 0$

从方程(2.2.11)得到两族实的特征线

$$\varphi(x, y) = C, \ \psi(x, y) = D.$$

取

$$\xi = \varphi(x, y), \ \eta = \psi(x, y) \tag{2.3.1}$$

为新的自变量，因为它们的雅可比行列式

$$\frac{\partial(\varphi,\psi)}{\partial(x,y)} = \begin{vmatrix} \varphi_x & \varphi_y \\ \psi_x & \psi_y \end{vmatrix} = \varphi_y\psi_y\left(\frac{\varphi_x}{\varphi_y} - \frac{\psi_x}{\psi_y}\right) = 2\varphi_y\psi_y \frac{\sqrt{a_{12}^2 - a_{11}a_{22}}}{a_{11}} \neq 0,$$

所以 $\xi = \varphi(x, y)$, $\eta = \psi(x, y)$存在逆变换，$A_{11} = 0$, $A_{22} = 0$, 但 $A_{12} \neq 0$, 于是方程(2.2.2)简化为

$$2A_{12}u_{\xi\eta} + B_1u_\xi + B_2u_\eta + c_1u + f = 0,$$

或写成标准形式

$$u_{\xi\eta} = A^*u_\xi + B^*u_\eta + C^*u + D^*. \tag{2.3.2}$$

再作变换

$$\xi = \alpha + \beta, \ \eta = \alpha - \beta,$$

把式(2.3.2)写成以下**双曲型方程的标准形式**

$$u_{\alpha\alpha} - u_{\beta\beta} = 2(A^* + B^*)u_\alpha + 2(A^* - B^*)u_\beta + 4C^*u + 4D^*. \tag{2.3.3}$$

弦振动方程、薄膜横向振动方程都是双曲型方程.

例 1 试将方程 $u_{xx} + 4u_{xy} + 3u_{yy} = 0$ 化成标准形式.

解 因为 $\Delta = 2^2 - 1 \times 3 = 1 > 0$, 所以方程为双曲型. 其特征方程为

$$\left(\frac{\mathrm{d}y}{\mathrm{d}x}\right)^2-4\frac{\mathrm{d}y}{\mathrm{d}x}+3=0.$$

它的通解为

$$y-3x=C_1,\ y-x=C_2.$$

作变换

$$\xi=y-3x,\ \eta=y-x,$$

在该变换下，满足：

$$A_{11}=A_{22}=0,$$
$$A_{12}=1\cdot\xi_x\eta_x+2(\xi_x\eta_y+\xi_y\eta_x)+3\xi_y\eta_y=-2,$$
$$B_1=0,\ B_2=0,$$

则原方程化为

$$u_{\xi\eta}=0.$$

再作变换

$$\xi=\alpha+\beta,\ \eta=\alpha-\beta,$$

则原方程化为

$$u_{\alpha\alpha}-u_{\beta\beta}=0.$$

情形2　$\Delta=a_{12}^2-a_{11}a_{22}=0$

这时特征方程(2.2.9)和特征方程(2.2.11)变成

$$\left(\sqrt{a_{11}}\frac{\mathrm{d}y}{\mathrm{d}x}-\sqrt{a_{22}}\right)^2=0, \tag{2.3.4}$$

因此只有一族特征线

$$\sqrt{a_{11}}y-\sqrt{a_{22}}x=C(\text{常数}). \tag{2.3.5}$$

取 $\xi=\sqrt{a_{11}}y-\sqrt{a_{22}}x$ 作为新的自变量，则有

$$A_{11}=0,$$
$$\begin{aligned}A_{12}&=a_{11}\xi_x\eta_x+\sqrt{a_{11}a_{22}}(\xi_x\eta_y+\xi_y\eta_x)+a_{22}\xi_y\eta_y\\&=(\sqrt{a_{11}}\xi_x+\sqrt{a_{22}}\xi_y)(\sqrt{a_{11}}\eta_x+\sqrt{a_{22}}\eta_y)\\&=0\cdot(\sqrt{a_{11}}\eta_x+\sqrt{a_{22}}\eta_y)=0,\end{aligned}$$

但 $A_{22}\neq0$(否则 $\eta=\psi(x,y)$ 也将是特征方程(2.2.9)和特征方程(2.2.11)的解)，因此得到**抛物型方程的标准形式**

$$u_{\eta\eta}=A^*u_\xi+B^*u_\eta+C^*u+D^*. \tag{2.3.6}$$

热传导方程和扩散方程都是**抛物型方程**.

例2　试将方程 $x^2u_{xx}+2xyu_{xy}+y^2u_{yy}=0$ 化成标准形式.

解　当 $x=0$，$y\neq0$ 时，方程为 $u_{yy}=0$；当 $y=0$，$x\neq0$ 时，方程为 $u_{xx}=0$；当 $x\neq0$，$y\neq0$ 时，因为 $\Delta=a_{12}^2-a_{11}a_{22}=(xy)^2-x^2y^2=0$，所以方程为抛物型．其特征

方程为

$$x^2\left(\frac{\mathrm{d}y}{\mathrm{d}x}\right)^2-2xy\frac{\mathrm{d}y}{\mathrm{d}x}+y^2=0,$$

即

$$\frac{\mathrm{d}y}{\mathrm{d}x}=\frac{y}{x}.$$

它的通解为

$$y=Cx.$$

作变换

$$\xi=\frac{x}{y},\ \eta=x,$$

在这变换下，满足：

$$A_{11}=0,\ A_{12}=0,$$
$$A_{22}=x^2\cdot 1+2xy\cdot 0+y^2\cdot 0=x^2=\eta^2,$$
$$B_1=0,\quad B_2=0,$$

则原方程化为

$$u_{\eta\eta}=0.$$

情形 3 $\Delta=a_{12}^2-a_{11}a_{22}<0$

这时方程(2.2.11)出现复数值，于是得到两个复函数通解 $\varphi(x,\ y)=C$(常数)及其共轭函数 $\psi(x,\ y)=D$.

设

$$\varphi(x,\ y)=\alpha(x,\ y)+\mathrm{i}\beta(x,\ y),\ \psi(x,\ y)=\alpha(x,\ y)-\mathrm{i}\beta(x,\ y),\tag{2.3.7}$$

选取 $\xi=\alpha(x,\ y)$, $\eta=\beta(x,\ y)$，不难证明 $\alpha(x,\ y)$和 $\beta(x,\ y)$的雅可比行列式不为零.

由方程(2.2.8)可得

$$a_{11}\varphi_x^2+2a_{12}\varphi_x\varphi_y+a_{22}\varphi_y^2=0.$$

利用式(2.3.7)，把它化为

$$(a_{11}\alpha_x^2+2a_{12}\alpha_x\alpha_y+a_{22}\alpha_y^2)-(a_{11}\alpha_x^2+2a_{12}\alpha_x\alpha_y+a_{22}\alpha_y^2)+$$
$$2\mathrm{i}[a_{11}\alpha_x\beta_x+a_{12}(\alpha_x\beta_y+\alpha_y\beta_x)+a_{22}\alpha_y\beta_y]=0.$$

于是得到

$$A_{11}=A_{22},\ A_{12}=0,$$

所以得到**椭圆型方程的标准形式**

$$u_{\alpha\alpha}+u_{\beta\beta}=A^*u_\alpha+B^*u_\beta+C^*u+D^*.$$

稳定温度方程、稳定扩散方程、无旋稳恒流动方程都是**椭圆型方程**.

例 3 试将方程 $yu_{xx}+u_{yy}=0$ 化成标准形式.

解　因为 $\Delta = a_{12}^2 - a_{11}a_{22} = -y$，所以当 $y>0$ 时，方程是椭圆型的；当 $y<0$ 时，方程是双曲型的；当 $y=0$ 时，方程是抛物型的．其特征方程为

$$y\left(\frac{\mathrm{d}y}{\mathrm{d}x}\right)^2 + 1 = 0.$$

当 $y>0$ 时，特征方程化为

$$\mathrm{d}x \pm \mathrm{i}\sqrt{y}\mathrm{d}y = 0,$$

所以它的通解为

$$x \pm \mathrm{i}\,\frac{2}{3}y^{\frac{3}{2}} = 0.$$

作变换

$$\xi = x,\ \eta = \frac{2}{3}y^{\frac{3}{2}},$$

在该变换下，满足：

$$A_{12} = 0,$$

$$A_{11} = A_{22} = y\cdot 1^2 + 2\cdot 0\cdot 1\cdot y^{\frac{1}{2}} + 1\cdot 0 = y,$$

$$B_1 = a_{11}\xi_{xx} + 2a_{12}\xi_{xy} + a_{22}\xi_{yy} + b_1\xi_x + b_2\xi_y = 0,$$

$$B_2 = a_{11}\eta_{xx} + 2a_{12}\eta_{xy} + a_{22}\eta_{yy} + b_1\eta_x + b_2\eta_y = \frac{1}{2}y^{-\frac{1}{2}}.$$

则原方程化为

$$u_{\xi\xi} + u_{\eta\eta} = -\frac{1}{3\eta}u_\eta.$$

当 $y<0$ 时，特征方程化为

$$\mathrm{d}x \pm \sqrt{-y}\mathrm{d}y = 0,$$

所以它的通解为

$$x \pm \frac{2}{3}(-y)^{\frac{3}{2}} = C.$$

作变换

$$\xi = x - \frac{2}{3}(-y)^{\frac{3}{2}},\ \eta = x + \frac{2}{3}(-y)^{\frac{3}{2}},$$

在该变换下，满足：

$$A_{11} = A_{22} = 0,$$

$$A_{12} = y\cdot\xi_x\eta_x + 0\cdot(\xi_x\eta_y + \xi_y\eta_x) + 1\cdot\xi_y\eta_y = 2y,$$

$$B_1 = a_{11}\xi_{xx} + 2a_{12}\xi_{xy} + a_{22}\xi_{yy} + b_1\xi_x + b_2\xi_y = -\frac{1}{2}(-y)^{-\frac{1}{2}},$$

$$B_2 = a_{11}\eta_{xx} + 2a_{12}\eta_{xy} + a_{22}\eta_{yy} + b_1\eta_x + b_2\eta_y = \frac{1}{2}(-y)^{-\frac{1}{2}},$$

则原方程化为

$$u_{\xi\eta}=\frac{1}{6(\xi-\eta)}(u_{\xi}-u_{\eta}).$$

2.4 线性偏微分方程的叠加原理

对于二阶线性偏微分方程(2.2.1)，引入以下算符

$$L=a_{11}\frac{\partial^2}{\partial x^2}+a_{12}\frac{\partial^2}{\partial x\partial y}+a_{22}\frac{\partial^2}{\partial y^2}+b_1\frac{\partial}{\partial x}+b_2\frac{\partial}{\partial y}+c_1,\tag{2.4.1}$$

则方程(2.2.1)就可以写为

$$Lu=f.\tag{2.4.2}$$

一般含 n 个自变量的二阶线性偏微分方程可写为以下形式

$$\sum_{i,j=1}^{n}a_{ij}\frac{\partial^2 u}{\partial x_i\partial x_j}+\sum_{i=1}^{n}b_i\frac{\partial u}{\partial x_i}+c_1u=f,\tag{2.4.3}$$

其中 a_{ij}, b_i, c_1 及 f 均为 x_1, …, x_n 的已知函数．引入以下算符

$$L=\sum_{i,j=1}^{n}a_{ij}\frac{\partial^2}{\partial x_i\partial x_j}+\sum_{i=1}^{n}b_i\frac{\partial}{\partial x_i}+c_1,\tag{2.4.4}$$

则方程(2.4.3)可以写成下面的形式

$$Lu=f.\tag{2.4.5}$$

对于一个线性偏微分方程，有下面的性质：

1. 齐次线性方程的解的性质

(1) 设 u_1 是满足方程的解，则 Cu_1(C 是任意常数) 也是方程的解．

(2) 设 u_1 和 u_2 是满足方程的解，则 $C_1u_1+C_2u_2$(C_1 和 C_2 是两个任意常数) 也是方程的解．

2. 非齐次线性方程的解的性质

(1) 设 u^* 是满足非齐次方程的一个特解，u_1 是满足对应齐次方程的通解，则非齐次方程的通解可以表示为

$$u=u_1+u^*.$$

(2) 设 u_1 是满足方程

$$Lu_1=f_1$$

的解，u_2 是满足方程

$$Lu_2=f_2$$

的解，则它们的线性组合 $u=C_1u_1+C_2u_2$(C_1 和 C_2 是两个任意常数) 是方程

$$L(C_1u_1+C_2u_2)=C_1f_1+C_2f_2$$

的解．

3. 线性偏微分方程的叠加原理

与线性常微分方程一样，线性偏微分方程也有一个重要性质——线性叠加原理.

若 $u_n(n=1, 2, 3, \cdots)$在某区域 G 内有二阶连续偏导数，且是方程

$$Lu=f_n(n=1, 2, 3, \cdots)$$

的解，而级数 $\sum_{n=1}^{\infty} C_n u_n$ 在区域 G 内一致收敛以及级数 $\sum_{n=1}^{\infty} C_n f_n$ 在区域 G 内一致收敛，且其和函数为 f，则这些 $u_n(n=1,2,3,\cdots)$的叠加

$$u=\sum_{n=1}^{\infty} C_n u_n$$

在区域 G 内是满足方程

$$Lu=f$$

的解.

用这一性质，我们就可以把线性偏微分方程问题加以分解、简化，然后再把所求的解叠加起来，得到前面二阶线性偏微分方程的定解问题的解.

习题 2

1. 证明函数 $u(X, t)=f(x+at)+g(x-at)$是方程

$$u_{tt}=a^2 u_{xx}$$

的解，其中 f 及 g 为具有二阶连续导数的函数，而 a 为常数.

2. 证明函数 $u(x, y)=f(xy)$是方程

$$xu_x-yu_y=0$$

的解，其中 f 是具有连续导数的函数，而 a 为常数.

3. 试将下列方程化为标准形式：

(1) $u_{xx}+4u_{xy}+5u_{yy}+u_x+u_y=0$；

(2) $u_{xx}+2u_{xy}-3u_{yy}+2u_x+6u_y=0$；

(3) $(1+x^2)u_{xx}+(1+y^2)u_{yy}+xu_x+yu_y=0$；

(4) $u_{xx}+yu_{yy}=0$.

4. 证明在变换 $u(x, y)=\mathrm{e}^{-(ax+by)}v(x, y)$下，方程

$$u_{xx}+u_{yy}+2au_x+2bu_y=0（其中\ a,\ b\ 为常数）$$

化为亥姆霍兹(Helmholtz)方程

$$v_{xx}+v_{yy}+(a^2+b^2)v=0.$$

第3章

分离变量法

分离变量法是求解数学物理方程定解问题最基本的求解方法．本章将对有限域上三类典型方程：波动方程、热传导方程以及拉普拉斯方程的定解问题介绍分离变量法求解线性偏微分方程定解问题的基本要点和求解步骤．分离变量法广泛应用于数学物理方程中各种类型的线性偏微分方程定解问题．

3.1 有界弦的自由振动

考虑一根长为 l，密度均匀，两端固定的弦的自由振动问题

$$\begin{cases}\dfrac{\partial^2 u}{\partial t^2} = a^2 \dfrac{\partial^2 u}{\partial x^2} & (0 < x < l, t > 0), \quad (3.1.1)\\ u(0,t) = u(l,t) = 0 & (t \geqslant 0), \quad (3.1.2)\\ u(x,0) = \varphi(x), \quad \dfrac{\partial u(x,0)}{\partial t} = \psi(x), & \quad (3.1.3)\end{cases}$$

其中 $\varphi(x)$ 和 $\psi(x)$ 分别表示初始位移和初始速度，$a = \sqrt{\dfrac{T}{\rho}}$，$T$ 为弦的张力，ρ 为弦的密度．

这个定解问题的特点是，方程(3.1.1)是齐次线性的，边界条件(3.1.2)也是齐次线性的，因此，从解的叠加原理知道，各个特解的叠加也是这个方程和边界条件的解．如果能够找到满足这个方程和边界条件的足够多的特解，那么我们可以尝试用它们的线性组合寻求所求定解问题的解．现在用分离变量法寻找具有分离变量形式的非零特解．

假设方程(3.1.1)与边界条件(3.1.2)有如下分离变量形式的非零特解

$$u = u(x,t) = T(t)X(x) \neq 0, \tag{3.1.4}$$

代入方程(3.1.1)得

$$T''(t)X(x) = a^2T(t)X''(x).$$

两边同除以 $a^2T(t)X(x)$，得

$$\frac{T''(t)}{a^2T(t)} = \frac{X''(x)}{X(x)}.$$

这个等式的左边仅是 t 的函数，右边仅是 x 的函数，如果固定某一个 t 的值而改变 x 的值，或者反之，那么这个等式的两边当它的自变量变化时必定都保持常数值，记这个常数为 $-\lambda$，我们得到两个常微分方程

$$X''(x) + \lambda X(x) = 0, \tag{3.1.5}$$

和

$$T''(t) + \lambda a^2T(t) = 0, \tag{3.1.6}$$

此处 $-\lambda$ 的负号只是为了后面计算上的方便．又将式(3.1.4)分别代入式(3.1.2)，得

$$T(t)X(0) = 0, T(t)X(l) = 0.$$

因为要求 $u(x, t)$不恒等于零，所以 $T(t)$不恒等于零，$X(x)$满足边值条件

$$X(0) = X(l) = 0. \tag{3.1.7}$$

因此，要求方程(3.1.1)满足边界条件(3.1.2)的分离变量形式的非零特解，我们需要求解由式(3.1.5)和式(3.1.7)组成的常微分方程的边值问题

$$\begin{cases} X''(x) + \lambda X(x) = 0, \\ X(0) = X(l) = 0 \end{cases} \tag{3.1.8}$$

的解．

若对于 λ 的某个值，边值问题(3.1.8)的非零解 $X(x)$存在，则称 λ 为固有值问题的**固有值**(或**特征值**，**本征值**)，相对应的 $X(x)$称为对应于 λ 的**固有函数**(或**特征函数**，**本征函数**)．常微分方程边值问题(3.1.8)称为**固有值问题**．

下面我们针对 λ 的三种情况 $\lambda<0$，$\lambda=0$ 和 $\lambda>0$ 分别讨论边值问题(3.1.8)．

(1) 设 $\lambda<0$，方程 $X''(x)+\lambda X(x)=0$ 的通解为

$$X(x) = Ce^{\sqrt{-\lambda}x} + De^{-\sqrt{-\lambda}x},$$

其中 C，D 为任意常数．将它代入边值条件，得

$$X(0) = C + D = 0,$$

$$X(l) = Ce^{\sqrt{-\lambda}l} + De^{-\sqrt{-\lambda}l} = 0.$$

解得 $C=D=0$. 所以，$X(x)\equiv 0$，$u(x, t)\equiv 0$. 这不符合固有函数的要求，也不符合 $u(x, t)$非零的要求，因此 λ 不能小于零．

(2) 设 $\lambda=0$，方程 $X''(x)=0$ 的通解为

$$X(x) = Cx + D,$$

代入边值条件，得 $C=D=0$，$X(x)\equiv 0$，因此 λ 也不能等于零．

(3) 设 $\lambda>0$，记 $\lambda=\beta^2$，方程 $X''(x)+\beta^2X(x)=0$ 的通解为

$$X(x) = C\cos \beta x + D\sin \beta x,$$

其中 C，D 为任意常数．将它代入边值条件，得

$$X(0) = C\cos 0 + D\sin 0 = C = 0,$$

$$X(l) = D\sin \beta l = 0.$$

因为 $X(x) \neq 0$，所以必须有 $\sin \beta l = 0$，解得一系列的值

$$\lambda_n = \beta_n^2 = \left(\frac{n\pi}{l}\right)^2 \quad (n = 1,2,3,\cdots) \tag{3.1.9}$$

以及对应的一族非零解

$$X_n(x) = D_n \sin \frac{n\pi x}{l} \quad (n = 1,2,3,\cdots), \tag{3.1.10}$$

其中 $D_n \neq 0$，不失一般性，可取 $D_n = 1$. 称式(3.1.9)为固有值问题(3.1.8)的固有值，式(3.1.10)为固有值问题(3.1.8)的固有函数．

把式(3.1.9)中的固有值代入方程(3.1.6)，即

$$T''(t) + \left(\frac{n\pi a}{l}\right)^2 T(t) = 0,$$

它的通解为

$$T_n(t) = A_n \cos \frac{n\pi a t}{l} + B_n \sin \frac{n\pi a t}{l} \quad (n = 1,2,3,\cdots), \tag{3.1.11}$$

其中 A_n，B_n 均为任意常数．

因此，我们得到满足方程(3.1.1)和边界条件(3.1.2)的一系列分离变量形式的特解

$$\begin{aligned} u_n(x,t) &= T_n(t) X_n(x) \\ &= \left(a_n \cos \frac{n\pi a t}{l} + b_n \sin \frac{n\pi a t}{l}\right) \sin \frac{n\pi x}{l} \quad (n = 1,2,3,\cdots), \end{aligned} \tag{3.1.12}$$

其中 a_n 和 b_n 均为任意不同时为零的常数，$a_n = A_n D_n$，$b_n = B_n D_n$.

由于初始条件中的函数 $\varphi(x)$ 和 $\psi(x)$ 是任意给定的，一般说来，齐次方程和齐次边界条件的特解(3.1.12)中的任何一个都不能满足给定的初始条件(3.1.3). 由于方程(3.1.1)和边界条件(3.1.2)是齐次线性的，根据线性叠加原理，我们把这一系列函数 $u_n(x,\ t)$ 叠加起来，得到级数

$$u(x,t) = \sum_{n=1}^{\infty} u_n(x,t) = \sum_{n=1}^{\infty} \left(a_n \cos \frac{n\pi a t}{l} + b_n \sin \frac{n\pi a t}{l}\right) \sin \frac{n\pi x}{l}. \tag{3.1.13}$$

可知 $u(x,\ t)$ 仍是方程(3.1.1)和边界条件(3.1.2)的解．将式(3.1.13)代入初始条件(3.1.3)，得

$$u(x,0) = \varphi(x) = \sum_{n=1}^{\infty} a_n \sin \frac{n\pi x}{l},$$

$$\frac{\partial u(x,0)}{\partial t} = \psi(x) = \sum_{n=1}^{\infty} b_n \frac{n\pi a}{l} \sin \frac{n\pi x}{l}.$$

从形式上看出，这两个式子正是函数 $\varphi(x)$ 和 $\psi(x)$ 在区间 $[0, l]$ 上的傅里叶展开式，由傅里叶级数系数公式，得

$$\begin{cases} a_n = \dfrac{2}{l}\int_0^l \varphi(x)\sin\dfrac{n\pi x}{l}\mathrm{d}x, \\ b_n = \dfrac{2}{n\pi a}\int_0^l \psi(x)\sin\dfrac{n\pi x}{l}\mathrm{d}x. \end{cases} \tag{3.1.14}$$

因此，将式(3.1.14)代入式(3.1.13)，我们在形式上得到了定解问题即式(3.1.1)～式(3.1.3)的**解**．

以上的推导过程涉及傅里叶级数理论，所以分离变量法也称为**傅里叶级数法**．

可以证明：如果 $\varphi(x)$ 有二阶连续导数，$\psi(x)$ 有一阶连续导数，而且 $\varphi(0)=\varphi(l)=0$，$\varphi''(0)=\varphi''(l)=0$，$\psi(0)=\psi(l)=0$，那么定解问题即式(3.1.1)～式(3.1.3)存在解，并且解可由级数(3.1.12)给出．

级数解(3.1.13)体现出定解问题的**解的物理意义**．首先把级数(3.1.12)中的一般项作如下变形：

$$u_n(x,t) = N_n\sin(\omega_n t+\theta_n)\sin\frac{n\pi x}{l},$$

其中 $N_n=\sqrt{a_n^2+b_n^2}$，$\omega_n=\dfrac{n\pi a}{l}$，$\theta_n=\arctan\dfrac{a_n}{b_n}$. θ_n 称为**初相**，ω_n 称为**频率**．

当固定 $x=x_0$ 时，

$$u_n(x_0,t) = N_n\sin\frac{n\pi x_0}{l}\sin(\omega_n t+\theta_n),$$

可观察到在 $x=x_0$ 点弦在作简谐振动，其振幅为 $\sqrt{a_n^2+b_n^2}\left|\sin\dfrac{n\pi x_0}{l}\right|$，固有频率 ω_n 各点相同，$\dfrac{\pi a}{l}$称为这条弦的**基频**，初相为 θ_n. 如果取另外一点，情况完全一样，只是振幅不同而已．这条弦的图形为**正弦型曲线**．

当固定 $t=t_0$ 时，

$$u_n(x,t_0) = N_n\sin(\omega_n t_0+\theta_n)\sin\frac{n\pi x}{l},$$

可观察到弦的两个端点保持不动，$u_n(x, t)$是一些正弦型曲线，其振幅为 $\sqrt{a_n^2+b_n^2}\,|\sin(\omega_n t_0+\theta_n)|$，它随时间 t 变化．如图3.1所示，除在两个端点之外，弦在 $x=\dfrac{l}{n}$，$\dfrac{2l}{n}$，…，$\dfrac{(n-1)l}{n}$，这 $n-1$ 个点也是始终保持静止的，这

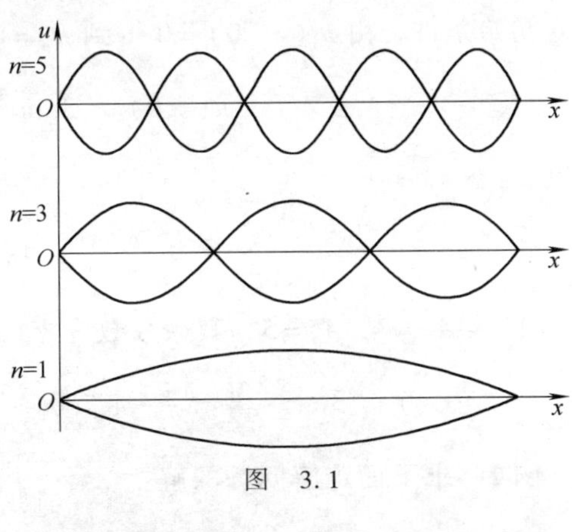

图 3.1

样的点称为**节点**. 包含节点的振动波称为**驻波**, 相邻两个节点之间的中点处振幅最大, 称为**腹点**. 解 $u(x, t)$是由一系列不同频率 ω_n, 不同位相 θ_n, 不同振幅的驻波 $u_n(x, t)$的叠加得到的, 所以, 分离变量法又称为**驻波法**.

例 1 求定解问题

$$\begin{cases}\dfrac{\partial^2 u}{\partial t^2} = a^2 \dfrac{\partial^2 u}{\partial x^2} \quad (0 < x < l, t > 0),\\ u(0,t) = 0, u(l,t) = 0,\\ u(x,0) = 3\sin\dfrac{\pi x}{l} + 5\sin\dfrac{8\pi x}{l}, u_t(x,0) = 0\end{cases}$$

的解, 其中 l, a 为正的常数.

解 设定解问题有非零解 $u = u(x, t) = T(t)X(x) \neq 0$, 代入方程和边界条件, 得固有值问题

$$\begin{cases}X''(x) + \lambda X(x) = 0(0 < x < l),\\ X(0) = X(l) = 0\end{cases}$$

以及 $T(t)$所应满足的方程

$$T''(t) + \lambda a^2 T(t) = 0.$$

解得固有值

$$\lambda_n = \left(\frac{n\pi}{l}\right)^2 (n = 1,2,\cdots)$$

和固有函数

$$X_n(x) = \sin\frac{n\pi x}{l}(n = 1,2,\cdots),$$

所以定解问题的级数形式解为

$$u(x,t) = \sum_{n=1}^{\infty}\left(A_n\cos\frac{n\pi at}{l} + B_n\sin\frac{n\pi at}{l}\right)\sin\frac{n\pi x}{l}.$$

代入初始条件, 由 $u_t(x, 0) = 0$ 得到 $B_n = 0(n = 1, 2, \cdots)$; 又由初始条件

$$u(x,0) = 3\sin\frac{\pi x}{l} + 5\sin\frac{8\pi x}{l},$$

所以

$$\sum_{n=1}^{\infty} A_n\sin\frac{n\pi x}{l} = 3\sin\frac{\pi x}{l} + 5\sin\frac{8\pi x}{l}.$$

系数 A_n 为 $A_1 = 3$, $A_8 = 5$, 其余系数为零. 因此, 定解问题的解为

$$u(x,t) = 3\cos\frac{\pi at}{l}\sin\frac{\pi x}{l} + 5\cos\frac{8\pi at}{l}\sin\frac{8\pi x}{l} \quad (0 < x < l, t > 0).$$

例 2 求下面定解问题的解:

$$\begin{cases}\dfrac{\partial^2 u}{\partial t^2} = a^2\dfrac{\partial^2 u}{\partial x^2} & (0 < x < l, t > 0),\\ \dfrac{\partial u(0,t)}{\partial x} = 0,\quad \dfrac{\partial u(l,t)}{\partial x} = 0 & (t > 0),\\ u(x,0) = l - 2x,\quad \dfrac{\partial u(x,0)}{\partial t} = 0. \end{cases}$$

解　设 $u(x, t) = T(t)X(x)$，代入方程和边界条件，得 $X(x)$ 所应满足的固有值问题

$$\begin{cases} X''(x) + \lambda X(x) = 0,\\ X'(0) = X'(l) = 0 \end{cases}$$

以及 $T(t)$ 所应满足的方程

$$T''(t) + \lambda a^2 T(t) = 0.$$

解这个固有值问题，得固有值

$$\lambda_n = \left(\frac{n\pi}{l}\right)^2 \quad (n = 0,1,2,\cdots)$$

和固有函数

$$X_n(x) = \cos\frac{n\pi x}{l} \quad (n = 0,1,2,\cdots).$$

再解出 $T(t)$：

$$T_0(t) = A_0 + B_0 t \quad (n = 0),$$

$$T_n(t) = A_n\cos\frac{n\pi at}{l} + B_n\sin\frac{n\pi at}{l} \quad (n = 1,2,3,\cdots),$$

其中 A_n，B_n 为任意常数．所求问题的解可表示为

$$u(x,t) = A_0 + B_0 t + \sum_{n=1}^{\infty}\left[A_n\cos\frac{n\pi at}{l} + B_n\sin\frac{n\pi at}{l}\right]\cos\frac{n\pi x}{l}.$$

利用初始条件 $u_t(x, 0) = 0$，可知

$$B_0 + \sum_{n=1}^{\infty} B_n\frac{n\pi a}{l}\cos\frac{n\pi x}{l} = 0.$$

所以得到

$$B_n = 0 \quad (n = 0,1,2,\cdots);$$

又由

$$u(x,0) = l - 2x,$$

得

$$A_0 + \sum_{n=1}^{\infty} A_n\cos\frac{n\pi x}{l} = l - 2x.$$

傅里叶级数系数 A_n 为

$$A_0 = \frac{1}{l}\int_0^l (l - 2x)\,\mathrm{d}x = 0,$$

$$\begin{aligned} A_n &= \frac{2}{l}\int_0^l (l - 2x)\cos\frac{n\pi x}{l}\mathrm{d}x \\ &= \frac{2}{n\pi}\int_0^l (l - 2x)\,\mathrm{d}\left(\sin\frac{n\pi x}{l}\right) \\ &= \frac{2}{n\pi}\left[(l - 2x)\sin\frac{n\pi x}{l} - \frac{2l}{n\pi}\cos\frac{n\pi x}{l}\right]\Bigg|_0^l \\ &= \frac{4l}{n^2\pi^2}(1 - (-1)^n), \end{aligned}$$

故定解问题的解为

$$u(x,t) = \sum_{n=1}^{\infty} \frac{4l}{n^2\pi^2}(1 - (-1)^n)\cos\frac{n\pi at}{l}\cos\frac{n\pi x}{l} \quad (0 < x < l, t > 0).$$

例 3 求下面定解问题的解：

$$\begin{cases} \dfrac{\partial^2 u}{\partial t^2} = a^2\dfrac{\partial^2 u}{\partial x^2} \quad (0 < x < l, t > 0), \\ \dfrac{\partial u(0,t)}{\partial x} = 0, u(l,t) = 0 \quad (t > 0), \\ u\big|_{t=0} = x^2 - 2lx, \dfrac{\partial u}{\partial t}\Big|_{t=0} = 0. \end{cases}$$

解 设 $u(x, t) = T(t)X(x)$，代入方程和边界条件，得 $X(x)$ 所应满足的固有值问题

$$\begin{cases} X''(x) + \lambda X(x) = 0, \\ X'(0) = X(l) = 0 \end{cases}$$

以及 $T(t)$ 所应满足的方程

$$T''(t) + \lambda a^2 T(t) = 0.$$

解这个固有值问题，得固有值

$$\lambda_n = \left(\frac{(2n+1)\pi}{2l}\right)^2 \quad (n = 0,1,2,\cdots)$$

和固有函数

$$X_n(x) = \cos\frac{(2n+1)\pi x}{2l} \quad (n = 0,1,2,\cdots).$$

再解出 $T(t)$：

$$T_n(t) = A_n\cos\frac{(2n+1)\pi at}{2l} + B_n\sin\frac{(2n+1)\pi at}{2l} \quad (n = 0,1,2,\cdots),$$

其中 A_n，B_n 为任意常数；所求问题的解可表示为

$$u(x,t)=\sum_{n=0}^{\infty}\left[A_n\cos\frac{(2n+1)\pi at}{2l}+B_n\sin\frac{(2n+1)\pi at}{2l}\right]\cos\frac{(2n+1)\pi x}{2l}.$$

利用初始条件，得

$$\begin{aligned}A_n&=\frac{2}{l}\int_0^l(x^2-2lx)\cos\frac{(2n+1)\pi x}{2l}\mathrm{d}x\\&=-\frac{4l^2[8(-1)^n+(-1)^n(2n+1)^2\pi^2-4(2n+1)\pi]}{(2n+1)^3\pi^3}\quad(n=0,1,2,\cdots),\end{aligned}$$

$$B_n=0\quad(n=0,1,2,\cdots),$$

故定解问题的解为

$$u(x,t)=-\frac{4l^2}{\pi^3}\sum_{n=0}^{\infty}\frac{8(-1)^n+(-1)^n(2n+1)^2\pi^2-4(2n+1)\pi}{(2n+1)^3}\cdot$$

$$\cos\frac{(2n+1)\pi at}{2l}\cos\frac{(2n+1)\pi x}{2l}\quad(0<x<l,t>0).$$

3.2　有限长杆上的热传导

考虑导热细杆的杆内温度分布问题. 设导热细杆长为 l，密度均匀，侧面绝热，沿着杆的侧面没有热源. 在左端点 $x=0$ 处的温度为 0℃，而在右端 $x=l$ 处把热量传给周围的介质，介质的温度为 0℃，热交换系数为 σ. 杆的初始温度为 $\varphi(x)$，所以杆内温度 $u=u(x,t)$ 满足如下的定解问题

$$\begin{cases}\dfrac{\partial u}{\partial t}=a^2\dfrac{\partial^2 u}{\partial x^2}\quad(0<x<l,t>0), & (3.2.1)\\ u(0,t)=0,\quad k\dfrac{\partial u(l,t)}{\partial x}+\sigma u(l,t)=0, & (3.2.2)\\ u(x,0)=\varphi(x), & (3.2.3)\end{cases}$$

其中 k 为导热系数，$h=\dfrac{\sigma}{k}$，求杆内温度 $u=u(x,t)$ 的变化规律.

假设定解问题有分离变量形式的非零解

$$u=u(x,t)=T(t)X(x)\neq 0.\tag{3.2.4}$$

将式(3.2.4)代入方程(3.2.1)，经过整理可得

$$\frac{T'(t)}{a^2T(t)}=\frac{X''(x)}{X(x)},$$

这个等式的左边仅是 t 的函数，右边仅是 x 的函数，如果固定某一个 t 的值而改变 x 的值，或者反之，那么这个等式的两边当它的自变量变化时必定都保持常数值，因此可令作常数 $-\lambda$，我们得到两个常微分方程

$$X''(x)+\lambda X(x)=0,\tag{3.2.5}$$

$$T'(t)+\lambda a^2 T(t)=0. \tag{3.2.6}$$

再将式(3.2.4)代入齐次边界条件(3.2.2)，得

$$X(0)=0, X'(l)+hX(l)=0. \tag{3.2.7}$$

于是式(3.2.5)和式(3.2.7)组成固有值问题

$$\begin{cases} X''(x)+\lambda X(x)=0, \\ X(0)=0, X'(l)+hX(l)=0. \end{cases}$$

类似于3.1节的讨论，可以按照 λ 的取值分为 $\lambda<0$，$\lambda=0$ 和 $\lambda>0$ 三种情形解这个固有值问题，可知只有当 $\lambda>0$ 时固有值问题有非平凡(即不恒等于零)解

$$X(x)=A\cos\beta x+B\sin\beta x \quad (A,B\text{ 不同时为零}).$$

再代入边值条件，由 $X(0)=0$ 得 $A=0$；由 $X'(l)+hX(l)=0$ 得

$$\beta\cos\beta l+h\sin\beta l=0 \quad \text{或} \quad \tan\beta l=-\frac{\beta}{h}. \tag{3.2.8}$$

这个三角方程可以用作图法求解，它的解是正切函数 $f(\beta)=\tan\beta l$ 与直线 $g(\beta)=-\dfrac{\beta}{h}$ 交点的横坐标(图3.2)，从图像上看，方程(3.2.8)有无穷多个根，而且这些根正负成对地出现，按照绝对值从小到大按顺序排成一列

$$\pm\beta_1, \pm\beta_2, \cdots, \pm\beta_n, \cdots.$$

于是得到固有值 $\lambda_n=\beta_n^2$，即

$$\lambda_1=\beta_1^2, \lambda_2=\beta_2^2, \cdots, \lambda_n=\beta_n^2, \cdots$$

以及相应的固有函数

$$X_n(x)=B_n\sin\beta_n x \quad (n=1,2,3,\cdots).$$

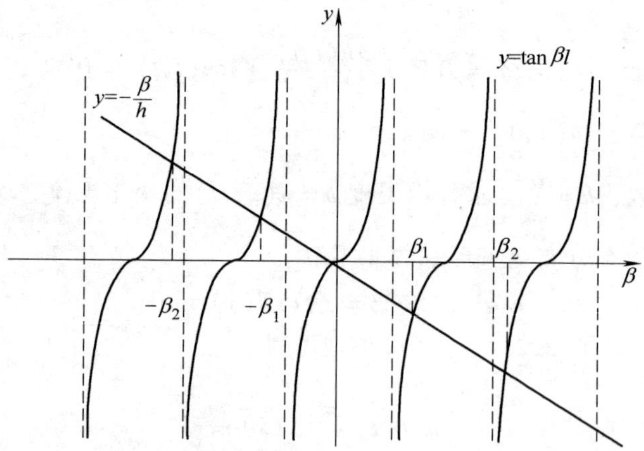

图3.2 方程(3.2.8)的根

把 $\lambda_n=\beta_n^2$ 代入方程(3.2.6)，得

$$T_n(t)=C_n e^{-a^2\beta_n^2 t} \quad (C_n\text{ 为待定常数}),$$

这样我们可求出方程(3.2.1)满足齐次边界条件(3.2.2)的一系列分离变量形式的非零解

$$u_n(x,t) = D_n e^{-a^2\beta_n^2 t}\sin\beta_n x \quad (n = 1,2,3,\cdots),$$

其中 $D_n = B_n C_n$ 为非零的待定常数. 将它们叠加起来，得

$$u(x,t) = \sum_{n=1}^{\infty} D_n e^{-a^2\beta_n^2 t}\sin\beta_n x. \tag{3.2.9}$$

因为方程(3.2.1)和边界条件(3.2.2)都是齐次的，所以式(3.2.9)仍然满足方程和边界条件. 为了求出定解问题即式(3.2.1)～式(3.2.3)的解，将式(3.2.9)代入初始条件(3.2.3)可得

$$u(x,0) = \varphi(x) = \sum_{n=1}^{\infty} D_n \sin\beta_n x.$$

若 $\varphi(x)$ 在 $[0, l]$ 上满足狄利克雷条件，根据后面将要讲到的施图姆-刘维尔(Sturm-Liouville)型问题的一般理论，函数列 $\{\sin\beta_n x\}$ 在区间 $[0, l]$ 上是正交的，所以可得待定系数 D_n 为

$$D_n = \frac{\int_0^l \varphi(x)\sin\beta_n x\mathrm{d}x}{\int_0^l \sin^2\beta_n x\mathrm{d}x}. \tag{3.2.10}$$

将式(3.2.10)代入式(3.2.9)，得定解问题即式(3.2.1)～式(3.2.3)的解为

$$u(x,t) = \sum_{n=1}^{\infty} \frac{\int_0^l \varphi(x)\sin\beta_n x\mathrm{d}x}{\int_0^l \sin^2\beta_n x\mathrm{d}x} e^{-a^2\beta_n^2 t}\sin\beta_n x.$$

由 $\sin 2\theta = \dfrac{2\tan\theta}{1+\tan^2\theta}$ 可进一步计算出系数 D_n 的分母上的积分

$$\int_0^l \sin^2\beta_n x\mathrm{d}x = \frac{1}{2}\left(l - \frac{1}{2\beta_n}\sin 2\beta_n l\right) = \frac{1}{2}\left(l + \frac{h}{\beta_n^2 + h^2}\right). \tag{3.2.11}$$

例题　求下面定解问题的解：

$$\begin{cases}\dfrac{\partial u}{\partial t} = a^2\dfrac{\partial^2 u}{\partial x^2} \quad (0 < x < l, t > 0),\\ u(0,t) = 0, \quad \dfrac{\partial u(l,t)}{\partial x} = 0,\\ u(x,0) = -\dfrac{q_0}{k}x.\end{cases}$$

解　设 $u(x, t) = T(t)X(x)$，代入方程和边界条件，得 $X(x)$ 所应满足的固有值问题

$$\begin{cases}X''(x) + \lambda X(x) = 0,\\ X(0) = 0,\ X'(l) = 0\end{cases}$$

以及 $T(t)$ 所应满足的方程

$$T'(t) + \lambda a^2 T(t) = 0.$$

解得固有值为

$$\lambda_n = \beta_n^2 = \frac{(2n+1)^2\pi^2}{4l^2} \quad (n = 0,1,2,\cdots),$$

相应的固有函数为

$$X_n(x) = \sin\frac{(2n+1)\pi x}{2l} \quad (n = 0,1,2,\cdots)$$

以及

$$T_n(t) = D_n \mathrm{e}^{-a^2\beta_n^2 t} \quad (D_n \text{ 为待定常数}).$$

由式(3.2.10)得，

$$D_n = \frac{\displaystyle\int_0^l \left(-\frac{q_0}{k}x\right)\sin\frac{(2n+1)\pi}{2l}x\mathrm{d}x}{\displaystyle\int_0^l \sin^2\frac{(2n+1)\pi}{2l}x\mathrm{d}x}$$

$$= \frac{2}{l}\int_0^l \left(-\frac{q_0}{k}x\right)\sin\frac{(2n+1)\pi}{2l}x\mathrm{d}x$$

$$= (-1)^{n+1}\frac{8q_0 l}{k(2n+1)^2\pi^2} \quad (n = 0,1,2,\cdots),$$

故所求定解问题的解为

$$u(x,t) = \frac{8q_0 l}{k\pi^2}\sum_{n=0}^{\infty}(-1)^{n+1}\frac{1}{(2n+1)^2}\mathrm{e}^{-\left[\frac{(2n+1)\pi a}{2l}\right]^2 t}\sin\frac{(2n+1)\pi x}{2l}(0 < x < l, t > 0).$$

从3.1节和3.2节的内容和例子可以看到，不论是弦振动方程还是热传导方程，其固有值问题的方程都是 $X''(x) + \lambda X(x) = 0$，不一样的是随着边界条件的不同，固有函数也随之不同．在本章末的表3.1中，我们列出了第一、第二和第三类边界条件的九种情形下的固有值和固有函数系．

3.3 圆域上的二维拉普拉斯方程的第一边值问题

分离变量法也能用于求解诸如拉普拉斯方程定常状态的定解问题．设有半径为 R 的无限长圆柱体，圆柱体边界面保持温度 $F(x, y)(x^2 + y^2 = R^2)$，内部无热源，求圆柱体稳恒状态的温度分布．于是我们要求解如下的在圆形区域内二维拉普拉斯(Laplace)方程第一边值问题即狄利克雷(Dirichlet)问题

$$\begin{cases} \Delta u = \dfrac{\partial^2 u}{\partial x^2} + \dfrac{\partial^2 u}{\partial y^2} = 0 \quad (x^2 + y^2 < R^2), & (3.3.1) \\ u(x,y)\big|_{x^2+y^2=R^2} = F(x,y)\big|_{x^2+y^2=R^2}, & (3.3.2) \end{cases}$$

其中 $F(x, y)$ 为连续函数.

在圆形区域内，采用极坐标形式求解定解问题比较方便. 作代换

$$x = r\cos\theta,\ y = r\sin\theta,$$

记 $u(x, y) = u(r, \theta)$ 和 $F(x, y)\big|_{x^2+y^2=R^2} = f(\theta)$，则上述定解问题化为

$$\begin{cases}\Delta u = \dfrac{\partial^2 u}{\partial r^2} + \dfrac{1}{r}\dfrac{\partial u}{\partial r} + \dfrac{1}{r^2}\dfrac{\partial^2 u}{\partial \theta^2} = 0 & (r < R), \quad (3.3.3)\\ u(R,\theta) = f(\theta) & (0 \leqslant \theta \leqslant 2\pi), \quad (3.3.4)\end{cases}$$

其中 $f(\theta)$ 为连续函数.

由于边界条件(3.3.2)，我们可假定 $f(\theta)$ 为周期函数，$f(0) = f(2\pi)$. 又因为圆形区域中心点的温度是有限的，所以

$$|u(0,\theta)| < +\infty, \tag{3.3.5}$$

$$u(r,\theta) = u(r,\theta + 2\pi). \tag{3.3.6}$$

要求满足方程(3.3.3)及式(3.3.4)~式(3.3.6)的非零解，设

$$u(r,\theta) = R(r)\Theta(\theta) \neq 0,$$

代入方程(3.3.3)，得

$$R''(r)\Theta(\theta) + \frac{1}{r}R'(r)\Theta(\theta) + \frac{1}{r^2}R(r)\Theta''(\theta) = 0.$$

整理得到

$$\frac{r^2R''(r) + rR'(r)}{R(r)} = -\frac{\Theta''(\theta)}{\Theta(\theta)}(= \lambda).$$

这个等式的左边仅为 r 的函数，而等式的右边仅为 θ 的函数，等式两边的函数必然是一个常数，令作常数 λ，由边界条件 $u(r, \theta+2\pi) = u(r, \theta)$ 得 $\Theta(\theta+2\pi) = \Theta(\theta)$，于是得到 $\Theta(\theta)$ 所满足的固有值问题

$$\begin{cases}\Theta''(\theta) + \lambda\Theta(\theta) = 0,\\ \Theta(\theta + 2\pi) = \Theta(\theta)\end{cases} \tag{3.3.7}$$

以及 $R(r)$ 所满足的初值问题

$$\begin{cases}r^2R''(r) + rR'(r) - \lambda R(r) = 0,\\ |R(0)| < +\infty.\end{cases} \tag{3.3.8}$$

类似于前两节的做法解固有值问题(3.3.7). 当 $\lambda < 0$ 时，它没有周期函数的固有函数；当 $\lambda \geqslant 0$ 时，方程 $\Theta''(\theta) + \lambda\Theta(\theta) = 0$ 的周期函数解为

$$\Theta(\theta) = C\cos\sqrt{\lambda}\theta + D\sin\sqrt{\lambda}\theta \quad (C,D\text{ 为任意常数}).$$

由 $\Theta(\theta+2\pi) = \Theta(\theta)$ 得知，$\sqrt{\lambda}$ 必须取非负整数 n，即

$$\lambda = n^2 \quad (n = 0,1,2,\cdots),$$

所以相应的固有函数为

$$\Theta_n(\theta) = C_n\cos n\theta + D_n\sin n\theta \quad (n = 0,1,2,\cdots),$$

其中 C_n，D_n 为任意不全为零的常数．

从初值问题(3.3.8)中解得

$$R_0(r)=A_0+B_0\ln r\quad(n=0),$$

$$R_n(r)=A_nr^n+B_nr^{-n}\quad(n=1,2,3,\cdots).$$

由自然边界条件 $|R(0)|<+\infty$，得

$$B_n=0\quad(n=0,1,2,\cdots).$$

所以

$$R_n(r)=A_nr^n\quad(n=0,1,2,\cdots),$$

其中 A_n 为任意非零常数．因此，我们得到了方程(3.3.3)的一系列分离变量形式的非零解

$$u_0(r,\theta)=\frac{a_0}{2}\quad(n=0),$$

$$u_n(r,\theta)=r^n(a_n\cos n\theta+b_n\sin n\theta)\quad(n=1,2,3,\cdots),$$

其中 $a_0=2A_0C_0$，$a_n=A_nC_n$，$b_n=A_nD_n$ 均为待定常数．

根据线性叠加原理，方程(3.3.3)满足条件即式(3.3.5)～式(3.3.6)的解可表示为

$$u(r,\theta)=\frac{a_0}{2}+\sum_{n=1}^{\infty}r^n(a_n\cos n\theta+b_n\sin n\theta).\tag{3.3.9}$$

为了确定系数 a_n，b_n，将式(3.3.9)代入边界条件(3.3.4)，得

$$f(\theta)=\frac{a_0}{2}+\sum_{n=1}^{\infty}R^n(a_n\cos n\theta+b_n\sin n\theta),$$

这是函数 $f(\theta)$ 的傅里叶级数展开，其系数 a_n，b_n 为

$$\begin{cases}a_n=\dfrac{1}{\pi R^n}\displaystyle\int_0^{2\pi}f(\varphi)\cos n\varphi\mathrm{d}\varphi,\\ b_n=\dfrac{1}{\pi R^n}\displaystyle\int_0^{2\pi}f(\varphi)\sin n\varphi\mathrm{d}\varphi.\end{cases}\tag{3.3.10}$$

从而得到定解问题的解．

例1 求圆形区域的拉普拉斯方程定解问题

$$\begin{cases}\Delta u=\dfrac{\partial^2u}{\partial r^2}+\dfrac{1}{r}\dfrac{\partial u}{\partial r}+\dfrac{1}{r^2}\dfrac{\partial^2u}{\partial\theta^2}=0 & (r<R),\\ u(R,\theta)=E\sin(\theta+\varphi) & (E,\varphi\text{ 为常数})\end{cases}$$

的解．

解 由式(3.3.9)，拉普拉斯方程定解问题的解可以表示为

$$u(r,\theta)=\frac{a_0}{2}+\sum_{n=1}^{\infty}r^n(a_n\cos n\theta+b_n\sin n\theta).$$

由式(3.3.10)，系数 a_n 和 b_n 为

$$
\begin{aligned}
a_n &= \frac{1}{\pi R^n}\int_0^{2\pi} E\sin(\theta+\varphi)\cos n\theta \mathrm{d}\theta \\
&= \frac{E}{\pi R^n}\left(\cos\varphi\int_0^{2\pi}\sin\theta\cos n\theta\mathrm{d}\theta + \sin\varphi\int_0^{2\pi}\cos\theta\cos n\theta\mathrm{d}\theta\right) \\
&= \begin{cases} \dfrac{E}{R}\sin\varphi, & n=1, \\ 0, & n\neq 1, \end{cases} \\
b_n &= \frac{1}{\pi R^n}\int_0^{2\pi} E\sin(\theta+\varphi)\sin n\theta \mathrm{d}\theta \\
&= \frac{E}{\pi R^n}\left(\cos\varphi\int_0^{2\pi}\sin\theta\sin n\theta\mathrm{d}\theta + \sin\varphi\int_0^{2\pi}\cos\theta\sin n\theta\mathrm{d}\theta\right) \\
&= \begin{cases} \dfrac{E}{R}\cos\varphi, & n=1, \\ 0, & n\neq 1. \end{cases}
\end{aligned}
$$

所以定解问题的解为

$$
u(r,\theta) = (E\sin\varphi\cos\theta + E\cos\varphi\sin\theta)\frac{r}{R} = \frac{Er}{R}\sin(\theta+\varphi).
$$

从本节圆域上的定解问题可以看到，能否应用分离变量法，除了与方程的形式有关以外，还与定义区域的形状有关，这就要求我们选择适当的坐标．例如，矩形区域需要采用直角坐标，圆形区域和圆环域则需要采用极坐标等．

我们还可以把解表示为积分形式．将式(3.3.10)代入式(3.3.9)中可得

$$
\begin{aligned}
u(r,\theta) &= \frac{1}{2\pi}\int_0^{2\pi} f(\varphi)\mathrm{d}\varphi + \\
&\quad \frac{1}{\pi}\sum_{n=1}^{\infty}\frac{r^n}{R^n}\left(\int_0^{2\pi} f(\varphi)\cos n\varphi\mathrm{d}\varphi\cos n\theta + \int_0^{2\pi} f(\varphi)\sin n\varphi\mathrm{d}\varphi\sin n\theta\right) \\
&= \frac{1}{2\pi}\int_0^{2\pi} f(\varphi)\left(1 + 2\sum_{n=1}^{\infty}\frac{r^n}{R^n}\cos n(\varphi-\theta)\right)\mathrm{d}\varphi.
\end{aligned}
$$

令 $z = \dfrac{r}{R}\mathrm{e}^{\mathrm{i}(\varphi-\theta)}$，则

$$
\begin{aligned}
1 + 2\sum_{n=1}^{\infty}\frac{r^n}{R^n}\cos n(\varphi-\theta) &= -1 + 2\sum_{n=0}^{\infty}\frac{r^n}{R^n}\cos n(\varphi-\theta) \\
&= -1 + 2\mathrm{Re}\left(\sum_{n=0}^{\infty} z^n\right) \quad (|z| = r < R) \\
&= -1 + 2\mathrm{Re}\left(\frac{1}{1-z}\right)
\end{aligned}
$$

$$= -1 + \frac{2R(R - r\cos(\varphi - \theta))}{R^2 - 2Rr\cos(\varphi - \theta) + r^2}$$

$$= \frac{R^2 - r^2}{R^2 - 2Rr\cos(\varphi - \theta) + r^2}.$$

因此，定解问题即式(3.3.3)和式(3.3.4)有下面积分形式的解

$$u(r,\theta) = \frac{1}{2\pi}\int_0^{2\pi} f(\varphi)\frac{R^2 - r^2}{R^2 - 2Rr\cos(\varphi - \theta) + r^2}\mathrm{d}\varphi \quad (r < R). \quad (3.3.11)$$

它称为圆域内的**泊松**(Poisson)**公式**.

3.4 非齐次定解问题

在这一节中，我们以弦的受迫振动定解问题为例介绍一种常用的固有函数法，说明求解一般形式的非齐次定解问题的步骤．对于其他类型的问题，也可以作类似的处理．

3.4.1 非齐次方程的解法——固有函数法

考虑两端固定、受强迫力的弦振动定解问题

$$\begin{cases} \dfrac{\partial^2 u}{\partial t^2} = a^2 \dfrac{\partial^2 u}{\partial x^2} + f(x,t), & (3.4.1) \\ u(0,t) = u(l,t) = 0, & (3.4.2) \\ u(x,0) = \varphi(x), \quad \dfrac{\partial}{\partial t}u(x,0) = \psi(x). & (3.4.3) \end{cases}$$

类似于求解常微分方程所用的常数变易法，我们设想，这个定解问题的解可分解为无限多个驻波的叠加，而每个驻波由固有函数所确定．回顾两端固定的弦的自由振动($f(x,\ t)=0$)的情形，可以知道，弦的自由振动的解为

$$u(x,t) = \sum_{n=1}^{\infty}\left(A_n\cos\frac{n\pi at}{l} + B_n\sin\frac{n\pi at}{l}\right)\sin\frac{n\pi x}{l},$$

它满足齐次边界条件(3.4.2)，解 $u(x,\ t)$ 可以看成是按固有函数系 $\left\{\sin\dfrac{n\pi x}{l}\right\}$ 展开的傅里叶展开式．

现在对于两端固定、受强迫力的弦振动定解问题即式(3.4.1)～式(3.4.3)，我们仍然要求定解问题的解 $u(x,\ t)$ 按这个固有函数系 $\left\{\sin\dfrac{n\pi x}{l}\right\}$ 展开．设所求的解为

$$u(x,t) = \sum_{n=1}^{\infty} T_n(t)\sin\frac{n\pi x}{l}, \quad (3.4.4)$$

其中 $T_n(t)$ 是 t 的待定函数.

由于式(3.4.4)中每一项都满足齐次边界条件(3.4.2)，因此级数(3.4.4)也满足边界条件(3.4.2). 于是问题转化为确定系数 $T_n(t)$，使 $u(x, t)$ 满足非齐次泛定方程(3.4.1)和初始条件(3.4.3). 将方程(3.4.1)右端的自由项 $f(x, t)$ 也按固有函数系 $\left\{\sin\dfrac{n\pi x}{l}\right\}$ 展开，则

$$f(x,t) = \sum_{n=1}^{\infty} f_n(t)\sin\frac{n\pi x}{l}, \tag{3.4.5}$$

其中

$$f_n(t) = \frac{2}{l}\int_0^l f(x,t)\sin\frac{n\pi x}{l}\mathrm{d}x \quad (n = 1,2,3,\cdots). \tag{3.4.6}$$

把式(3.4.4)和式(3.4.5)代入方程(3.4.1)和初始条件(3.4.3)可得

$$\sum_{n=1}^{\infty}\left[T_n''(t) + \left(\frac{n\pi a}{l}\right)^2 T_n(t)\right]\sin\frac{n\pi x}{l} = \sum_{n=1}^{\infty} f_n(t)\sin\frac{n\pi x}{l},$$

$$u(x,0) = \sum_{n=1}^{\infty} T_n(0)\sin\frac{n\pi x}{l} = \varphi(x),$$

$$\frac{\partial u(x,0)}{\partial t} = \sum_{n=1}^{\infty} T_n'(0)\sin\frac{n\pi x}{l} = \psi(x).$$

于是，待定函数 $T_n(t)$ 满足下面常微分方程的初值问题

$$\begin{cases} T_n''(t) + \left(\dfrac{n\pi a}{l}\right)^2 T_n(t) = f_n(t), \\ T_n(0) = \dfrac{2}{l}\displaystyle\int_0^l \varphi(x)\sin\frac{n\pi x}{l}\mathrm{d}x \quad (n = 1,2,3,\cdots), \\ T_n'(0) = \dfrac{2}{l}\displaystyle\int_0^l \psi(x)\sin\frac{n\pi x}{l}\mathrm{d}x. \end{cases} \tag{3.4.7}$$

用求解常微分方程的常数变易法，得到初值问题(3.4.7)的解

$$T_n(t) = A_n\cos\frac{n\pi at}{l} + B_n\sin\frac{n\pi at}{l} + \frac{l}{n\pi a}\int_0^t f_n(\tau)\sin\frac{n\pi a(t-\tau)}{l}\mathrm{d}\tau, \tag{3.4.8}$$

其中

$$A_n = \frac{2}{l}\int_0^l \varphi(x)\sin\frac{n\pi x}{l}\mathrm{d}x,\ B_n = \frac{2}{n\pi a}\int_0^l \psi(x)\sin\frac{n\pi x}{l}\mathrm{d}x. \tag{3.4.9}$$

从而得到定解问题即式(3.4.1) ~ 式(3.4.3)的解

$$u(x,t) = \sum_{n=1}^{\infty}\left(A_n\cos\frac{n\pi at}{l} + B_n\sin\frac{n\pi at}{l}\right)\sin\frac{n\pi x}{l} + \sum_{n=1}^{\infty}\frac{l}{n\pi a}\int_0^t f_n(\tau)\sin\frac{n\pi a(t-\tau)}{l}\mathrm{d}\tau\sin\frac{n\pi x}{l}, \tag{3.4.10}$$

其中 A_n，B_n，$f_n(t)$ 由式(3.4.6)和式(3.4.9)确定.

上面所讨论的求解方法，是将方程的自由项和解都按对应齐次泛定方程齐次边界条件定解问题的固有函数系展开，这种方法也称为**固有函数法**或**傅里叶级数法**.

由物理意义知，有界弦的振动是由两部分干扰引起的，一是弦所处的初始状态；二是外界施加的强迫力，根据叠加原理，有界弦的振动可以看做是仅由初始状态引起的振动和仅由强迫力引起的振动两部分叠加，这样我们可设定解问题即式(3.4.1)～式(3.4.3)的解为

$$u(x,t)=v(x,t)+w(x,t), \tag{3.4.11}$$

其中 $v(x,t)$ 表示仅由初始状态引起弦振动的位移，它满足：

$$\begin{cases}\dfrac{\partial^2 v}{\partial t^2}=a^2\dfrac{\partial^2 v}{\partial x^2},\\ v(0,t)=v(l,t)=0,\\ v(x,0)=\varphi(x),\quad \dfrac{\partial}{\partial t}v(x,0)=\psi(x),\end{cases} \tag{3.4.12}$$

而 $w(x,t)$ 表示仅由强迫力引起弦振动的位移，它满足：

$$\begin{cases}\dfrac{\partial^2 w}{\partial t^2}=a^2\dfrac{\partial^2 w}{\partial x^2}+f(x,t),\\ w(0,t)=0,\quad w(l,t)=0,\\ w(x,0)=0,\quad \dfrac{\partial}{\partial t}w(x,0)=0.\end{cases} \tag{3.4.13}$$

问题(3.4.13)是本节所讨论的问题. 而问题(3.4.12)已经在前面3.1节解决. 因此我们得到定解问题即式(3.4.1)～式(3.4.3)的解.

3.4.2 非齐次边界条件的定解问题

对于非齐次方程非齐次边界条件的定解问题，通常首先选取一个辅助函数 $B(x,t)$，通过函数之间的变换

$$u(x,t)=v(x,t)+B(x,t),$$

使得 $v(x,t)$ 满足齐次边界条件

$$v(0,t)=0,\quad v(l,t)=0,$$

从而将非齐次边界条件的定解问题转化为新的未知函数 $v(x,t)$ 的齐次边界条件的定解问题求解. 把非齐次边界条件的定解问题转化为齐次边界条件的定解问题的过程称为**非齐次化处理**. 现在以下列非齐次边界条件的定解问题为例，说明如何将边界条件齐次化.

考虑定解问题

$$\begin{cases}\dfrac{\partial^2 u}{\partial t^2}=a^2\dfrac{\partial^2 u}{\partial x^2}+f(x,t) \quad (0<x<l,t>0), & (3.4.14)\\ u(0,t)=u_1(t),\quad u(l,t)=u_2(t), & (3.4.15)\\ u(x,0)=\varphi(x),\quad \dfrac{\partial u(x,0)}{\partial t}=\psi(x). & (3.4.16)\end{cases}$$

设法作一变换将边界条件齐次化，令

$$u(x,t)=v(x,t)+B(x,t), \tag{3.4.17}$$

使得新未知函数 $v(x,\ t)$ 满足齐次边界条件

$$v(0,t)=0,\quad v(l,t)=0. \tag{3.4.18}$$

由式(3.4.15)容易得出，要使式(3.4.18)成立，只要

$$B(0,t)=u_1(t),\quad B(l,t)=u_2(t) \tag{3.4.19}$$

即可．符合条件的 $B(x,\ t)$ 是很多的．为了计算方便，选取 $B(x,\ t)$ 为 x 的线性函数，即

$$B(x,t)=c(t)x+d(t). \tag{3.4.20}$$

由条件(3.4.19)可定出

$$c(t)=\frac{u_2(t)-u_1(t)}{l},\ d(t)=u_1(t),$$

于是

$$B(x,t)=\frac{x}{l}[u_2(t)-u_1(t)]+u_1(t).$$

因此，在变换

$$u(x,t)=v(x,t)+\frac{x}{l}[u_2(t)-u_1(t)]+u_1(t)$$

下，定解问题即式(3.4.14)～式(3.4.16)转化为如下关于函数 $v(x,\ t)$ 的齐次边界条件的定解问题

$$\begin{cases}\dfrac{\partial^2 v}{\partial t^2}=a^2\dfrac{\partial^2 v}{\partial x^2}+f_1(x,t) \quad (0<x<l,t>0),\\ v(0,t)=0,\quad v(l,t)=0,\\ v(x,0)=\varphi_1(x),\quad v_t(x,0)=\psi_1(x),\end{cases} \tag{3.4.21}$$

其中

$$f_1(x,t)=f(x,t)-\frac{x}{l}[u_2''(t)-u_1''(t)]+u_1''(t),$$

$$\varphi_1(x)=\varphi(x)-\frac{x}{l}[u_2(0)-u_1(0)]+u_1(0),$$

$$\psi_1(x)=\psi(x)-\frac{x}{l}[u_2'(0)-u_1'(0)]+u_1'(0).$$

这个定解问题中边界条件是齐次的，可以用前面的方法求解．

如果边界条件不全是第一类的，那么要把非齐次边界条件齐次化，可以采用类似的方法．例如，选取辅助函数 $B(x,t)$ 为 x 的二次函数，即

$$B(x,t)=b(t)x^2+c(t)x+d(t),$$

其中 $b(t)$，$c(t)$ 和 $d(t)$ 为待定函数．

例 1　求解定解问题

$$\begin{cases}\dfrac{\partial u}{\partial t}=a^2\dfrac{\partial^2 u}{\partial x^2}+A\sin\omega t,\\ u(0,t)=u_0,\quad \dfrac{\partial u(l,t)}{\partial x}=\dfrac{q_0}{k},\\ u(x,0)=u_0.\end{cases}$$

解　因为它的边界条件是非齐次的，所以需要把它的边界条件齐次化．选取 $B(x,t)=u_0+\dfrac{q_0}{k}x$，则

$$u(x,t)=v(x,t)+u_0+\frac{q_0}{k}x.$$

于是，定解问题化为

$$\begin{cases}\dfrac{\partial v}{\partial t}=a^2\dfrac{\partial^2 v}{\partial x^2}+A\sin\omega t,\\ v(0,t)=0,\quad v_x(l,t)=0,\\ v(x,0)=-\dfrac{q_0}{k}x.\end{cases}$$

根据线性叠加原理，这个定解问题又可以分为两个定解问题

$$\begin{cases}\dfrac{\partial U}{\partial t}=a^2\dfrac{\partial^2 U}{\partial x^2},\\ U(0,t)=0,\quad U_x(l,t)=0,\\ U(x,0)=-\dfrac{q_0}{k}x\end{cases}$$

和

$$\begin{cases}\dfrac{\partial F}{\partial t}=a^2\dfrac{\partial^2 F}{\partial x^2}+A\sin\omega t,\\ F(0,t)=0,\quad F_x(l,t)=0,\\ F(x,0)=0.\end{cases}$$

由 3.2 节的例题，得到

$$U(x,t)=\frac{8q_0l}{k\pi^2}\sum_{n=0}^{\infty}(-1)^{n+1}\frac{1}{(2n+1)^2}e^{-\left[\frac{(2n+1)\pi a}{2l}\right]^2t}\sin\frac{(2n+1)\pi x}{2l}.$$

又设

$$F(x,t)=\sum_{n=0}^{\infty}T_n(t)\sin\frac{(2n+1)\pi x}{2l},$$

并将 $f(x,\ t)=A\sin\omega t$ 按固有函数系 $\left\{\sin\frac{(2n+1)\pi x}{2l}\right\}$ 展开，则

$$A\sin\omega t=\sum_{n=0}^{\infty}f_n(t)\sin\frac{(2n+1)\pi x}{2l},$$

而

$$f_n(t)=\frac{2}{l}\int_0^l A\sin\omega t\sin\frac{(2n+1)\pi x}{2l}dx=\frac{4A}{(2n+1)\pi}\sin\omega t,$$

则 $T_n(t)$ 满足：

$$\begin{cases}T_n'(t)+\left[\dfrac{(2n+1)\pi a}{2l}\right]^2T_n(t)=\dfrac{4A}{(2n+1)\pi}\sin\omega t\quad(n=0,1,2,\cdots),\\ T_n(0)=0.\end{cases}$$

求解 $T_n(t)$ 可得

$$T_n(t)=\frac{4A}{(2n+1)\pi}\frac{\left[\frac{(2n+1)\pi a}{2l}\right]^2\sin\omega t-\omega\cos\omega t+\omega e^{-\left[\frac{(2n+1)\pi a}{2l}\right]^2t}}{\omega^2+\left[\frac{(2n+1)\pi a}{2l}\right]^4}.$$

所以

$$F(x,t)=\frac{4A}{\pi}\sum_{n=0}^{\infty}\frac{1}{2n+1}\frac{\left[\frac{(2n+1)\pi a}{2l}\right]^2\sin\omega t-\omega\cos\omega t+\omega e^{-\left[\frac{(2n+1)\pi a}{2l}\right]^2t}}{\omega^2+\left[\frac{(2n+1)\pi a}{2l}\right]^4}\sin\frac{(2n+1)\pi x}{2l}.$$

最后综合可得原定解问题的解

$$u(x,t)=u_0+\frac{q_0}{k}x+\frac{8q_0l}{k\pi^2}\sum_{n=0}^{\infty}(-1)^{n+1}\frac{1}{(2n+1)^2}e^{-\left[\frac{(2n+1)\pi a}{2l}\right]^2t}\sin\frac{(2n+1)\pi x}{2l}+$$

$$\frac{4A}{\pi}\sum_{n=0}^{\infty}\frac{1}{2n+1}\frac{\left[\frac{(2n+1)\pi a}{2l}\right]^2\sin\omega t-\omega\cos\omega t+\omega e^{-\left[\frac{(2n+1)\pi a}{2l}\right]^2t}}{\omega^2+\left[\frac{(2n+1)\pi a}{2l}\right]^4}\sin\frac{(2n+1)\pi x}{2l}.$$

3.4.3 泊松方程非齐次定解问题的固有函数法

泊松方程可以说是非齐次拉普拉斯方程，我们可以先不管边界条件是否是非齐次的，直接采用固有函数法.

例 2 求解环形区域 $a^2 \leqslant x^2 + y^2 \leqslant b^2$ 内的泊松方程定解问题

$$\begin{cases} \dfrac{\partial^2 u}{\partial x^2} + \dfrac{\partial^2 u}{\partial y^2} = A(x^2 - y^2), \\ u\Big|_{x^2+y^2=a^2} = u_0, \quad \dfrac{\partial u}{\partial n}\Big|_{x^2+y^2=b^2} = 0. \end{cases}$$

解 在环形区域中，采用极坐标，由 $x = r\cos\theta$，$y = r\sin\theta$，并记 $u(x, y) = u(r, \theta)$，则定解问题化为

$$\begin{cases} \dfrac{\partial^2 u}{\partial r^2} + \dfrac{1}{r}\dfrac{\partial u}{\partial r} + \dfrac{1}{r^2}\dfrac{\partial^2 u}{\partial \theta^2} = Ar^2\cos 2\theta, \\ u(a,\theta) = u_0, \quad \dfrac{\partial}{\partial r}u(b,\theta) = 0. \end{cases}$$

从 3.3 节知道，对应的齐次方程为拉普拉斯方程，满足周期性条件 $u(r, \theta) = u(r, \theta+2\pi)$，所以得到固有值 $\lambda = n^2(n=0, 1, 2, \cdots)$和相应的固有函数为

$$1, \cos\theta, \sin\theta, \cos 2\theta, \sin 2\theta, \cdots, \cos n\theta, \sin n\theta, \cdots.$$

于是可设定解问题的解为

$$u(r,\theta) = \frac{1}{2}a_0(r) + \sum_{n=1}^{\infty}(a_n(r)\cos n\theta + b_n(r)\sin n\theta),$$

代入方程，得

$$\frac{1}{2}a_0''(r) + \frac{1}{2r}a_0'(r) + \sum_{n=1}^{\infty}\left[\left(a_n''(r) + \frac{1}{r}a_n'(r) - \frac{n^2}{r^2}a_n(r)\right)\cos n\theta + \left(b_n''(r) + \frac{1}{r}b_n'(r) - \frac{n^2}{r^2}b_n(r)\right)\sin n\theta\right] = Ar^2\cos 2\theta,$$

等式两边比较 $\cos n\theta$ 和 $\sin n\theta$ 的系数，得到一系列欧拉方程

$$a_n''(r) + \frac{1}{r}a_n'(r) - \frac{n^2}{r^2}a_n(r) = \begin{cases} Ar^2, & n = 2, \\ 0, & n \neq 2, \end{cases}$$

$$b_n''(r) + \frac{1}{r}b_n'(r) - \frac{n^2}{r^2}b_n(r) = 0 \quad (n = 1,2,3,\cdots).$$

由边界条件，可得

$$a_0(a) = 2u_0,\quad a_0'(b) = 0,$$
$$a_n(a) = a_n'(b) = 0\quad (n = 1,2,3,\cdots),$$
$$b_n(a) = b_n'(b) = 0\quad (n = 0,1,2,3,\cdots).$$

解上述方程和边界条件组成的边值问题：$b_n(r)=0$. 当 $n\neq 0$，2 时，$a_n(r)=0$；当 $n=0$ 时，

$$\begin{cases} a_0''(r) + \dfrac{1}{r}a_0'(r) = 0, \\ a_0(a) = 2u_0,\quad a_0'(b) = 0, \end{cases}$$

该常微分方程的解为

$$a_0(r) = 2u_0;$$

当 $n=2$ 时，

$$\begin{cases} a_2''(r) + \dfrac{1}{r}a_2'(r) - \dfrac{4}{r^2}a_2(r) = Ar^2, \\ a_0(a) = 0,\quad a_0'(b) = 0, \end{cases}$$

利用待定系数法，求出该常微分方程的解为

$$a_2(r) = -\frac{Aa^4b^4(a^2-2b^2)}{12(a^4+b^4)}r^{-2} - \frac{A(a^6+2b^6)}{12(a^4+b^4)}r^2 + \frac{A}{12}r^4,$$

所以，得定解问题的解为

$$\begin{aligned} u(x,y) &= u(r,\theta) \\ &= u_0 - \frac{A}{12(a^4+b^4)}[a^4b^4(a^2-2b^2)r^{-2} + (a^6+2b^6)r^2 - (a^4+b^4)r^4]\cos 2\theta, \end{aligned}$$

其中 $r=\sqrt{x^2+y^2}$，$\theta=\arctan\dfrac{y}{x}$.

* 3.5　施图姆-刘维尔(Sturm-Liouville)问题

从前面的内容可以清楚地看到，分离变量法的核心是求解固有值问题的固有值和固有函数，它的基本理论是施图姆-刘维尔固有值理论，在数学物理方程中占有非常重要的位置．本节介绍施图姆-刘维尔固有值理论的几个重要性质．

3.5.1　施图姆-刘维尔型方程固有值问题

对于含有参数 λ 的二阶线性常微分方程

$$A(x)\frac{\mathrm{d}^2y}{\mathrm{d}x^2}+B(x)\frac{\mathrm{d}y}{\mathrm{d}x}+(\lambda-C(x))y=0\quad(a\leqslant x\leqslant b),$$

两边乘以因子

$$\rho(x)=\frac{1}{A}\mathrm{e}^{\int\frac{B}{A}\mathrm{d}x},$$

可以把方程化为下面形式的方程

$$\frac{\mathrm{d}}{\mathrm{d}x}\left(p(x)\frac{\mathrm{d}y}{\mathrm{d}x}\right)+(\lambda\rho(x)-q(x))y=0\quad(a\leqslant x\leqslant b),\tag{3.5.1}$$

它称为**施图姆-刘维尔型方程**，$p(x)=A(x)\rho(x)$，$q(x)=C(x)\rho(x)$，$\rho(x)$称为**权函数**．在一般情况下，要求$p(x)$，$q(x)$和$\rho(x)$分别满足下列条件：

(1) $p(x)$，$p'(x)$在$a\leqslant x\leqslant b$上连续，在$a<x<b$内$p(x)>0$；端点a和b至多是$p(x)$的一阶零点．

(2) $q(x)$在$a<x<b$内连续，$q(x)\geqslant 0$，而且端点a或b至多是$q(x)$的一级极点．例如，在端点a，可能有$q(x)=\dfrac{q_0(x)}{x-a}$，$q_0(a)$在$x=a$点可以展开为x的幂级数．

(3) $\rho(x)$在$a\leqslant x\leqslant b$上连续，在$a<x<b$内$\rho(x)>0$，且端点a和b至多是$\rho(x)$的一阶零点．

在方程(3.5.1)中，若$p(x)>0$，$\rho(x)>0(a\leqslant x\leqslant b)$，则称方程(3.5.1)是**正则的**；若在区间$[a,b]$的一个端点或两个端点上$p(x)$或$\rho(x)$为零，则称方程(3.5.1)为**奇异的**．

施图姆-刘维尔型方程和相应的边界条件一起构成的定解问题称为施图姆-刘维尔**固有值问题**．施图姆-刘维尔固有值问题总有平凡解$y(x)=0$，但是这样的解不是我们所需要的．我们称满足施图姆-刘维尔固有值问题的λ为**固有值**，相应的非零解$y(x)$称为对应于λ的**固有函数**．

根据边界条件的类型，通常有如下典型的固有值问题：

(1) 三类齐次边界条件情形

$$\begin{cases}\dfrac{\mathrm{d}}{\mathrm{d}x}\left(p(x)\dfrac{\mathrm{d}y}{\mathrm{d}x}\right)+(\lambda\rho(x)-q(x))y=0\quad(a\leqslant x\leqslant b),\\ \alpha_1y'(a)-\beta_1y(a)=0\qquad(\text{对应于}\ p(a)>0),\\ \alpha_2y'(b)+\beta_2y(b)=0\qquad(\text{对应于}\ p(b)>0),\end{cases}\tag{3.5.2}$$

其中α_1，β_1，α_2，β_2均为非负常数，且$\alpha_1^2+\beta_1^2\neq 0$，$\alpha_2^2+\beta_2^2\neq 0$.

前面已经遇到这种类型的固有值问题．例如，若$p(x)=1$，$q(x)=0$，$\rho(x)=$

1，$a=0$，$b=l$，边界条件为两端固定，记 $X(x)=y(x)$，则得固有值问题

$$\begin{cases} X''(x)+\lambda X(x)=0, \\ X(0)=X(l)=0, \end{cases}$$

其固有值和固有函数是我们在 3.1 节所得到的 $\lambda_n=\left(\frac{n\pi}{l}\right)^2$，$X_n(x)=\sin\frac{n\pi x}{l}$.

(2) 周期性边界条件情形

$$\begin{cases} \frac{\mathrm{d}}{\mathrm{d}x}\left(p(x)\frac{\mathrm{d}y}{\mathrm{d}x}\right)+(\lambda\rho(x)-q(x))y=0 \quad (a\leqslant x\leqslant b), \\ y(a)=y(b), \quad y'(a)=y'(b). \end{cases} \tag{3.5.3}$$

前面关于圆形区域内拉普拉斯边值问题分离变量时就属于这种情形.

(3) 自然边界条件情形

$$\begin{cases} \frac{\mathrm{d}}{\mathrm{d}x}\left(p(x)\frac{\mathrm{d}y}{\mathrm{d}x}\right)+(\lambda\rho(x)-q(x))y=0 \quad (a\leqslant x\leqslant b), \\ |y(a)|<\infty, \quad |y(b)|<\infty. \end{cases} \tag{3.5.4}$$

若 a 或 b 是方程的奇点，则经常在 a 或 b 施加自然边界条件.

实际中还会遇到上述三类情形的复合情形.

例如，若 $p(x)=1-x^2$，$q(x)=0$，$\rho(x)=1$，$a=-1$，$b=1$，则方程(3.5.1)化为

$$\frac{\mathrm{d}}{\mathrm{d}x}\left((1-x^2)\frac{\mathrm{d}y}{\mathrm{d}x}\right)+\lambda y=0. \tag{3.5.5}$$

因为端点 -1 和 1 是 $p(x)$ 的一阶零点，所以方程(3.5.5)是奇异的. 若附以边界条件

$$|y(-1)|<\infty, |y(1)|<\infty,$$

就组成了勒让德(Legendre)方程固有值问题.

若 $p(x)=x$，$q(x)=\frac{\nu^2}{x}$，$\rho(x)=x$，$a=0$，$b=R$，则方程(3.5.1)化为

$$\frac{\mathrm{d}}{\mathrm{d}x}\left(x\frac{\mathrm{d}y}{\mathrm{d}x}\right)+\left(\lambda x-\frac{\nu^2}{x}\right)y=0. \tag{3.5.6}$$

因为左端点 $x=0$ 是 $p(x)$ 的一阶零点，所以方程是奇异的. 若附以边界条件

$$|y(0)|<\infty \quad 及 \quad y(R)=0,$$

就组成了贝塞尔(Bessel)方程固有值问题.

若 $p(x)=\mathrm{e}^{-x^2}$，$q(x)=0$，$\rho(x)=\mathrm{e}^{-x^2}$，$a=-\infty$，$b=+\infty$，则方程(3.5.1)化为

$$\frac{\mathrm{d}}{\mathrm{d}x}\left(\mathrm{e}^{-x^2}\frac{\mathrm{d}y}{\mathrm{d}x}\right)+\lambda\mathrm{e}^{-x^2}y=0,$$

因为边界是无限大，所以方程是奇异的. 附以边界条件

$$|y(0)| < |x^k| \quad (|x| \to \infty, k \text{为有限正整数}).$$

对于后三个奇异的固有值问题，我们将在第 4 章～第 6 章中给予讨论.

3.5.2 固有值和固有函数的性质

施图姆-刘维尔固有值问题的固有值和固有函数有如下的性质.

性质 1 若 $\varphi(x)$ 是施图姆-刘维尔固有值问题的固有函数，C 是不为零的常数，则 $C\varphi(x)$ 也是固有函数.

性质 2 施图姆-刘维尔固有值问题的固有值 λ 为实数.

证 设固有值 λ 和相应的固有函数 $\varphi(x)$ 满足：

$$\lambda\rho(x)\varphi = -\frac{\mathrm{d}}{\mathrm{d}x}\left(p(x)\frac{\mathrm{d}\varphi}{\mathrm{d}x}\right) + q(x)\varphi. \tag{3.5.7}$$

记 $\varphi(x)$ 的共轭函数为 $\overline{\varphi}(x)$，对此式两边取共轭，则 $\overline{\varphi}(x)$ 满足：

$$\overline{\lambda}\rho(x)\overline{\varphi} = -\frac{\mathrm{d}}{\mathrm{d}x}\left(p(x)\frac{\mathrm{d}\overline{\varphi}}{\mathrm{d}x}\right) + q(x)\overline{\varphi}, \tag{3.5.8}$$

将式(3.5.7)两边乘以 $\overline{\varphi}(x)$，式(3.5.8)两边乘以 $\varphi(x)$，然后两式相减，并从 a 到 b 积分，得

$$\begin{aligned}(\lambda - \overline{\lambda})\int_a^b \rho(x)\varphi(x)\overline{\varphi}(x)\mathrm{d}x &= \int_a^b\left[-\frac{\mathrm{d}}{\mathrm{d}x}\left(p(x)\frac{\mathrm{d}\varphi(x)}{\mathrm{d}x}\right)\overline{\varphi}(x) + q(x)\varphi(x)\overline{\varphi}(x)\right]\mathrm{d}x - \\ &\quad \int_a^b\left[-\varphi(x)\frac{\mathrm{d}}{\mathrm{d}x}\left(p(x)\frac{\mathrm{d}\overline{\varphi}(x)}{\mathrm{d}x}\right) + q(x)\varphi(x)\overline{\varphi}(x)\right]\mathrm{d}x \\ &= p(x)(\varphi(x)\overline{\varphi}'(x) - \overline{\varphi}(x)\varphi'(x))\Big|_a^b.\end{aligned} \tag{3.5.9}$$

在一般边界条件(3.5.2)下，

$$\begin{cases}\alpha_1\varphi'(a) - \beta_1\varphi(a) = 0, \\ \alpha_2\varphi'(b) + \beta_2\varphi(b) = 0\end{cases}$$

以及

$$\begin{cases}\alpha_1\overline{\varphi}'(a) - \beta_1\overline{\varphi}(a) = 0, \\ \alpha_2\overline{\varphi}'(b) + \beta_2\overline{\varphi}(b) = 0.\end{cases}$$

进一步，我们有

$$\begin{cases}\alpha_1\varphi'(a) - \beta_1\varphi(a) = 0, \\ \alpha_1\overline{\varphi}'(a) - \beta_1\overline{\varphi}(a) = 0,\end{cases}$$

以及

$$\begin{cases}\alpha_2\varphi'(b)+\beta_2\varphi(b)=0,\\ \alpha_2\overline{\varphi}'(b)+\beta_2\overline{\varphi}(b)=0.\end{cases}$$

根据假设可知 α_1，β_1，α_2，β_2 不同时为零，故必有

$$\varphi(a)\overline{\varphi}'(a)-\varphi'(a)\overline{\varphi}(a)=0,$$

$$\varphi(b)\overline{\varphi}'(b)-\varphi'(b)\overline{\varphi}(b)=0.$$

所以式(3.5.9)右边为零.

在周期性边界条件、自然边界条件下，均有式(3.5.9)的右边为零. 但 $\rho(x)>0$，$(a<x<b)$，固有函数 $\varphi(x)$ 非零，所以 $\int_a^b\rho(x)\varphi(x)\overline{\varphi}(x)\mathrm{d}x>0$，故必有

$$\lambda=\overline{\lambda}.$$

由这个性质可知，我们可以求出实的固有函数.

性质3　施图姆-刘维尔固有值问题的固有值 $\lambda\geqslant0$.

证　设固有值 λ 及相应的固有函数 $\varphi(x)$ 满足:

$$\lambda\rho(x)\varphi=-\frac{\mathrm{d}}{\mathrm{d}x}\left(p(x)\frac{\mathrm{d}\varphi}{\mathrm{d}x}\right)+q(x)\varphi,$$

以 $\overline{\varphi}(x)$ 乘上面式子的两边，并从 a 到 b 积分，得

$$\begin{aligned}\lambda\int_a^b\rho(x)\overline{\varphi}(x)\varphi(x)\mathrm{d}x&=-\int_a^b\overline{\varphi}(x)\frac{\mathrm{d}}{\mathrm{d}x}(p(x)\varphi'(x))\mathrm{d}x+\int_a^b q(x)\varphi(x)\overline{\varphi}(x)\mathrm{d}x\\&=p(a)\overline{\varphi}(a)\varphi'(a)-p(b)\overline{\varphi}(b)\varphi'(b)+\\&\quad\int_a^b p(x)\overline{\varphi}'(x)\varphi'(x)\mathrm{d}x+\int_a^b q(x)\varphi(x)\overline{\varphi}(x)\mathrm{d}x,\end{aligned}\tag{3.5.10}$$

因为 $p(x)\geqslant0$，$q(x)\geqslant0$，所以右边两个积分 $\geqslant0$. 从第一、第二或第三类边界条件(3.5.2)知，若 $\alpha_1\varphi'(a)-\beta_1\varphi(a)=0$，$\alpha_1^2+\beta_1^2\neq0$，以及 $p(a)>0$，有

$$p(a)\overline{\varphi}(a)\varphi'(a)=\begin{cases}\dfrac{\beta_1}{\alpha_1}p(a)\varphi(a)\overline{\varphi}(a),&\text{当 }\alpha_1\neq0\text{ 时},\\ \dfrac{\alpha_1}{\beta_1}p(a)\overline{\varphi}'(a)\varphi'(a),&\text{当 }\beta_1\neq0\text{ 时}.\end{cases}$$

所以 $p(a)\overline{\varphi}(a)\varphi'(a)\geqslant0$. 同理可证，$-p(b)\overline{\varphi}(b)\varphi'(b)\geqslant0$. 因此式(3.5.10)右边都是非负的.

在周期性边界条件、自然边界条件下，均有

$$p(a)\overline{\varphi}(a)\varphi'(a)-p(b)\overline{\varphi}(b)\varphi'(b)=0,$$

因此,

$$\lambda\int_a^b\rho(x)\varphi(x)\overline{\varphi}(x)\mathrm{d}x\geqslant0,$$

但 $\rho(x)>0(a<x<b)$，所以

$$\lambda \geqslant 0.$$

性质 4 施图姆-刘维尔固有值问题存在可数无限多个固有值

$$0 \leqslant \lambda_1 < \lambda_2 < \lambda_3 < \cdots < \lambda_n < \cdots \to +\infty .$$

证明略.

性质 5 对应于不同固有值的固有函数必定两两正交，即对应于不同的固有值 λ_m 和 λ_n 的固有函数 $\varphi_m(x)$ 和 $\varphi_n(x)$ 在 $a\leqslant x\leqslant b$ 上带权 $\rho(x)$ 正交，即

$$\int_a^b \rho(x)\varphi_m(x)\varphi_n(x)\,\mathrm{d}x = 0 \quad (m\neq n). \tag{3.5.11}$$

证 我们仅就边界条件(3.5.2)和周期性边界条件(3.5.3)的情况加以证明．设固有值 λ_m 和 λ_n 及相应的固有函数 $\varphi_m(x)$ 和 $\varphi_n(x)$ 分别满足施图姆-刘维尔方程

$$\frac{\mathrm{d}}{\mathrm{d}x}\left(p(x)\frac{\mathrm{d}\varphi_m(x)}{\mathrm{d}x}\right)+(\lambda_m\rho(x)-q(x))\varphi_m(x)=0,$$

$$\frac{\mathrm{d}}{\mathrm{d}x}\left(p(x)\frac{\mathrm{d}\varphi_n(x)}{\mathrm{d}x}\right)+(\lambda_n\rho(x)-q(x))\varphi_n(x)=0.$$

前一式乘以 $\varphi_n(x)$，后一式乘以 $\varphi_m(x)$，然后两式相减，得

$$\varphi_n(x)\frac{\mathrm{d}}{\mathrm{d}x}\left(p(x)\frac{\mathrm{d}\varphi_m(x)}{\mathrm{d}x}\right)-\varphi_m(x)\frac{\mathrm{d}}{\mathrm{d}x}\left(p(x)\frac{\mathrm{d}\varphi_n(x)}{\mathrm{d}x}\right)+$$

$$(\lambda_m-\lambda_n)\rho(x)\varphi_n(x)\varphi_m(x)=0,$$

再从 a 到 b 积分，得

$$\begin{aligned}
&(\lambda_m-\lambda_n)\int_a^b\rho(x)\varphi_m(x)\varphi_n(x)\,\mathrm{d}x\\
&=\int_a^b\varphi_m\frac{\mathrm{d}}{\mathrm{d}x}\left(p(x)\frac{\mathrm{d}\varphi_n(x)}{\mathrm{d}x}\right)\mathrm{d}x-\int_a^b\varphi_n\frac{\mathrm{d}}{\mathrm{d}x}\left(p(x)\frac{\mathrm{d}\varphi_m(x)}{\mathrm{d}x}\right)\mathrm{d}x\\
&=\left[p(x)\varphi_m(x)\frac{\mathrm{d}\varphi_n(x)}{\mathrm{d}x}\bigg|_a^b-\int_a^b p(x)\frac{\mathrm{d}\varphi_m(x)}{\mathrm{d}x}\frac{\mathrm{d}\varphi_n(x)}{\mathrm{d}x}\mathrm{d}x\right]-\\
&\quad\left[p(x)\varphi_n(x)\frac{\mathrm{d}\varphi_m(x)}{\mathrm{d}x}\bigg|_a^b-\int_a^b p(x)\frac{\mathrm{d}\varphi_m(x)}{\mathrm{d}x}\frac{\mathrm{d}\varphi_n(x)}{\mathrm{d}x}\mathrm{d}x\right]\\
&=p(b)[\varphi_m(b)\varphi_n'(b)-\varphi_n(b)\varphi_m'(b)]-p(a)[\varphi_m(a)\varphi_n'(a)-\varphi_n(a)\varphi_m'(a)].
\end{aligned} \tag{3.5.12}$$

由边界条件(3.5.2)，在第一类和第二类边界条件下，式(3.5.12)的右边必为零，在第三类齐次边界条件下，不妨设 $\alpha_2\neq0$，于是式(3.5.12)右边第一项满足

$$p(b)[\varphi_m(b)\varphi_n'(b)-\varphi_n(b)\varphi_m'(b)]=-p(b)\left[\varphi_m(b)\left(\frac{\beta_2}{\alpha_2}\varphi_n(b)\right)-\varphi_n(b)\left(\frac{\beta_2}{\alpha_2}\varphi_m(b)\right)\right]=0,$$

同理，式(3.5.12)右边第二项等于零．

在周期性边界条件、自然边界条件下，均有式(3.5.12)右边必定为零．

因为 $\lambda_m \neq \lambda_n$，所以

$$\int_a^b \rho(x)\varphi_m(x)\varphi_n(x)\,\mathrm{d}x = 0,$$

即 $\varphi_m(x)$ 与 $\varphi_n(x)$ 在区间 $[a, b]$ 上是带权 $\rho(x)$ 正交的．

性质 6　固有函数系 $\{\varphi_n(x)\}(n=1, 2, \cdots)$ 在区间 $[a, b]$ 上构成一个完备的正交函数系，即任意一个在区间 $[a, b]$ 上有一阶连续导数及分段连续的二阶导数的函数 $f(x)$，满足与固有函数相同的边界条件，则 $f(x)$ 可展成关于固有函数系 $\{\varphi_n(x)\}$ 的绝对且一致收敛的级数

$$f(x) = \sum_{n=1}^{\infty} f_n \varphi_n(x), \tag{3.5.13}$$

这个级数称为**广义傅里叶级数**，其中系数 f_n 称为**广义傅里叶系数**，

$$f_n = \frac{\int_a^b \rho(x) f(x)\varphi_n(x)\,\mathrm{d}x}{\int_a^b \rho(x)\varphi_n^2(x)\,\mathrm{d}x},$$

而称 $\int_a^b \rho(x)\varphi_n^2(x)\,\mathrm{d}x$ 的平方根为固有函数 $\varphi_n(x)$ 的模，记为

$$\|\varphi_n(x)\| = \sqrt{\int_a^b \rho(x)\varphi_n^2(x)\,\mathrm{d}x}.$$

一般地，如果 $f(x)$ 平方可积，就可以按照式(3.5.13)展开，此时级数不一定是绝对且一致收敛的，而是平均收敛于函数 $f(x)$．证明略．

习题 3

1. 求解下列定解问题：

(1) $$\begin{cases} \dfrac{\partial^2 u}{\partial t^2} = a^2 \dfrac{\partial^2 u}{\partial x^2} \quad (0 < x < l, t > 0), \\ u(0,t) = 0, \quad u(l,t) = 0, \\ u(x,0) = kx(l-x), \quad \dfrac{\partial u(x,0)}{\partial t} = 0; \end{cases}$$

(2) $\begin{cases} \dfrac{\partial^2 u}{\partial t^2} = a^2 \dfrac{\partial^2 u}{\partial x^2} \quad (0 < x < l, t > 0), \\ u(0,t) = 0, \quad \dfrac{\partial u(l,t)}{\partial x} = 0, \\ u(x,0) = 0, \quad \dfrac{\partial u(x,0)}{\partial t} = x. \end{cases}$

2. 求方程 $X''(x) + \lambda X(x) = 0 \quad (0 < x < l)$ 在下面边界条件下的固有值和固有函数：

(1) $X'(0) = 0$，$X'(l) = 0$；

(2) $X'(0) = 0$，$X'(l) + hX(l) = 0 \quad (h > 0)$；

(3) $X'(0) - hX(0) = 0$，$X(l) = 0 \quad (h > 0)$；

(4) $X'(0) - h_1 X(0) = 0$，$X'(l) + h_2 X(l) = 0 \quad (h_1, h_2 > 0)$.

3. 求解下列定解问题：

(1) $\begin{cases} \dfrac{\partial u}{\partial t} = a^2 \dfrac{\partial^2 u}{\partial x^2} \quad (0 < x < l, t > 0), \\ u(0,t) = u(l,t) = 0, \\ u(x,0) = Ax(l-x); \end{cases}$

(2) $\begin{cases} \dfrac{\partial u}{\partial t} = a^2 \dfrac{\partial^2 u}{\partial x^2} \quad (0 < x < l, t > 0), \\ \dfrac{\partial u(0,t)}{\partial x} = u(l,t) = 0, \\ u(x,0) = V_0; \end{cases}$

(3) $\begin{cases} \Delta u = 0 (r < a), \\ \dfrac{\partial u(a, \theta)}{\partial r} - hu(a, \theta) = \cos^2 \theta (h > 0). \end{cases}$

4. 求解下列非齐次定解问题：

(1) $\begin{cases} u_t = a^2 u_{xx} + A\sin \omega t \quad (0 < x < l, t > 0), \\ u_x(0, t) = u_x(l, t) = 0, \\ u(x, 0) = 0; \end{cases}$

(2) $\begin{cases} \dfrac{\partial^2 u}{\partial x^2} + \dfrac{\partial^2 u}{\partial y^2} = 0 \quad (r < R, 0 < \varphi < \pi), \\ u\big|_{\varphi=0} = 0, \ u\big|_{\varphi=\pi} = 0, \\ u\big|_{r=R} = u_0; \end{cases}$

(3) $\begin{cases}\dfrac{\partial^2 u}{\partial x^2}+\dfrac{\partial^2 u}{\partial y^2}=a+b(x^2-y^2) \quad (r<R),\\ u|_{r=R}=C;\end{cases}$

(4) $\begin{cases}u_t=a^2u_{xx} \quad (0<x<l,\ t>0),\\ u(0,\ t)=T_1\mathrm{e}^{-\beta t},\ u(l,\ t)=T_2,\\ u(x,\ 0)=0;\end{cases}$

(5) $\begin{cases}u_{tt}=a^2u_{xx}+A\cos\dfrac{\pi x}{l}\sin\omega t \quad (0<x<l,\ t>0),\\ u_x(0,\ t)=u_x(l,\ t)=0,\\ u(x,\ 0)=\cos^2\dfrac{\pi x}{2l},\ u_t(x,\ 0)=0.\end{cases}$

5. 求解扇形区域内的定解问题：

$$\begin{cases}\dfrac{\partial^2 u}{\partial x^2}+\dfrac{\partial^2 u}{\partial y^2}=0 \quad (r<R, 0<\theta<\alpha),\\ u|_{\theta=0}=0, u|_{\theta=\alpha}=0,\\ u|_{r=R}=f(\theta).\end{cases}$$

6. 求解球形区域内的定解问题：

$$\begin{cases}\dfrac{\partial u}{\partial t}=a^2\Delta u \quad (r<R),\\ u|_{r=R}=0, |u|<+\infty,\\ u|_{t=0}=f(r).\end{cases}$$

提示：作变换 $u=\dfrac{v}{r}$.

7. 求解在环形区域内的定解问题：

$$\begin{cases}\dfrac{\partial^2 u}{\partial r^2}+\dfrac{1}{r}\cdot\dfrac{\partial u}{\partial r}+\dfrac{1}{r^2}\cdot\dfrac{\partial^2 u}{\partial \theta^2}=A,\\ u(a,\theta)=u_1, u(b,\theta)=u_2.\end{cases}$$

8. 求解矩形区域内的定解问题：

$$\begin{cases}\dfrac{\partial^2 u}{\partial t^2}=a^2\left(\dfrac{\partial^2 u}{\partial x^2}+\dfrac{\partial^2 u}{\partial y^2}\right) \quad (0<x<a, 0<y<b, t>0),\\ u|_{x=0}=u|_{x=a}=u|_{y=0}=u|_{y=b}=0,\\ u|_{t=0}=Axy(a-x)(b-y),\\ \left.\dfrac{\partial u}{\partial t}\right|_{t=0}=0.\end{cases}$$

表 3.1 三种不同齐次边界条件下的固有值和固有函数系

边界条件	$u\big\|_{x=l}=0$	$u_x\big\|_{x=l}=0$	$(u_x+hu)\big\|_{x=l}=0$
$u(0,t)=0$	$\beta_n=\frac{n\pi}{l}$ $X_n(x)=\sin\frac{n\pi x}{l}(n=1,2,\cdots)$ $\Vert X_n(x)\Vert^2=\frac{l}{2}$	$\beta_n=\frac{(2n+1)\pi}{2l}$ $X_n(x)=\sin\frac{(2n+1)\pi x}{2l}(n=0,1,2,\cdots)$ $\Vert X_n(x)\Vert^2=\frac{l}{2}$	β_n 为方程 $\tan\beta l=-\frac{\beta}{h}$的正根 $X_n(x)=\sin\beta_n x$ $\Vert X_n(x)\Vert^2=\frac{1}{2}\left(l+\frac{h}{\beta_n^2+h^2}\right)$
$u_x(0,t)=0$	$\beta_n=\frac{(2n+1)\pi}{2l}$ $X_n(x)=\cos\frac{(2n+1)\pi x}{2l}(n=0,1,2,\cdots)$ $\Vert X_n(x)\Vert^2=\frac{l}{2}$	$\beta_n=\frac{n\pi}{l}$ $X_n(x)=\cos\frac{n\pi x}{l}(n=0,1,2,\cdots)$ $\Vert X_n(x)\Vert^2=\frac{l}{2}$	β_n 为方程 $\tan\beta l=\frac{h}{\beta}$的正根 $X_n(x)=\cos\beta_n x$ $\Vert X_n(x)\Vert^2=\frac{1}{2}\left(l+\frac{h}{\beta_n^2+h^2}\right)$
$(u_x-hu)\big\|_{x=0}=0$	β_n 为方程 $\tan\beta l=-\frac{h}{\beta}$的正根 $X_n(x)=\cos\beta_n x+\frac{h}{\beta_n}\sin\beta_n x$ $\Vert X_n(x)\Vert^2=\frac{1}{2}\left(l+\frac{h}{\beta_n^2+h^2}\right)\left(1+\frac{h^2}{\beta_n^2}\right)$	β_n 为方程 $\tan\beta l=\frac{h}{\beta}$的正根 $X_n(x)=\cos\beta_n x+\frac{h}{\beta_n}\sin\beta_n x$ $\Vert X_n(x)\Vert^2=\frac{1}{2}\left(l+\frac{h}{\beta_n^2+h^2}\right)\left(1+\frac{h^2}{\beta_n^2}\right)$	β_n 为方程 $\tan\beta l=\frac{2h\beta}{\beta^2-h^2}$的正根 $X_n(x)=\cos\beta_n x+\frac{h}{\beta_n}\sin\beta_n x$ $\Vert X_n(x)\Vert^2=\frac{1}{2}\left(l+2h+\frac{h^2 l}{\beta_n^2}\right)$

注：1. 波动方程 $u_{tt}=a^2u_{xx}$、热传导方程 $u_t=a^2u_{xx}$与二维拉普拉斯方程的固有值和固有函数是一样的.

2. 表中的 β_n 满足 $\lambda=\beta_n^2$，其中 λ 是固有值。

第 4 章

贝塞尔函数

在这一章中，我们介绍数学物理方程中一类重要的特殊函数——贝塞尔函数．贝塞尔函数被广泛地应用在数学、物理和其他科学技术领域中．贝塞尔函数是贝塞尔方程的解．贝塞尔函数具有一系列性质，在求解某些数学物理方程定解问题时，主要用到贝塞尔函数的完备正交性．

4.1 贝塞尔方程

在这一节中，我们将圆形薄膜瞬时温度定解问题在极坐标系下用分离变量法导出贝塞尔方程．

考虑固定边界的圆形薄膜瞬时温度定解问题．设有一半径为 R 的圆形薄膜，其上下两面绝热，圆形薄膜边界上的温度始终保持为 0℃，初始温度分布为已知函数 $f(x,y)$，则圆形薄膜的瞬时温度分布归结为下面的定解问题

$$\begin{cases}\dfrac{\partial u}{\partial t}=a^2\left(\dfrac{\partial^2 u}{\partial x^2}+\dfrac{\partial^2 u}{\partial y^2}\right) \quad (0 \leqslant x^2+y^2<R^2, t>0), & (4.1.1)\\ u(x,y,t)\big|_{x^2+y^2=R^2}=0, & (4.1.2)\\ u(x,y,t)\big|_{t=0}=f(x,y). & (4.1.3)\end{cases}$$

这个定解问题适宜于在极坐标系下分离变量，由于它是二维问题，因此退化为下面极坐标系下的定解问题

$$\begin{cases}\dfrac{\partial u}{\partial t}=a^2\left(\dfrac{\partial^2 u}{\partial r^2}+\dfrac{1}{r}\dfrac{\partial u}{\partial r}+\dfrac{1}{r^2}\dfrac{\partial^2 u}{\partial \varphi^2}\right) \quad (0 \leqslant r<R, 0 \leqslant \varphi \leqslant 2\pi), & (4.1.4)\\ u(r,\varphi,t)\big|_{r=R}=0, & (4.1.5)\\ u(r,\varphi,t)\big|_{t=0}=\varphi(r,\varphi). & (4.1.6)\end{cases}$$

其中，函数 $f(x, y)$ 记为 $\varphi(r, \varphi)$．应用分离变量法，令 $u(x,y,t)=T(t)U(r,\varphi)$，对方程（4.1.4）分离变量，得

$$T'(t)U(r,\varphi) = a^2\left(T(t)\frac{\partial^2 U}{\partial r^2} + \frac{1}{r}T(t)\frac{\partial U}{\partial r} + \frac{1}{r^2}T(t)\frac{\partial^2 U}{\partial \varphi^2}\right),$$

或者

$$\frac{\dfrac{\partial^2 U}{\partial r^2} + \dfrac{1}{r}\dfrac{\partial U}{\partial r} + \dfrac{1}{r^2}\dfrac{\partial^2 U}{\partial \varphi^2}}{U} = \frac{T'(t)}{a^2 T(t)}.$$

此式左端是 r 和 φ 的函数，与 t 无关；而右端仅为 t 的函数，与 r 和 φ 无关，因此必等于常数，令其为 $-\lambda$，所以

$$T'(t) + \lambda a^2 T(t) = 0, \tag{4.1.7}$$

$$\begin{cases} \dfrac{\partial^2 U}{\partial r^2} + \dfrac{1}{r}\dfrac{\partial U}{\partial r} + \dfrac{1}{r^2}\dfrac{\partial^2 U}{\partial \varphi^2} + \lambda U = 0, \\ U(r,\varphi)\big|_{r=R} = 0. \end{cases} \tag{4.1.8}$$

方程(4.1.7)容易求出其通解．对于式(4.1.8)，再令 $U(r,\varphi)=F(r)\Phi(\varphi)$，得到

$$F''(r)\Phi(\varphi) + \frac{1}{r}F'(r)\Phi(\varphi) + \frac{1}{r^2}F(r)\Phi''(\varphi) + \lambda F(r)\Phi(\varphi) = 0,$$

两边同除以$\dfrac{F(r)\Phi(\varphi)}{r^2}$，可得

$$r^2\frac{F''(r)}{F(r)} + r\frac{F'(r)}{F(r)} + \lambda r^2 = -\frac{\Phi''(\varphi)}{\Phi(\varphi)}. \tag{4.1.9}$$

此式左端是 r 的函数，与 φ 无关；而右端仅为 φ 的函数，与 r 无关，因此必等于常数，设为 b，于是又得到下面两个式子：

$$\Phi''(\varphi) + b\Phi(\varphi) = 0, \tag{4.1.10}$$

$$r^2F''(r) + rF'(r) + (\lambda r^2 - b)F(r) = 0. \tag{4.1.11}$$

方程(4.1.10)可求出其通解．因为 $u(r,\varphi,t)$ 单值有限，$u(r,\varphi,t)=u(r,\varphi+2\pi,t)$，所以 $\Phi(\varphi)=\Phi(\varphi+2\pi)$，即 $\Phi(\varphi)$ 是一个周期函数，$|F(r)|<+\infty$，这就决定了方程(4.1.10)中的常数 b 必定为非负整数，记 $b=n^2$，这时方程(4.1.11)可写为

$$r^2F''(r) + rF'(r) + (\lambda r^2 - n^2)F(r) = 0. \tag{4.1.12}$$

如果 $u(r,\varphi,t)$ 在 $0\leqslant r\leqslant R$ 上满足边界条件 $u|_{r=R}=0$，那么 $F(R)=0$，按照施图姆-刘维尔固有值理论，常数 λ 为固有值，$\lambda=\omega^2\geqslant 0$.

当 $\lambda=0$ 时，方程(4.1.11)是容易求解的欧拉方程，定解问题即式(4.1.1)～式(4.1.3)可获得解决．当 $\lambda=\omega^2>0$ 时，作代换 $\omega r=x, y=y(x)=F(r)$，则方程(4.1.12)变为

$$x^2\frac{\mathrm{d}^2 y}{\mathrm{d}x^2} + x\frac{\mathrm{d}y}{\mathrm{d}x} + (x^2 - n^2)y = 0, \tag{4.1.13}$$

方程(4.1.13)称为 n **阶贝塞尔方程**．因此，利用分离变量法求解定解问题即式(4.1.1)～式(4.1.3)可归结为贝塞尔方程(4.1.13)在边界条件

$$y(\omega R) = 0, |y(x)| < +\infty \tag{4.1.14}$$

下的固有值和固有函数.

以上我们对圆形薄膜瞬时温度定解问题的例子通过分离变量法得到了贝塞尔方程. 在一般情况下,我们可以得到 **ν 阶贝塞尔方程**

$$x^2 \frac{d^2y}{dx^2} + x\frac{dy}{dx} + (x^2 - \nu^2)y = 0, \tag{4.1.15}$$

其中 ν 为任意实数, 从而定解问题的求解可归结为贝塞尔方程(4.1.15)在边界条件

$$\alpha y'(x_0) + \beta y(x_0) = 0 \quad (0 < x < x_0, x_0 = \omega R), \quad |y(x)| < +\infty \tag{4.1.16}$$

(其中 α 和 β 为不全为零的实数)下的固有值和固有函数.

4.2　贝塞尔方程的求解

对于贝塞尔方程

$$y'' + \frac{1}{x}y' + \left(1 - \frac{\nu^2}{x^2}\right)y = 0 \quad (\nu \text{为任意实数}), \tag{4.2.1}$$

其系数在 $x=0$ 点是奇异的, 由微分方程解的理论可知, 在 $x=0$ 点的邻域 $|x|>0$ 内存在一个下面形式的级数解

$$y = \sum_{n=0}^{\infty} c_n x^{n+\rho} \quad (c_0 \neq 0, \rho \text{为常数}). \tag{4.2.2}$$

将式(4.2.2)以及

$$y' = \sum_{n=0}^{\infty}(n+\rho)c_n x^{n+\rho-1}, \quad y'' = \sum_{n=0}^{\infty}(n+\rho)(n+\rho-1)c_n x^{n+\rho-2}$$

代入方程(4.2.1), 得到

$$\sum_{n=0}^{\infty}(n+\rho)(n+\rho-1)c_n x^{n+\rho} + \sum_{n=0}^{\infty}(n+\rho)c_n x^{n+\rho} + \sum_{n=0}^{\infty}c_n x^{n+\rho+2} - \nu^2\sum_{n=0}^{\infty}c_n x^{n+\rho} = 0,$$

或者

$$(\rho^2 - \nu^2)c_0 x^{\rho} + [(\rho+1)^2 - \nu^2]c_1 x^{\rho+1} + \sum_{n=2}^{\infty}\{[(n+\rho)^2 - \nu^2]c_n + c_{n-2}\}x^{n+\rho} = 0, \tag{4.2.3}$$

令左端关于 x 各次幂系数为零, 得

$$x^{\rho-2}: \quad \rho^2 - \nu^2 = 0 \quad (\text{指标方程}), \tag{4.2.4}$$

$$x^{\rho-1}: \quad c_1[(\rho+1)^2 - \nu^2] = 0, \tag{4.2.5}$$

$$x^{n+\rho-2}(n \geqslant 2): \quad [(n+\rho)^2 - \nu^2]c_n + c_{n-2} = 0,$$

或

$$c_n = -\frac{c_{n-2}}{(n+\rho)^2 - \nu^2}. \tag{4.2.6}$$

由指标方程(4.2.4)，$\rho_1 = \nu, \rho_2 = -\nu$(不妨设 $\nu > 0$)，由式(4.2.5)得 $c_1 = 0$，再由递推关系式(4.2.6)得 $c_{2n+1} = 0$. 由齐次线性微分方程解的性质，c_0 可取任何不为零的常数，这里取

$$c_0 = \frac{1}{2^\nu \Gamma(\nu+1)}.$$

由式(4.2.6)，利用数学归纳法可得

$$c_{2n} = -\frac{c_{2n-2}}{2^2 n(n+\nu)} = (-1)^n \frac{1}{2^{2n+\nu}\Gamma(n+\nu+1)n!}.$$

于是，我们形式地得到方程(4.2.1)的一个特解

$$y(x) = \sum_{n=0}^{\infty} (-1)^n \frac{1}{n!\Gamma(n+\rho+1)} \left(\frac{x}{2}\right)^{2n+\rho}. \tag{4.2.7}$$

利用级数的比值判别法可以判定这个级数在除 $x = 0$ 点外的整个实数轴上收敛，因此，级数(4.2.7)确实是贝塞尔方程的解.

下面我们分两种情形求出方程(4.2.1)的两个线性无关的解.

情形1 ρ_1 及 ρ_2 不是整数，将 $\rho_1 = \nu$（不妨设 $\nu > 0$)代入式(4.2.7)，得方程(4.2.1)的一个特解

$$\mathrm{J}_\nu(x) = \sum_{n=0}^{\infty} (-1)^n \frac{1}{n!\Gamma(n+\nu+1)} \left(\frac{x}{2}\right)^{2n+\nu}, \tag{4.2.8}$$

它称为 ν **阶第一类贝塞尔函数**(也称为 ν **阶第一类柱函数**).

依据同样的过程，将 $\rho_2 = -\nu \neq -\left(m + \frac{1}{2}\right)$($m$ 为非负整数)代入式(4.2.7)，又得方程(4.2.1)的一个特解

$$\mathrm{J}_{-\nu}(x) = \sum_{n=0}^{\infty} (-1)^n \frac{1}{n!\Gamma(n-\nu+1)} \left(\frac{x}{2}\right)^{2n-\nu}, \tag{4.2.9}$$

当 $\rho_2 = -\nu = -\left(m + \frac{1}{2}\right)$($m$ 为非负整数)时，将式(4.2.2)代入方程(4.2.1)，仍得到类似于式(4.2.4)～式(4.2.6)的递推公式，系数 c_1 可取任意值，于是我们得到方程(4.2.1)如下形式的特解

$$y(x) = \mathrm{J}_{-\left(m+\frac{1}{2}\right)}(x) + c_1 x^{1+\rho_2} + c_3 x^{3+\rho_2} + c_5 x^{5+\rho_2} + \cdots + c_{2n+1} x^{2n+1+\rho_2} + \cdots,$$

其中 c_{2n+1} 仍按照递推公式(4.2.6)取值，但是方程(4.2.1)是二阶常微分方程，我们只需要找到方程(4.2.1)的另一个与式(4.2.8)线性无关的解，因此这里仍取 $c_1 = 0$，上式中的函数 $\mathrm{J}_{-\left(m+\frac{1}{2}\right)}(x)$ 仍然是方程(4.2.1)的一个特解，可以看出这只要在式(4.2.9)中将 ν 换成 $\left(m + \frac{1}{2}\right)$ 就可以得到 $\mathrm{J}_{-\left(m+\frac{1}{2}\right)}(x)$. 因此我们一并把式(4.2.9)

称为 $-\nu$ **阶第一类贝塞尔函数**(也称为 $-\nu$ **阶第一类柱函数**).

从级数(4.2.8)和级数(4.2.9)可知，保留级数中的第一项，则得到当 x 很小($x\to0$)的渐近关系：当 $\nu>0$ 时，

$$\mathrm{J}_\nu(x) \sim \frac{1}{\Gamma(\nu+1)}\left(\frac{x}{2}\right)^\nu \to 0 \quad (x\to 0) \tag{4.2.10}$$

以及

$$\mathrm{J}_{-\nu}(x) \sim \frac{1}{\Gamma(-\nu+1)}\left(\frac{x}{2}\right)^{-\nu} \to \infty \quad (x\to 0), \tag{4.2.11}$$

这说明 $\mathrm{J}_\nu(x)$ 与 $\mathrm{J}_{-\nu}(x)$ 是线性无关的，所以贝塞尔方程(4.2.1)的通解为

$$y(x) = C\mathrm{J}_\nu(x) + D\mathrm{J}_{-\nu}(x) \quad (C,D\text{ 为任意常数}). \tag{4.2.12}$$

当 x 很大时($x\to\infty$)，有渐近关系式

$$\mathrm{J}_\nu(x) \sim \sqrt{\frac{2}{\pi x}}\cos\left(x-\frac{\pi}{4}-\frac{\nu\pi}{2}\right).$$

由于余弦函数在 -1 到 1 之间振动无限多次，从渐近关系式可以看出，$\mathrm{J}_\nu(x)$ 有无穷多个实零点．图 4.1 所示为几个典型的第一类贝塞尔函数的图形．

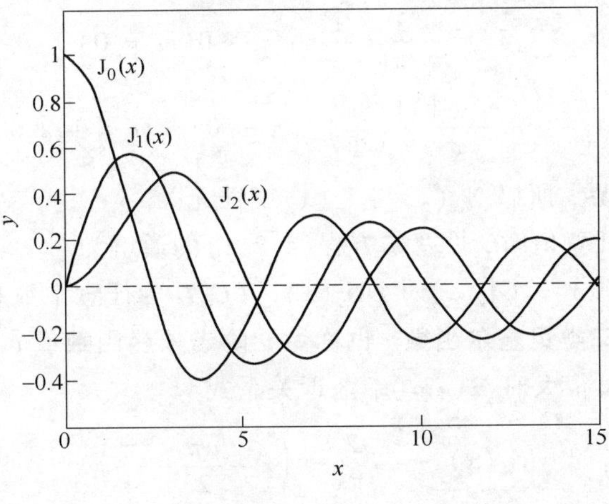

图 4.1　几个典型的第一类贝塞尔函数的图形

情形 2　ρ_1 及 ρ_2 是整数，利用

$$\frac{1}{\Gamma(n-m+1)} = 0 \quad (n=0,1,2,\cdots,(m-1)),$$

根据式(4.2.8)可以证明

$$\mathrm{J}_{-m}(x) = (-1)^m \mathrm{J}_m(x), \tag{4.2.13}$$

这说明 $\mathrm{J}_m(x)$ 与 $\mathrm{J}_{-m}(x)$ 是线性相关的．我们采用构造函数的方法得到另一个与 $\mathrm{J}_\nu(x)$ 线性无关的解：当 ν 不是整数时，定义函数 $\mathrm{N}_\nu(x)$ 为

$$\mathrm{N}_{\nu}(x)=\frac{\mathrm{J}_{\nu}(x)\cos\nu\pi-\mathrm{J}_{-\nu}(x)}{\sin\nu\pi},\tag{4.2.14}$$

当 $\nu=m$ 是整数时，定义函数 $\mathrm{N}_{\nu}(x)$ 为

$$\mathrm{N}_{m}(x)=\lim_{\nu\to m}\mathrm{N}_{\nu}(x)=\frac{\lim\limits_{\nu\to m}\frac{\partial}{\partial\nu}[\mathrm{J}_{\nu}(x)\cos\nu\pi-\mathrm{J}_{-\nu}(x)]}{\pi\cos m\pi}.\tag{4.2.15}$$

进一步计算可得

$$\begin{aligned}\mathrm{N}_{m}(x)=&\frac{2}{\pi}\mathrm{J}_{m}(x)\ln\frac{x}{2}-\frac{1}{\pi}\sum_{k=0}^{m-1}\frac{(m-k-1)!}{k!}\left(\frac{x}{2}\right)^{2k-m}\\&-\frac{1}{\pi}\sum_{k=0}^{\infty}(-1)^{k}\frac{1}{k!(m+k)!}\left[\frac{\Gamma'(m+k+1)}{\Gamma(m+k+1)}+\frac{\Gamma'(k+1)}{\Gamma(k+1)}\right]\left(\frac{x}{2}\right)^{2k+m}\\&(m=0,1,2,\cdots)\end{aligned}\tag{4.2.16}$$

以及

$$\mathrm{N}_{-m}(x)=(-1)^{m}\mathrm{N}_{m}(x).\tag{4.2.17}$$

从级数(4.2.16)可知，保留级数中的第一项，得到当 x 很小($x\to0$)时，$\mathrm{N}_{m}(x)$ 的渐近关系式

$$\mathrm{N}_{0}(x)\sim\frac{2}{\pi}\ln\frac{x}{2},\quad x\to0(m=0),\tag{4.2.18}$$

$$\mathrm{N}_{m}(x)\sim-\frac{(m-1)!}{\pi}\left(\frac{x}{2}\right)^{-m},x\to0\quad(m=1,2,3,\cdots).\tag{4.2.19}$$

另一方面，$\mathrm{J}_{m}(0)$ 有界，所以 $\mathrm{N}_{m}(x)$ 与 $\mathrm{J}_{m}(x)$ 线性无关．

总之，当 ν 为任意值时，贝塞尔方程(4.2.1)的通解为

$$y(x)=C\mathrm{J}_{\nu}(x)+D\mathrm{N}_{\nu}(x)\quad(C,D\text{ 为任意常数}).\tag{4.2.20}$$

称 $\mathrm{N}_{\nu}(x)$ 为 **ν 阶第二类贝塞尔函数**，也称为 **ν 阶诺依曼函数**或 **ν 阶第二类柱函数**．

可以证明，当 x 很大时($x\to\infty$)，渐近关系式

$$\mathrm{N}_{\nu}(x)\sim\sqrt{\frac{2}{\pi x}}\sin\left(x-\frac{\nu\pi}{2}-\frac{\pi}{4}\right).$$

由于正弦函数在 -1 到 1 之间振动无限多次，从渐近关系式可以看出，$\mathrm{N}_{\nu}(x)$ 有无穷多个实零点．图 4.2 所示为几个典型的第二类贝塞尔函数的图形．

当 ν 为任意值时，由第一、第二类贝塞尔函数还可以构成线性独立的**第三类贝塞尔函数** $\mathrm{H}_{\nu}(x)$，又称为**汉克尔函数**，则

$$\mathrm{H}_{\nu}^{(1)}(x)=\mathrm{J}_{\nu}(x)+\mathrm{i}\mathrm{N}_{\nu}(x),\ \mathrm{H}_{\nu}^{(2)}(x)=\mathrm{J}_{\nu}(x)-\mathrm{i}\mathrm{N}_{\nu}(x),\tag{4.2.21}$$

其中 i 为虚部单位，$\mathrm{i}=\sqrt{-1}$．分别将 $\mathrm{H}_{\nu}^{(1)}(x)$ 和 $\mathrm{H}_{\nu}^{(2)}(x)$ 称为**第一种汉克尔函数**和**第二种汉克尔函数**．因此，贝塞尔方程(4.2.1)的通解又可以表示为

$$y(x)=C\mathrm{H}_{\nu}^{(1)}(x)+D\mathrm{H}_{\nu}^{(2)}(x)\quad(C,D\text{ 为任意常数}).\tag{4.2.22}$$

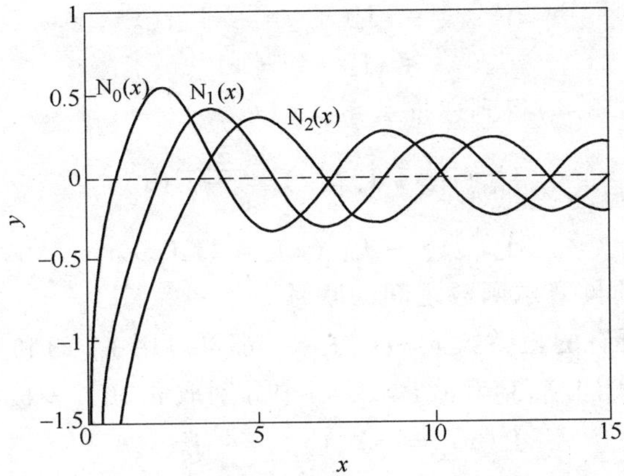

图 4.2　几个典型的第二类贝塞尔函数的图形

4.3　贝塞尔函数的基本性质

在这一节中，我们讨论贝塞尔函数的一些基本性质.

4.3.1　递推公式

从贝塞尔函数的级数表达式(4.2.8)可推出两个基本的递推公式

$$\frac{\mathrm{d}}{\mathrm{d}x}\left[\frac{J_\nu(x)}{x^\nu}\right] = -\frac{J_{\nu+1}(x)}{x^\nu}, \tag{4.3.1}$$

$$\frac{\mathrm{d}}{\mathrm{d}x}[x^\nu J_\nu(x)] = x^\nu J_{\nu-1}(x). \tag{4.3.2}$$

事实上，利用级数的逐项求导运算性质，得

$$\begin{aligned}\frac{\mathrm{d}}{\mathrm{d}x}\left[\frac{J_\nu(x)}{x^\nu}\right] &= \frac{\mathrm{d}}{\mathrm{d}x}\sum_{n=0}^{\infty}(-1)^n\frac{1}{2^\nu n!\Gamma(\nu+n+1)}\left(\frac{x}{2}\right)^{2n}\\ &= \frac{1}{2^\nu}\sum_{n=1}^{\infty}(-1)^n\frac{n}{n!\Gamma(\nu+n+1)}\left(\frac{x}{2}\right)^{2n-1}\\ &= -\frac{1}{x^\nu}\sum_{k=0}^{\infty}(-1)^k\frac{1}{k!\Gamma((\nu+1)+k+1)}\left(\frac{x}{2}\right)^{2k+\nu+1}\\ &= -\frac{J_{\nu+1}(x)}{x^\nu},\end{aligned}$$

这就证明了递推公式(4.3.1). 类似地可证明递推公式(4.3.2).

由式(4.3.1)和式(4.3.2)可得

$$xJ'_\nu(x) - \nu J_\nu(x) = -xJ_{\nu+1}(x), \tag{4.3.3}$$

$$\nu J_\nu(x) + xJ'_\nu(x) = xJ_{\nu-1}(x). \tag{4.3.4}$$

从式(4.3.3)和式(4.3.4)得到递推关系：

$$J_{\nu+1}(x) + J_{\nu-1}(x) = \frac{2\nu}{x}J_\nu(x), \tag{4.3.5}$$

$$J_{\nu-1}(x) - J_{\nu+1}(x) = 2J'_\nu(x). \tag{4.3.6}$$

它们揭示了不同阶的贝塞尔函数之间的联系．

特别地，对于所有的正整数 $\nu=m$，$J_m(x)$都可以用 $J_0(x)$和 $J_1(x)(=-J'_0(x))$线性表示出来．在式(4.3.3)和式(4.3.4)中分别取 $\nu=0,\nu=1$，有

$$J_1(x) = -J_{-1}(x) = -J'_0(x),$$

$$J_2(x) = \frac{2}{x}J_1(x) - J_0(x).$$

第二类和第三类贝塞尔函数也有与第一类贝塞尔函数相同的递推关系式．若用 $Z_\nu(x)$代表第一、第二、第三类贝塞尔函数，则

$$\frac{d}{dx}\left[\frac{Z_\nu(x)}{x^\nu}\right] = -\frac{Z_{\nu+1}(x)}{x^\nu}, \tag{4.3.7}$$

$$\frac{d}{dx}[x^\nu Z_\nu(x)] = x^\nu Z_{\nu-1}(x), \tag{4.3.8}$$

$$xZ'_\nu(x) - \nu Z_\nu(x) = -xZ_{\nu+1}(x), \tag{4.3.9}$$

$$\nu Z_\nu(x) + xZ'_\nu(x) = xZ_{\nu-1}(x), \tag{4.3.10}$$

$$Z_{\nu+1}(x) + Z_{\nu-1}(x) = \frac{2\nu}{x}Z_\nu(x), \tag{4.3.11}$$

$$Z_{\nu-1}(x) - Z_{\nu+1}(x) = 2Z'_\nu(x). \tag{4.3.12}$$

例题　求积分 $\int xJ_2(x)\,dx$．

解　利用递推公式(4.3.6)可得

$$J_2(x) = J_0(x) - 2J'_1(x).$$

因此

$$\begin{aligned}\int xJ_2(x)\,dx &= \int xJ_0(x)\,dx - 2\int xJ'_1(x)\,dx \\ &= xJ_1(x) - 2\left[xJ_1(x) - \int J_1(x)\,dx\right] \\ &= -xJ_1(x) - 2J_0(x) + C,\end{aligned}$$

其中 C 是常数．

4.3.2　贝塞尔方程的固有值问题

考虑贝塞尔方程固有值问题

$$\begin{cases}\dfrac{1}{x}\dfrac{\mathrm{d}}{\mathrm{d}x}\left(x\dfrac{\mathrm{d}y}{\mathrm{d}x}\right)+\left(\omega^2-\dfrac{\nu^2}{x^2}\right)y=0, & (4.3.13)\\ |y(0)|<+\infty, & (4.3.14)\\ \left.\left(\alpha\dfrac{\mathrm{d}y}{\mathrm{d}x}+\beta y\right)\right|_{x=R}=0, & (4.3.15)\end{cases}$$

其中 α 和 β 为不同时为零的非负常数，固有值为 $\lambda=\omega^2$.

方程(4.3.13)的通解为

$$y(x)=C\mathrm{J}_\nu(\omega x)+D\mathrm{N}_\nu(\omega x).$$

利用条件 $|y(0)|<+\infty$，得 $D=0$，所以

$$y(x)=C\mathrm{J}_\nu(\omega x).$$

利用边界条件(4.3.15)，得

$$\alpha\omega\mathrm{J}_\nu'(\omega R)+\beta\mathrm{J}_\nu(\omega R)=0, \tag{4.3.16}$$

即 ω 的值是这个方程的根．固有值 $\lambda=\omega^2$ 有可列个，设

$$0\leqslant\omega_1<\omega_2<\cdots<\omega_n<\cdots,$$

则相应的固有函数组成固有函数系 $\{\mathrm{J}_\nu(\omega_n x)\}(n=1,2,3,\cdots)$.

按照施图姆-刘维尔固有值理论，固有函数系 $\{\mathrm{J}_\nu(\omega_n x)\}$ 在区间 $[0,R]$ 上带权 x 正交，即

$$\int_0^R x\mathrm{J}_\nu(\omega_m x)\mathrm{J}_\nu(\omega_n x)\,\mathrm{d}x=0\quad(m\neq n). \tag{4.3.17}$$

下面给出式(4.3.17)的证明．

设 $\mathrm{J}_\nu(\omega_m x)$ 和 $\mathrm{J}_\nu(\omega_n x)$ 分别是对应于固有值 ω_m^2 和 ω_n^2 的固有函数，则

$$\frac{\mathrm{d}}{\mathrm{d}x}\left(x\frac{\mathrm{d}\mathrm{J}_\nu(\omega_m x)}{\mathrm{d}x}\right)+\left(\omega_m^2x-\frac{\nu^2}{x}\right)\mathrm{J}_\nu(\omega_m x)=0,$$

$$\frac{\mathrm{d}}{\mathrm{d}x}\left(x\frac{\mathrm{d}\mathrm{J}_\nu(\omega_n x)}{\mathrm{d}x}\right)+\left(\omega_n^2x-\frac{\nu^2}{x}\right)\mathrm{J}_\nu(\omega_n x)=0.$$

用 $\mathrm{J}_\nu(\omega_n x)$ 和 $\mathrm{J}_\nu(\omega_m x)$ 分别乘以这两个方程,得

$$\mathrm{J}_\nu(\omega_n x)\frac{\mathrm{d}}{\mathrm{d}x}\left(x\frac{\mathrm{d}\mathrm{J}_\nu(\omega_m x)}{\mathrm{d}x}\right)+\left(\omega_m^2x-\frac{\nu^2}{x}\right)\mathrm{J}_\nu(\omega_n x)\mathrm{J}_\nu(\omega_m x)=0,$$

$$\mathrm{J}_\nu(\omega_m x)\frac{\mathrm{d}}{\mathrm{d}x}\left(x\frac{\mathrm{d}\mathrm{J}_\nu(\omega_n x)}{\mathrm{d}x}\right)+\left(\omega_n^2x-\frac{\nu^2}{x}\right)\mathrm{J}_\nu(\omega_n x)\mathrm{J}_\nu(\omega_m x)=0.$$

两式相减，并且从 0 到 R 积分可得

$$(\omega_m^2-\omega_n^2)\int_0^R x\mathrm{J}_\nu(\omega_m x)\mathrm{J}_\nu(\omega_n x)\,\mathrm{d}x$$

$$= \int_0^R \left[J_\nu(\omega_m x) \frac{d}{dx}\left(x \frac{dJ_\nu(\omega_n x)}{dx} \right) - J_\nu(\omega_n x) \frac{d}{dx}\left(x \frac{dJ_\nu(\omega_m x)}{dx} \right) \right] dx$$

$$= x\left[J_\nu(\omega_m x) \frac{dJ_\nu(\omega_n x)}{dx} - J_\nu(\omega_n x) \frac{dJ_\nu(\omega_m x)}{dx} \right] \Bigg|_0^R$$

$$= R[\omega_n J_\nu(\omega_m R) J_\nu'(\omega_n R) - \omega_m J_\nu'(\omega_m R) J_\nu(\omega_n R)]. \tag{4.3.18}$$

因为 $J_\nu(\omega_m x)$ 和 $J_\nu(\omega_n x)$ 满足齐次边界条件(4.3.16)，所以

$$\begin{cases} \alpha\omega_m J_\nu'(\omega_m R) + \beta J_\nu(\omega_m R) = 0, \\ \alpha\omega_n J_\nu'(\omega_n R) + \beta J_\nu(\omega_n R) = 0. \end{cases}$$

由于 α 和 β 不同时为零，则关于 α 和 β 的线性方程组系数行列式必为零，即

$$\begin{vmatrix} \omega_m J_\nu'(\omega_m R) & J_\nu(\omega_m R) \\ \omega_n J_\nu'(\omega_n R) & J_\nu(\omega_n R) \end{vmatrix} = \omega_m J_\nu'(\omega_m R) J_\nu(\omega_n R) - \omega_n J_\nu'(\omega_n R) J_\nu(\omega_m R) = 0,$$

所以式(4.3.18)右端为零．从而

$$(\omega_m^2 - \omega_n^2) \int_0^R x J_\nu(\omega_m x) J_\nu(\omega_n x) dx = 0,$$

但 $m \neq n, \omega_m^2 \neq \omega_n^2$，因此，式(4.3.17)成立．

当 $m = n$ 时，我们需要计算积分

$$\int_0^R x J_\nu^2(\omega x) dx,$$

其中 ω^2 为某个固有值．定义贝塞尔函数 $J_\nu(\omega x)$ 的**模**为

$$\| J_\nu(\omega x) \| = \sqrt{\int_0^R x J_\nu^2(\omega x) dx}. \tag{4.3.19}$$

因为 $J_\nu(\omega x)$ 满足：

$$\frac{1}{x} \frac{d}{dx}\left(x \frac{dJ_\nu(\omega x)}{dx} \right) + \left(\omega^2 - \frac{\nu^2}{x^2} \right) J_\nu(\omega x) = 0,$$

用 $x^2 \dfrac{dJ_\nu(\omega x)}{dx}$ 乘以方程两边，得

$$x \frac{dJ_\nu(\omega x)}{dx} \frac{d}{dx}\left(x \frac{dJ_\nu(\omega x)}{dx} \right) + (\omega^2 x^2 - \nu^2) J_\nu(\omega x) \frac{dJ_\nu(\omega x)}{dx} = 0.$$

从 0 到 R 积分，得

$$\left(x \frac{dJ_\nu(\omega x)}{dx} \right)^2 \Bigg|_{x=0}^{x=R} + \int_0^R (\omega^2 x^2 - \nu^2) \frac{dJ_\nu^2(\omega x)}{dx} dx = 0,$$

对左端第二项进行分部积分，得

$$R^2\omega^2(\mathrm{J}_\nu'(\omega R))^2+(\omega^2x^2-\nu^2)\mathrm{J}_\nu^2(\omega x)\Big|_{x=0}^{x=R}-2\omega^2\int_0^R x\mathrm{J}_\nu^2(\omega x)\,\mathrm{d}x=0.$$

因为若 $\nu>0$，则 $\mathrm{J}_\nu(0)=0$；若 $\nu=0$，则 $\mathrm{J}_0(0)=1$，所以上式第二项在下限的值不论 ν 是否为零都等于零；第三项为 $-2\omega^2\|\mathrm{J}_\nu(\omega x)\|^2$. 因此

$$\begin{aligned}\|\mathrm{J}_\nu(\omega x)\|^2&=\int_0^R x\mathrm{J}_\nu^2(\omega x)\,\mathrm{d}x\\&=\frac{R^2}{2}(\mathrm{J}_\nu'(\omega R))^2+\frac{1}{2}\left(R^2-\frac{\nu^2}{\omega^2}\right)\mathrm{J}_\nu^2(\omega R).\end{aligned}\tag{4.3.20}$$

对于第一类齐次边界条件 $\mathrm{J}_\nu(\omega R)=0$，则式(4.3.20)变为

$$\|\mathrm{J}_\nu(\omega x)\|^2=\frac{R^2}{2}(\mathrm{J}_\nu'(\omega R))^2=\frac{R^2}{2}\mathrm{J}_{\nu+1}^2(\omega R)=\frac{R^2}{2}\mathrm{J}_{\nu-1}^2(\omega R);$$

对于第二类齐次边界条件 $\mathrm{J}_\nu'(\omega R)=0$，则式(4.3.20)变为

$$\|\mathrm{J}_\nu(\omega x)\|^2=\frac{1}{2}\left(R^2-\frac{\nu^2}{\omega^2}\right)\mathrm{J}_\nu^2(\omega R);$$

对于第三类齐次边界条件 $\alpha\omega\mathrm{J}_\nu'(\omega R)+\beta\mathrm{J}_\nu(\omega R)=0$，则式(4.3.20)变为

$$\|\mathrm{J}_\nu(\omega x)\|^2=\frac{1}{2}\left(R^2-\frac{\nu^2}{\omega^2}+\frac{R^2\beta^2}{\omega^2\alpha^2}\right)\mathrm{J}_\nu^2(\omega R).$$

4.4　贝塞尔函数的应用

在这一节中，我们讨论在应用贝塞尔函数求解数学物理方程定解问题时把已知函数按照贝塞尔函数展开为级数形式.

4.4.1　函数按贝塞尔固有函数展开

按照施图姆-刘维尔固有值理论，贝塞尔方程固有值问题的固有函数系 $\{\mathrm{J}_\nu(\omega_n x)\}(n=1,2,3,\cdots)$ 组成区间上的完备的正交函数系. 对于定义在区间 $[0,R]$ 上的函数 $f(x)$，如果 $f(x)$ 具有一阶连续导数和分段连续二阶导数，满足与固有函数相同的边界条件，那么函数 $f(x)$ 可展开为如下形式的绝对且一致收敛的级数

$$f(x)=\sum_{n=1}^{\infty}C_n\mathrm{J}_\nu(\omega_n x),\tag{4.4.1}$$

其中系数 C_n 为

$$C_n=\frac{1}{\|\mathrm{J}_\nu(\omega_n x)\|^2}\int_0^R xf(x)\mathrm{J}_\nu(\omega_n x)\,\mathrm{d}x.$$

级数(4.4.1)称为**傅里叶-贝塞尔级数**，C_n 称为**傅里叶-贝塞尔级数系数**.

例 1 在第一类齐次边界条件下，将函数 $f(x)=x^2(0<x<1)$，展开成零阶贝塞尔函数 $J_0(\omega_n x)$（其中 $\omega_n(n=1,2,3,\cdots)$ 为 $J_0(x)=0$ 的正根）的傅里叶-贝塞尔级数.

解 由题意知 $\omega_n(n=1,2,3,\cdots)$ 为 $J_0(x)=0$ 的正根，则

$$x^2=\sum_{n=1}^{\infty}C_nJ_0(\omega_n x)\quad(0<x<1),$$

而系数 C_n 为

$$C_n=\frac{1}{\|J_0(\omega_n x)\|^2}\int_0^1 x^3J_0(\omega_n x)\,dx.$$

在第一类齐次边界条件下，$J_0(\omega_n)=0$，所以

$$\|J_0(\omega_n x)\|^2=\frac{1}{2}J_1^2(\omega_n).$$

作代换 $t=\omega_n x$，并利用递推公式得

$$\begin{aligned}\int_0^1 x^3J_0(\omega_n x)\,dx&=\frac{1}{\omega_n^4}\int_0^{\omega_n}t^3J_0(t)\,dt\\&=\frac{1}{\omega_n^4}\int_0^{\omega_n}t^2\,d(tJ_1(t))\\&=\frac{1}{\omega_n^4}\left(t^3J_1(t)\Big|_0^1-2\int_0^1 t^2J_1(t)\,dt\right)\\&=\frac{J_1(\omega_n)}{\omega_n}-\frac{2}{\omega_n^4}\int_0^1\frac{d}{dt}(t^2J_2(t))\,dt\\&=\frac{J_1(\omega_n)}{\omega_n}-\frac{2J_2(\omega_n)}{\omega_n^2}=\frac{1}{\omega_n}\left(1-\frac{4}{\omega_n^2}\right)J_1(\omega_n).\end{aligned}$$

故

$$C_n=\frac{2}{\omega_nJ_1(\omega_n)}\left(1-\frac{4}{\omega_n^2}\right),$$

因此

$$x^2=\sum_{n=1}^{\infty}\frac{2}{\omega_nJ_1(\omega_n)}\left(1-\frac{4}{\omega_n^2}\right)J_0(\omega_n x)\quad(0<x<1).$$

4.4.2 按贝塞尔函数展开求定解问题的解

下面我们将举例说明如何用贝塞尔函数求解数学物理定解问题.

例 2 设有一半径为 R_0 的均匀圆柱体，柱高为 h，圆柱侧面绝热，上下两底面的温度分别保持为 $f_2(r)$ 和 $f_1(r)$，求稳定时圆柱体内部的温度分布.

解 在温度分布趋于稳定时，圆柱体内部温度满足三维拉普拉斯方程，因为圆

柱体关于 φ 对称，定解条件与 φ 无关，所求圆柱体内部温度归结为下面的定解问题

$$\begin{cases}\dfrac{\partial^2 u}{\partial r^2}+\dfrac{1}{r}\dfrac{\partial u}{\partial r}+\dfrac{\partial^2 u}{\partial z^2}=0,\\ u_r(R_0,z)=0,\ |u(r,z)|<+\infty,\\ u(r,0)=f_1(r),\\ u(r,h)=f_2(r).\end{cases}\tag{4.4.2}$$

设 $u(r,z)=F(r)Z(z)$，代入定解问题(4.4.2)，得到

$$\begin{cases}r^2F''(r)+rF'(r)+(\lambda r^2-m^2)F(r)=0, & (4.4.3)\\ F'(R_0)=0,\ |F(0)|<+\infty,\\ Z''(z)-\lambda Z(z)=0. & (4.4.4)\end{cases}$$

由于边界条件与 φ 无关,定解问题的解对应于 $m=0$ 的情况．固有值问题(4.4.3)的固有值 $\lambda=\omega^2\geqslant 0$ 相应的固有函数为零阶贝塞尔函数 1，$J_0(\omega r)$,其中 ω 满足 $J'_0(\omega r_0)=0$. 设 $\lambda_n=\omega_n^2$,则

$$\omega_0=0<\omega_1<\omega_2<\cdots<\omega_n<\cdots,$$

相应的固有函数系为

$$1,J_0(\omega_1 r),J_0(\omega_2 r),J_0(\omega_3 r),\cdots,J_0(\omega_n r),\cdots.$$

方程(4.4.4)的解为

$$\omega_0=0:Z_0(z)=C_0z+D_0,$$

$$\omega_n\neq 0:Z_n(z)=C_n e^{\omega_n z}+D_n e^{-\omega_n z}\quad (n=1,2,3,\cdots).$$

根据线性叠加原理，定解问题(4.4.2)的解为

$$u(r,z)=C_0z+D_0+\sum_{n=1}^{\infty}(C_n e^{\omega_n z}+D_n e^{-\omega_n z})J_0(\omega_n r),\tag{4.4.5}$$

其中系数 C_n,D_n 将由上下两底面的边界条件确定．将式(4.4.5)代入边界条件，同时将 $f_1(r)$ 和 $f_2(r)$ 由式(4.4.1)按照固有函数系 $\{J_0(\omega_n r)\}$ $(n=0,1,2,\cdots)$ 展开，得

$$u(r,0)=D_0+\sum_{n=1}^{\infty}(C_n+D_n)J_0(\omega_n r)=\sum_{n=0}^{\infty}f_{1n}J_0(\omega_n r),\tag{4.4.6}$$

$$\begin{aligned}u(r,h)&=C_0h+D_0+\sum_{n=1}^{\infty}(C_n e^{\omega_n h}+D_n e^{-\omega_n h})J_0(\omega_n r)\\&=\sum_{n=0}^{\infty}f_{2n}J_0(\omega_n r),\end{aligned}\tag{4.4.7}$$

其中

$$f_{kn} = \frac{2}{R_0^2 J_0^2(\omega_n R_0)} \int_0^{R_0} J_0(\omega_n r) f_k(r) r\mathrm{d}r \quad (k = 1,2). \tag{4.4.8}$$

分别在式(4.4.6)和式(4.4.7)两边比较 $J_0(\omega_n r)$ 的各项系数，得

$$C_0 = \frac{f_{20} - f_{10}}{h}, \quad D_0 = f_{10},$$

$$C_n = \frac{f_{2n} - f_{1n}\mathrm{e}^{-\omega_n h}}{\mathrm{e}^{\omega_n h} - \mathrm{e}^{-\omega_n h}}, \quad D_n = \frac{f_{2n} - f_{1n}\mathrm{e}^{\omega_n h}}{\mathrm{e}^{-\omega_n h} - \mathrm{e}^{\omega_n h}},$$

代入式(4.4.5)，得到圆柱体内稳定时的温度分布函数

$$u(r,z) = \frac{f_{20} - f_{10}}{h} z + f_{10} + \sum_{n=1}^{\infty} \left(\frac{f_{2n} - f_{1n}\mathrm{e}^{-\omega_n h}}{\mathrm{e}^{\omega_n h} - \mathrm{e}^{-\omega_n h}} \mathrm{e}^{\omega_n z} + \frac{f_{2n} - f_{1n}\mathrm{e}^{\omega_n h}}{\mathrm{e}^{-\omega_n h} - \mathrm{e}^{\omega_n h}} \mathrm{e}^{-\omega_n z} \right) J_0(\omega_n r), \tag{4.4.9}$$

其中 f_{1n} 和 f_{2n} 由式(4.4.8)确定．

例 3 设有半径为 1 的均匀薄圆盘，圆盘边界绝热，初始时刻圆盘内的温度分布为 $\varphi(r) = 1 - r^2$，其中 r 为圆盘内任一点的极径，求圆盘内的温度分布．

解 圆盘内的温度满足热传导方程．因为定解条件与 θ 无关，所以问题可归结为如下的定解问题

$$\begin{cases} \dfrac{\partial u}{\partial t} = a^2\left(\dfrac{\partial^2 u}{\partial r^2} + \dfrac{1}{r}\dfrac{\partial u}{\partial r}\right) \quad (0 < r < 1, t > 0), \\ \dfrac{\partial u}{\partial r}(r,t)\Big|_{r=1} = 0, \ |u(r,t)| < +\infty, \\ u(r,t)\Big|_{t=0} = 1 - r^2. \end{cases} \tag{4.4.10}$$

用分离变量法，设 $u = F(r)T(t)$，代入方程，得

$$T'(t) + \lambda a^2 T(t) = 0, \tag{4.4.11}$$

$$F''(r) + \frac{1}{r}F'(r) + \lambda F(r) = 0. \tag{4.4.12}$$

由边界条件得 $F'(1) = 0$, $|F(r)| < +\infty$，这与方程(4.4.12)一起组成固有值问题，其固有值 $\lambda = \omega^2 \geqslant 0$. 贝塞尔方程(4.4.12)的通解为

$$F(r) = AJ_0(\omega r) + BN_0(\omega r)\ (A, B\ \text{为任意常数}).$$

因为 $F(r)$ 有限，所以 $B = 0$，则

$$F(r) = AJ_0(\omega r).$$

而又因为 $F'(1) = 0$，所以

$$J_0'(\omega) = 0,$$

即 ω 为 $J_0'(x)$ 的零点．设

$$\omega_0 = 0 < \omega_1 < \omega_2 < \cdots < \omega_n < \cdots,$$

则相应的固有函数系为

$$1, J_0(\omega_1 r), J_0(\omega_2 r), \cdots, J_0(\omega_n r), \cdots,$$

相应地，从方程(4.4.11)解出

$$T_n(t) = C_n e^{-a^2\omega_n^2 t} \quad (n = 0,1,2,3,\cdots).$$

根据线性叠加原理，定解问题(4.4.10)的解有如下形式

$$u(r,t) = \sum_{n=0}^{\infty} C_n J_0(\omega_n r) e^{-a^2\omega_n^2 t}, \tag{4.4.13}$$

其中系数 C_n 由初始条件确定，即

$$1 - r^2 = \sum_{n=0}^{\infty} C_n J_0(\omega_n r),$$

其中 C_n 为 $1 - r^2$ 的傅里叶-贝塞尔级数系数，且

$$C_0 = 2\int_0^1 r(1 - r^2)\,dr = \frac{1}{2},$$

$$\begin{aligned} C_n &= \frac{2}{J_0^2(\omega_n)} \int_0^1 r(1 - r^2) J_0(\omega_n r)\,dr \\ &= \frac{2}{J_0^2(\omega_n)} \int_0^{\omega_n} \frac{t}{\omega_n}\left(1 - \frac{t^2}{\omega_n^2}\right) J_0(t)\,\frac{1}{\omega_n}dt \\ &= \frac{2}{J_0^2(\omega_n)} \frac{1}{\omega_n^2} \int_0^{\omega_n} \left(1 - \frac{t^2}{\omega_n^2}\right) d(tJ_1(t)) \\ &= \frac{2}{J_0^2(\omega_n)} \frac{2}{\omega_n^4} \int_0^{\omega_n} t^2 J_1(t)\,dt = \frac{2}{J_0^2(\omega_n)} \frac{2}{\omega_n^4} \int_0^{\omega_n} d(t^2 J_2(t)) \\ &= \frac{4J_2(\omega_n)}{\omega_n^2 J_0^2(\omega_n)} = -\frac{4}{\omega_n^2 J_0(\omega_n)}. \end{aligned}$$

代入式(4.4.13)，得定解问题(4.4.10)的解为

$$u(r,t) = \frac{1}{2} - \sum_{n=1}^{\infty} \frac{4}{\omega_n^2 J_0(\omega_n)} J_0(\omega_n r) e^{-a^2\omega_n^2 t},$$

其中 ω_n 为 $J'_0(x)$ 的第 n 个(从小到大)正零点.

例4 求波动方程定解问题

$$\begin{cases} \dfrac{\partial^2 u}{\partial t^2} = a^2\left(\dfrac{\partial^2 u}{\partial r^2} + \dfrac{1}{r}\dfrac{\partial u}{\partial r}\right) & (0 < r < R, 0 < t < +\infty), \\ u(R,t) = 0, \quad u(r,t)\ \text{有限}, \\ u(r,0) = 0, \quad \dfrac{\partial u}{\partial t}(r,0) = 1 - \dfrac{r^2}{R^2} \end{cases} \tag{4.4.14}$$

的解.

解 用分离变量法，设 $u = F(r)T(t)$，代入泛定方程，得到

$$T''(t) + \lambda a^2 T(t) = 0, \tag{4.4.15}$$

$$F''(r)+\frac{1}{r}F'(r)+\lambda F(r)=0. \tag{4.4.16}$$

代入边界条件，得 $F(R)=0, F(r)$有限，这与方程(4.4.16)组成固有值问题，固有值 $\lambda=\omega^2>0$. 方程(4.4.16)的通解为

$$F(r)=A\mathrm{J}_0(\omega r)+B\mathrm{N}_0(\omega r)\quad (A,B\text{ 为任意常数}).$$

而 $F(r)$有限，得

$$F(r)=A\mathrm{J}_0(\omega r),$$

所以

$$\mathrm{J}_0(\omega R)=0,$$

即 ωR 为 $\mathrm{J}_0(x)$的零点．设

$$0<\omega_1<\omega_2<\cdots<\omega_n<\cdots,$$

相应的固有函数系为

$$F_n(r)=\mathrm{J}_0(\omega_1 r),\mathrm{J}_0(\omega_2 r),\mathrm{J}_0(\omega_3 r),\cdots,\mathrm{J}_0(\omega_n r),\cdots.$$

又方程(4.4.15)的解为

$$T_n(t)=C_n\cos(a\omega_n t)+D_n\sin(a\omega_n t),\quad (n=1,2,3,\cdots)$$

根据线性叠加原理，定解问题的解为

$$u(r,t)=\sum_{n=1}^{\infty}\left[C_n\cos(a\omega_n t)+D_n\sin(a\omega_n t)\right]\mathrm{J}_0(\omega_n r), \tag{4.4.17}$$

其中系数 C_n 和 D_n 由初始条件确定，即

$$0=\sum_{n=1}^{\infty}C_n\mathrm{J}_0(\omega_n r),$$

$$1-\frac{r^2}{R^2}=\sum_{n=1}^{\infty}D_n a\omega_n\mathrm{J}_0(\omega_n r),$$

则

$$C_n=0,$$

$$D_n=\frac{1}{a\omega_n}\frac{2}{R^2\mathrm{J}_1^2(\omega_n R)}\int_0^R r\left(1-\frac{r^2}{R^2}\right)\mathrm{J}_0(\omega_n r)\,\mathrm{d}r$$

$$=\frac{2}{a\omega_n\mathrm{J}_0^2(\omega_n R)}\frac{2\mathrm{J}_2(\omega_n R)}{\omega_n^2R^2}=-\frac{4}{a\omega_n^3R^2\mathrm{J}_0(\omega_n R)}.$$

代入式(4.4.17)，得定解问题的解为

$$u(r,t)=-\frac{8}{aR^3}\sum_{n=1}^{\infty}\frac{1}{\omega_n^4\mathrm{J}_1(\omega_n R)}\mathrm{J}_0(\omega_n r)\sin a\omega_n t,$$

其中 ω_n 为 $\mathrm{J}_0(Rx)=0$ 的第 n 个正根．

*4.5　球贝塞尔函数

4.5.1　球贝塞尔方程

对于三维波动方程 $u_{tt}=a^2\Delta u$ 和三维热传导方程 $u_t=a^2\Delta u$，为了求分离变量形式的解，设 $u=v(x,y,z)T(t)$，分别代入这两个方程后得到时间坐标和空间坐标分离的方程：

时间坐标部分

$$T''(t)+a^2\omega^2T(t)=0 \tag{4.5.1}$$

和

$$T'(t)+a^2\omega^2T(t)=0; \tag{4.5.2}$$

以及空间坐标部分

$$\Delta v+\omega^2v=0. \tag{4.5.3}$$

方程(4.5.3)称为**亥姆霍兹**(Helmholtz)**方程**.

如果对方程(4.5.3)在球坐标下分离变量，令 $v=F(r)\Theta(\theta)\Phi(\phi)$，可得到

$$r^2F''(r)+rF'(r)+[\omega^2r^2-l(l+1)]F(r)=0, \tag{4.5.4}$$

它称为 l **阶球贝塞尔方程**. 作变换 $x=\omega r(\omega>0)$, $F(r)=x^{-\frac{1}{2}}y(x)$，方程 (4.5.4)化成

$$x^2\frac{\mathrm{d}^2y}{\mathrm{d}x^2}+x\frac{\mathrm{d}y}{\mathrm{d}x}+\left[x^2-\left(l+\frac{1}{2}\right)^2\right]y=0. \tag{4.5.5}$$

这是 $l+\dfrac{1}{2}$阶的贝塞尔方程. 当 $\omega=0$ 时，方程(4.5.4)为欧拉方程.

4.5.2　球贝塞尔函数

球贝塞尔方程(4.5.5)的两个线性无关解为 $\mathrm{J}_{l+\frac{1}{2}}(x)$ 和 $\mathrm{N}_{l+\frac{1}{2}}(x)$ 或 $\mathrm{H}^{(1)}_{l+\frac{1}{2}}(x)$ 和 $\mathrm{H}^{(2)}_{l+\frac{1}{2}}(x)$.

一般来说，贝塞尔函数是特殊函数，不是初等函数，但当 $\nu=m+\dfrac{1}{2}$ (m 是整数）时，贝塞尔函数退化为初等函数. 当 $\nu=-\dfrac{1}{2}$时，

$$\mathrm{J}_{-\frac{1}{2}}(x)=\sum_{n=0}^{\infty}(-1)^n\frac{1}{n!\Gamma\left(n+\frac{1}{2}\right)}\left(\frac{x}{2}\right)^{2n-\frac{1}{2}}$$

$$= \sum_{n=0}^{\infty} (-1)^n \frac{1}{n!\frac{(2n-1)!!}{2^n}\sqrt{\pi}} \left(\frac{x}{2}\right)^{2n-\frac{1}{2}}$$

$$= \sqrt{\frac{2}{\pi x}} \sum_{n=0}^{\infty} (-1)^n \frac{x^{2n}}{(2n)!} = \sqrt{\frac{2}{\pi}} \frac{\cos x}{\sqrt{x}}; \tag{4.5.6}$$

当 $\nu = \frac{1}{2}$ 时，

$$J_{\frac{1}{2}}(x) = \sqrt{\frac{2}{\pi}} \frac{\sin x}{\sqrt{x}}. \tag{4.5.7}$$

由递推关系式(4.3.1)～式(4.3.6)可以证明，对于任何整数 m，$J_{m+\frac{1}{2}}(x)$ 都可以用初等函数表示出来：

$$J_{m+\frac{1}{2}}(x) = (-1)^m \sqrt{\frac{2}{\pi}} x^{m+\frac{1}{2}} \left(\frac{1}{x}\frac{d}{dx}\right)^m \left(\frac{\sin x}{x}\right), \tag{4.5.8}$$

$$J_{-(m+\frac{1}{2})}(x) = \sqrt{\frac{2}{\pi}} x^{m+\frac{1}{2}} \left(\frac{1}{x}\frac{d}{dx}\right)^m \left(\frac{\cos x}{x}\right). \tag{4.5.9}$$

此外，由于

$$N_{-\frac{1}{2}}(x) = \frac{J_{-\frac{1}{2}}(x)\cos\left(-\frac{\pi}{2}\right) - J_{\frac{1}{2}}(x)}{\sin\left(-\frac{\pi}{2}\right)} = J_{\frac{1}{2}}(x) = \sqrt{\frac{2}{\pi x}} \sin x, \tag{4.5.10}$$

$$N_{\frac{1}{2}}(x) = \frac{J_{\frac{1}{2}}(x)\cos\frac{\pi}{2} - J_{-\frac{1}{2}}(x)}{\sin\frac{\pi}{2}} = -J_{-\frac{1}{2}}(x) = -\sqrt{\frac{2}{\pi x}} \cos x. \tag{4.5.11}$$

利用递推关系可以证明，$N_{m+\frac{1}{2}}$ 也是初等函数。

将贝塞尔函数乘以 $\sqrt{\frac{\pi}{2x}}$，可以定义**第一类球贝塞尔函数** $j_l(x)$：

$$j_l(x) = \sqrt{\frac{\pi}{2x}} J_{l+\frac{1}{2}}(x). \tag{4.5.12}$$

定义**第二类球贝塞尔函数(或球诺依曼函数)** $n_l(x)$：

$$n_l(x) = \sqrt{\frac{\pi}{2x}} N_{l+\frac{1}{2}}(x) = (-1)^{l+1} \sqrt{\frac{\pi}{2x}} J_{-(l+\frac{1}{2})}(x). \tag{4.5.13}$$

根据球贝塞尔函数的定义式得到

$$j_l(x) = 2^l x^l \sum_{k=0}^{\infty} (-1)^k \frac{(k+l)!}{k!(2k+2l+1)!} x^{2k}, \tag{4.5.14}$$

$$n_l(x) = \frac{(-1)^{l+1}}{2^l x^{l+1}} \sum_{k=0}^{\infty} (-1)^k \frac{(k-l)!}{k!(2k-2l)!} x^{2k}. \tag{4.5.15}$$

定义第三类球贝塞尔函数(或球汉克尔函数)：

$$\begin{cases} h_l^{(1)}(x) = \sqrt{\dfrac{\pi}{2x}} H_{l+\frac{1}{2}}^{(1)}(x) = j_l(x) + i n_l(x), \\ h_l^{(2)}(x) = \sqrt{\dfrac{\pi}{2x}} H_{l+\frac{1}{2}}^{(2)}(x) = j_l(x) - i n_l(x). \end{cases} \tag{4.5.16}$$

球贝塞尔方程(4.5.5)的通解为

$$y(x) = C j_l(x) + D n_l(x), \tag{4.5.17}$$

或

$$y(x) = A h_l^{(1)}(x) + B h_l^{(2)}(x), \tag{4.5.18}$$

其中 A,B,C 和 D 为任意实数.

4.5.3　球贝塞尔函数的递推公式

若用 $f_l(x)$ 代表球贝塞尔函数或球诺依曼函数或球汉克尔函数，即令

$$f_l(x) = \sqrt{\frac{\pi}{2x}} Z_{l+\frac{1}{2}}(x), \tag{4.5.19}$$

根据贝塞尔函数的递推公式，并取 $\nu = l + \dfrac{1}{2}$，得

$$Z_{l-\frac{1}{2}}(x) + Z_{l+\frac{3}{2}}(x) = \frac{(2l+1)}{x} Z_{l+\frac{1}{2}}(x),$$

故有

$$f_{l+1}(x) = \frac{2l+1}{x} f_l - f_{l-1}. \tag{4.5.20}$$

这就是从 f_{l-1} 和 f_l 推算 $f_{l+1}(x)$ 的递推公式.

*4.6　虚宗量贝塞尔函数

4.6.1　虚宗量贝塞尔函数

在柱坐标系下用分离变量法求解圆柱域内的定解问题，如果圆柱的上下两个底面的边界条件是齐次的，侧面的边界条件是非齐次的，就会遇到形如下面的二阶常

微分方程

$$x^2F''+xF'-(\omega^2x^2+\nu^2)F=0, \tag{4.6.1}$$

其中 x 是实数，令 $\xi=\mathrm{i}\omega x, y(x)=R(x)$，则方程(4.6.1)可化为贝塞尔方程

$$\frac{\mathrm{d}^2y}{\mathrm{d}\xi^2}+\frac{1}{\xi}\frac{\mathrm{d}y}{\mathrm{d}\xi}+\left(1-\frac{\nu^2}{\xi^2}\right)y=0.$$

我们定义函数

$$\mathrm{I}_\nu(x)=\frac{1}{\mathrm{i}^\nu}J_\nu(\eta)=(-\mathrm{i})^\nu J_\nu(\mathrm{i}x)\quad(令\ \eta=\mathrm{i}x), \tag{4.6.2}$$

其中$(-\mathrm{i})^\nu$是为了确保$\mathrm{I}_\nu(x)$是实函数．利用$\mathrm{J}_\nu(x)$的级数形式

$$\mathrm{J}_\nu(x)=\sum_{k=0}^{\infty}(-1)^k\frac{1}{k!\Gamma(\nu+k+1)}\left(\frac{x}{2}\right)^{\nu+2k},$$

得

$$\begin{aligned}\mathrm{I}_\nu(x)&=(-\mathrm{i})^\nu\sum_{k=0}^{\infty}(-1)^k\frac{1}{k!\Gamma(\nu+k+1)}\left(\frac{\mathrm{i}x}{2}\right)^{\nu+2k}\\&=(-\mathrm{i})^\nu\mathrm{i}^\nu\sum_{k=0}^{\infty}\mathrm{i}^{2k}(-1)^k\frac{1}{k!\Gamma(\nu+k+1)}\left(\frac{x}{2}\right)^{\nu+2k}.\end{aligned}$$

故

$$\mathrm{I}_\nu(x)=\sum_{k=0}^{\infty}\frac{1}{k!\Gamma(\nu+k+1)}\left(\frac{x}{2}\right)^{\nu+2k}. \tag{4.6.3}$$

$\mathrm{I}_\nu(x)$称为 ν **阶第一类虚宗量贝塞尔函数**(也称为**第一类修正贝塞尔函数**)．故方程(4.6.1)的解为

$$\mathrm{I}_\nu(\omega x)=(-\mathrm{i})^\nu\mathrm{J}_\nu(\mathrm{i}\omega x)=\sum_{k=0}^{\infty}\frac{1}{k!\Gamma(k+\nu+1)}\left(\frac{\omega x}{2}\right)^{2k+\nu}. \tag{4.6.4}$$

当 $\nu\neq$整数时，方程(4.6.1)的通解为

$$F(x)=C\mathrm{I}_\nu(\omega x)+D\mathrm{I}_{-\nu}(\omega x), \tag{4.6.5}$$

其中 C 和 D 为任意常数．

当 ν 取任意值时，由于任意值中可能包含 $\nu=m$ 整数，而根据

$$\mathrm{I}_{-m}(\omega x)=\mathrm{i}^m\mathrm{J}_{-m}(\mathrm{i}\omega x)=\mathrm{i}^m(-1)^m\mathrm{J}_m(\mathrm{i}\omega x)=(-1)^m\mathrm{J}_m(\mathrm{i}\omega x)=\mathrm{I}_m(\omega x),$$

可知$\mathrm{I}_m(x)$与$\mathrm{I}_{-m}(x)$线性相关．因此要求方程(4.6.1)的通解，当 ν 为整数时，为了寻求方程(4.6.1)的另一个与$\mathrm{I}_\nu(\omega x)$线性无关的解，我们定义如下的**第二类虚宗量贝塞尔函数** $\mathrm{K}_\nu(x)$：

$$\mathrm{K}_\nu(x)=\begin{cases}\dfrac{\pi(\mathrm{I}_{-\nu}(x)-\mathrm{I}_\nu(x))}{2\sin\nu\pi}, & \nu\neq0,\pm1,\pm2,\cdots,\\[2ex]\lim\limits_{\alpha\to\nu}\dfrac{\pi(\mathrm{I}_{-\alpha}(x)-\mathrm{I}_\alpha(x))}{2\sin\alpha\pi}, & \nu=0,\pm1,\pm2,\cdots.\end{cases} \tag{4.6.6}$$

由$\mathrm{I}_\nu(x)$的定义知，$\mathrm{I}_0(0)=0$，$\mathrm{I}_m(0)=0(m\geqslant1)$，$\mathrm{I}_\nu(x)$无实根．而 $x=0$ 是 $\mathrm{K}_\nu(x)$的

奇点.

可以证明，不论 ν 是否为整数，$I_\nu(x)$ 和 $K_\nu(x)$ 是线性无关的，方程(4.6.1)的通解均可表为

$$F(x) = CI_\nu(\omega x) + DK_\nu(\omega x), \tag{4.6.7}$$

其中 C 和 D 为任意常数.

4.6.2　虚宗量贝塞尔函数的性质

由第一类虚宗量贝塞尔函数的级数形式，得

$$I_m(-x) = (-1)^m I_m(x).$$

所以当 m 为奇数时，$I_m(x)$ 为奇函数；当 m 为偶数时，$I_m(x)$ 为偶函数；当 $m=0$ 时，

$$I_0(x) = 1 + \frac{x^2}{2^2} + \frac{x^4}{2^4(2!)^2} + \frac{x^6}{2^6(3!)^2} + \cdots. \tag{4.6.8}$$

显然，$I_0(0)=1, I_m(0)=0 \quad (m>0)$.

由级数表达式知，当 x 是大于零的实数时，所有的项都是正的，故 $I_\nu(x)$ 没有实零点.

第一类虚宗量贝塞尔函数的递推公式：

$$I_{m-1}(x) - I_{m+1}(x) = \frac{2m}{x}I_m(x), \tag{4.6.9}$$

$$I_{m+1}(x) + I_{m-1}(x) = 2I'_m(x), \tag{4.6.10}$$

$$I'_m(x) + \frac{m}{x}I_m(x) = I_{m-1}(x), \tag{4.6.11}$$

$$I'_m(x) - \frac{m}{x}I_m(x) = I_{m+1}(x). \tag{4.6.12}$$

当 ν 为整数 m 时，第二类虚宗量贝塞尔函数 $K_\nu(x)$ 的级数形式为

$$K_m(x) = (-1)^{m+1}\left(\gamma + \ln\frac{x}{2}\right)I_m(x) + \frac{1}{2}\sum_{k=0}^{m-1}(-1)^k\frac{(m-k-1)}{k!}\left(\frac{x}{2}\right)^{m-2k}$$
$$+ \frac{(-1)^m}{2}\sum_{k=0}^{\infty}\frac{1}{k!(m+k)!}[\varphi(m+k)+\varphi(k)]\left(\frac{x}{2}\right)^{m+2k}, \tag{4.6.13}$$

其中 $\gamma=0.577216\cdots$是欧拉常数，$\varphi(k) = \sum\limits_{n=1}^{k}\frac{1}{n}$.

第二类虚宗量贝塞尔函数的递推公式：

$$K_{m+1}(x) - K_{m-1}(x) = \frac{2m}{x}K_m(x), \tag{4.6.14}$$

$$K_{m+1}(x) + K_{m-1}(x) = -2K'_m(x), \tag{4.6.15}$$

$$K'_m(x) + \frac{m}{x}K_m(x) = -K_{m-1}(x), \tag{4.6.16}$$

$$K'_m(x) - \frac{m}{x}K_m(x) = -K_{m+1}(x). \tag{4.6.17}$$

例题 求解定解问题

$$\begin{cases} \Delta u = 0(0 \leqslant r < R_0, 0 < \theta < \pi, 0 < z < \pi), \\ u(r,\theta,0) = 0, u(r,\theta,\pi) = 0, \\ u(R_0,\theta,z) = f(\theta,z). \end{cases} \tag{4.6.18}$$

解 用分离变量法，设 $u(r,\theta,z) = R(r)\Theta(\theta)Z(z)$，代入方程，得到三个常微分方程

$$Z''(z) + \lambda Z(z) = 0, \tag{4.6.19}$$

$$\Theta''(\theta) + \mu\Theta(\theta) = 0, \tag{4.6.20}$$

$$r^2R''(r) + rR'(r) - (\lambda r^2 + \mu)R(r) = 0. \tag{4.6.21}$$

由周期性条件得 $\Theta(\theta)$ 的固有值问题的固有值为

$$\mu = n^2 \quad (n = 0,1,2,\cdots), \tag{4.6.22}$$

对应的固有函数

$$\Theta(\theta) = A_n\cos n\theta + B_n\sin n\theta. \tag{4.6.23}$$

记 $\lambda = m^2(m>0)$，则 $Z(z)$ 的固有值问题为

$$Z''(z) + \lambda Z(z) = 0, Z(0) = 0,\ Z(\pi) = 0. \tag{4.6.24}$$

其解为

$$Z(z) = C_m\sin mz \quad (m = 1,2,3,\cdots). \tag{4.6.25}$$

方程(4.6.21)变为

$$r^2R''(r) + rR'(r) - (m^2r^2 + n^2)R(r) = 0. \tag{4.6.26}$$

它的通解为

$$R(r) = DI_n(mr) + EK_n(mr).$$

因为 $|R(r)| < +\infty$，所以

$$R_{mn}(r) = D_{mn}I_n(mr).$$

利用非齐次边界条件，我们得到定解问题的解

$$u(r,\theta,z) = \sum_{m=1}^{\infty}\frac{a_{m0}}{2}\frac{I_0(mr)}{I_0(mR_0)}\sin mz + \sum_{m=1}^{\infty}\sum_{n=1}^{\infty}(a_{mn}\cos n\theta + b_{mn}\sin n\theta)\frac{I_n(mr)}{I_n(mR_0)}\sin mz, \tag{4.6.27}$$

其中系数为

$$a_{mn} = \frac{2}{\pi^2}\int_0^{2\pi}\int_0^{\pi} f(\theta,z)\cos n\theta \sin mz \mathrm{d}\theta \mathrm{d}z,$$

$$b_{mn} = \frac{2}{\pi^2}\int_0^{2\pi}\int_0^{\pi} f(\theta,z)\sin n\theta \sin mz \mathrm{d}\theta \mathrm{d}z.$$

习题 4

1. 当 $\nu \geqslant 0$ 时，讨论级数 $\mathrm{J}_\nu(x)$ 的收敛范围．

2. 验证 $y = x\mathrm{J}_\nu(\omega x)$ 是方程 $y'' - \frac{1}{x}y' + \left(\omega^2 + \frac{1-\nu^2}{x^2}\right)y = 0$ 的一个解．

3. 验证 $y = x^{\frac{1}{2}}\mathrm{J}_{\frac{3}{2}}(x)$ 是方程 $x^2y'' + (x^2-2)y = 0$ 的一个解．

4. 证明当 m 为整数时，$\mathrm{J}_{-m}(x) = (-1)^m\mathrm{J}_m(x)$．

5. 计算下列积分：

(1) $\int_0^x t^3\mathrm{J}_0(t)\mathrm{d}t$；

(2) $\int_0^1 \mathrm{J}_3(t)\mathrm{d}t$.

6. 证明

$$\int_0^x t^n\mathrm{J}_0(t)\mathrm{d}t = x^n\mathrm{J}_1(x) + (n-1)x^{n-1}\mathrm{J}_0(x) - (n-1)^2\int_0^x t^{n-2}\mathrm{J}_0(t)\mathrm{d}t．$$

7. 设 $\omega_n(n=1,2,3,\cdots)$ 是 $\mathrm{J}_0(2x)=0$ 的正根，将函数

$$f(x) = \begin{cases} 1, & 0 < x < 1, \\ \frac{1}{2}, & x = 1, \\ 0, & 1 < x < 2 \end{cases}$$

展开为零阶贝塞尔函数 $\mathrm{J}_0(\omega_n x)$ 的级数．

8. 设 $\omega_n(n=1,2,3,\cdots)$ 是 $\mathrm{J}_1(x)=0$ 的正根，将 $f(x)=x\ (0<x<1)$ 展开为一阶贝塞尔函数 $\mathrm{J}_1(\omega_n x)$ 的级数．

9. 设有一半径为 R 的无限长均匀圆柱体，其侧面保持温度为 u_0，柱内初始温度为 0，求圆柱体内的温度分布，即求解下列定解问题

$$\begin{cases} \frac{\partial u}{\partial t} = a^2\left(\frac{\partial^2 u}{\partial r^2} + \frac{1}{r}\frac{\partial u}{\partial r}\right) \quad (0 < r < R, t > 0), \\ u\big|_{r=R} = u_0, \quad u\big|_{r=0} \text{ 有限}, \\ u\big|_{t=0} = 0. \end{cases}$$

10. 已知整数阶贝塞尔函数 $\mathrm{J}_n(x)$ 的母函数表达式为

$$\mathrm{e}^{\frac{x}{2}(z-z^{-1})} = \sum_{n=-\infty}^{+\infty}\mathrm{J}_n(x)z^n \quad (0 < |z| < +\infty),$$

利用此式证明下列等式：

$$\cos(x\sin\theta) = J_0(x) + 2(J_2(x)\cos 2\theta + J_4(x)\cos 4\theta + \cdots),$$

$$\sin(x\sin\theta) = 2(J_1(x)\sin\theta + J_3(x)\sin 3\theta + J_5(x)\sin 5\theta + \cdots).$$

并由此证明

$$1 = J_0(x) + 2\sum_{n=1}^{\infty} J_{2n}(x),$$

$$\sin x = 2\sum_{n=0}^{\infty} (-1)^n J_{2n+1}(x),$$

$$\cos x = J_0(x) + 2\sum_{n=1}^{\infty} (-1)^n J_{2n}(x).$$

第 5 章

勒让德多项式

在这一章中，我们以拉普拉斯方程定解问题为例，通过在球坐标系中对拉普拉斯方程定解问题进行分离变量求解，推导出勒让德方程，并讨论这个方程的解法以及解的性质．利用勒让德多项式在区间$[-1, 1]$上组成的正交函数系，可以求出许多数学物理问题的解．

5.1 勒让德方程的引出

设拉普拉斯方程定解问题

$$\begin{cases} \Delta u = \dfrac{\partial^2 u}{\partial x^2} + \dfrac{\partial^2 u}{\partial y^2} + \dfrac{\partial^2 u}{\partial z^2} = 0 \quad (x, y, z) \in \Omega, \\ u(x, y, z) \big|_{\partial\Omega} = f(x, y, z) \big|_{\partial\Omega}, \end{cases} \tag{5.1.1}$$

其中Ω是以原点O为中心，半径为1的球域，$\partial\Omega$是它的边界面，$f(x, y, z)$为已知函数．现在我们在球坐标系中应用分离变量法进行分离变量．在球坐标系下拉普拉斯方程定解问题(5.1.1)为

$$\begin{cases} \dfrac{1}{r^2}\dfrac{\partial}{\partial r}\left(r^2\dfrac{\partial u}{\partial r}\right) + \dfrac{1}{r^2\sin\theta}\dfrac{\partial}{\partial\theta}\left(\sin\theta\dfrac{\partial u}{\partial\theta}\right) + \dfrac{1}{r^2\sin^2\theta}\dfrac{\partial^2 u}{\partial\varphi^2} = 0 \\ \qquad (0 \leqslant r < 1, \ 0 \leqslant \theta \leqslant \pi, \ 0 \leqslant \varphi \leqslant 2\pi), \\ u\big|_{x^2+y^2+z^2=1} = f(\theta, \varphi). \end{cases} \tag{5.1.2}$$

设拉普拉斯方程有分离变量形式的非零解

$$u(r, \theta, \varphi) = R(r)\Theta(\theta)\Phi(\varphi), \tag{5.1.3}$$

代入方程(5.1.2)，得

$$\Theta\Phi\frac{1}{r^2}\frac{\mathrm{d}}{\mathrm{d}r}\left(r^2\frac{\mathrm{d}R}{\mathrm{d}r}\right) + R\Phi\frac{1}{r^2\sin\theta}\frac{\mathrm{d}}{\mathrm{d}\theta}\left(\sin\theta\frac{\mathrm{d}\Theta}{\mathrm{d}\theta}\right) + R\Theta\frac{1}{r^2\sin^2\theta}\frac{\mathrm{d}^2\Phi}{\mathrm{d}\varphi^2} = 0.$$

用$\dfrac{r^2}{R\Theta\Phi}$乘以上式各项，得

$$\frac{1}{R}\frac{\mathrm{d}}{\mathrm{d}r}\left(r^2\frac{\mathrm{d}R}{\mathrm{d}r}\right)+\frac{1}{\Theta\sin\theta}\frac{\mathrm{d}}{\mathrm{d}\theta}\left(\sin\theta\frac{\mathrm{d}\Theta}{\mathrm{d}\theta}\right)+\frac{1}{\Phi\sin^2\theta}\frac{\mathrm{d}^2\Phi}{\mathrm{d}\varphi^2}=0,$$

或者

$$\frac{1}{R}\frac{\mathrm{d}}{\mathrm{d}r}\left(r^2\frac{\mathrm{d}R}{\mathrm{d}r}\right)=-\frac{1}{\Theta\sin\theta}\frac{\mathrm{d}}{\mathrm{d}\theta}\left(\sin\theta\frac{\mathrm{d}\Theta}{\mathrm{d}\theta}\right)-\frac{1}{\Phi\sin^2\theta}\frac{\mathrm{d}^2\Phi}{\mathrm{d}\varphi^2}.$$

上式左边的函数仅与 r 有关，右边的函数仅与 φ 和 θ 有关，因为这是一个恒等式，所以只有当左右两边的函数都是常数时才会相等．为了以后的方便，我们把这个常数写成 $l(l+1)$ 的形式(实际上，任何一个实数总可以写成这样的形式，这里的 l 可能是实数，也可能是复数，但是我们只考虑 l 为实数的情形)，从而得到

$$\frac{1}{R}\frac{\mathrm{d}}{\mathrm{d}r}\left(r^2\frac{\mathrm{d}R}{\mathrm{d}r}\right)=l(l+1) \tag{5.1.4}$$

和

$$\frac{1}{\Theta\sin\theta}\frac{\mathrm{d}}{\mathrm{d}\theta}\left(\sin\theta\frac{\mathrm{d}\Theta}{\mathrm{d}\theta}\right)+\frac{1}{\Phi\sin^2\theta}\frac{\mathrm{d}^2\Phi}{\mathrm{d}\varphi^2}=-l(l+1). \tag{5.1.5}$$

又以 $\sin^2\theta$ 乘以方程(5.1.5)，得

$$\frac{1}{\Theta}\sin\theta\frac{\mathrm{d}}{\mathrm{d}\theta}\left(\sin\theta\frac{\mathrm{d}\Theta}{\mathrm{d}\theta}\right)+\frac{1}{\Phi}\frac{\mathrm{d}^2\Phi}{\mathrm{d}\varphi^2}=-l(l+1)\sin^2\theta,$$

即

$$\frac{1}{\Theta}\sin\theta\frac{\mathrm{d}}{\mathrm{d}\theta}\left(\sin\theta\frac{\mathrm{d}\Theta}{\mathrm{d}\theta}\right)+l(l+1)\sin^2\theta=-\frac{1}{\Phi}\frac{\mathrm{d}^2\Phi}{\mathrm{d}\varphi^2}. \tag{5.1.6}$$

上式左边仅与 θ 有关，右边仅与 φ 有关，所以只有当左右两边的函数都是常数时才会相等，设常数为 λ，于是得到

$$\frac{\mathrm{d}^2\Phi}{\mathrm{d}\varphi^2}+\lambda\Phi=0 \tag{5.1.7}$$

和

$$\sin\theta\frac{1}{\Theta}\frac{\mathrm{d}}{\mathrm{d}\theta}\left(\sin\theta\frac{\mathrm{d}\Theta}{\mathrm{d}\theta}\right)+l(l+1)\sin^2\theta=\lambda. \tag{5.1.8}$$

至此，我们通过寻求分离变量形式的非零解(5.1.3)得到三个常微分方程(5.1.4)、方程(5.1.7)和方程(5.1.8)．方程(5.1.4)可写成

$$r^2\frac{\mathrm{d}^2R}{\mathrm{d}r^2}+2r\frac{\mathrm{d}R}{\mathrm{d}r}-l(l+1)R=0.$$

这是一个欧拉方程，它的通解为

$$R(r)=A_1r^l+A_2r^{-(l+1)},$$

其中 A_1，A_2 为任意常数．

由于在球域的定解问题中，函数 $u(r,\ \theta,\ \varphi)$ 是关于 φ 的以 2π 为周期的周期函数，则

$$u(r,\ \theta,\ \varphi)=u(r,\ \theta,\ \varphi+2\pi),$$

因而函数 $\Phi(\varphi)$ 是以 2π 为周期的周期函数 $\Phi(\varphi)=\Phi(\varphi+2\pi)$. 这就是说方程(5.1.7)中的常数 λ 必须是 $\lambda=m^2(m=0,\ 1,\ 2,\ \cdots)$，所以从方程(5.1.7)解出

$$\Phi(\varphi)=B_1\cos m\varphi+B_2\sin m\varphi,$$

其中 B_1，B_2 为任意常数 . $\Theta(\theta)$ 所满足的方程(5.1.8)变为

$$\frac{1}{\sin\theta}\frac{\mathrm{d}}{\mathrm{d}\theta}\left(\sin\theta\frac{\mathrm{d}\Theta}{\mathrm{d}\theta}\right)-\frac{m^2}{\sin^2\theta}\Theta+l(l+1)\Theta=0. \tag{5.1.9}$$

把上式第一项中的导数计算出来，化简得到

$$\frac{\mathrm{d}^2\Theta}{\mathrm{d}\theta^2}+\cot\theta\frac{\mathrm{d}\Theta}{\mathrm{d}\theta}+\left[l(l+1)-\frac{m^2}{\sin^2\theta}\right]\Theta=0. \tag{5.1.10}$$

方程(5.1.9) 和方程(5.1.10)称为**伴随的勒让德(Legendre)方程**.

为了在数学上讨论方便起见，引入新的自变量 $x(-1\leqslant x\leqslant 1,\ x=\cos\theta$，这是因为 $0\leqslant\theta\leqslant\pi)$，并且记 $\Theta(\theta)=y(x)$，由于

$$\frac{\mathrm{d}\Theta}{\mathrm{d}\theta}=\frac{\mathrm{d}y}{\mathrm{d}x}\frac{\mathrm{d}x}{\mathrm{d}\theta}=-\sin\theta\frac{\mathrm{d}y}{\mathrm{d}x}=-\sqrt{1-x^2}\frac{\mathrm{d}y}{\mathrm{d}x},$$

$$\begin{aligned}\frac{\mathrm{d}^2\Theta}{\mathrm{d}\theta^2}&=\frac{\mathrm{d}}{\mathrm{d}\theta}\left(\frac{\mathrm{d}\Theta}{\mathrm{d}\theta}\right)=-\cos\theta\frac{\mathrm{d}y}{\mathrm{d}x}-\sin\theta\frac{\mathrm{d}}{\mathrm{d}x}\left(\frac{\mathrm{d}y}{\mathrm{d}x}\right)\cdot\frac{\mathrm{d}x}{\mathrm{d}\theta}\\&=-x\frac{\mathrm{d}y}{\mathrm{d}x}+(1-x^2)\frac{\mathrm{d}^2y}{\mathrm{d}x^2}.\end{aligned}$$

因此伴随的勒让德方程(5.1.10)变成

$$(1-x^2)\frac{\mathrm{d}^2y}{\mathrm{d}x^2}-2x\frac{\mathrm{d}y}{\mathrm{d}x}+\left[l(l+1)-\frac{m^2}{1-x^2}\right]y=0\quad(-1\leqslant x\leqslant 1) \tag{5.1.11}$$

或

$$\frac{\mathrm{d}}{\mathrm{d}x}\left((1-x^2)\frac{\mathrm{d}y}{\mathrm{d}x}\right)+\left[l(l+1)-\frac{m^2}{1-x^2}\right]y=0\quad(-1\leqslant x\leqslant 1).$$

它的解称为**伴随勒让德函数**.

如果定解问题与变量 φ 无关，那么 $\Phi(\varphi)$ 与 φ 无关，$\Phi(\varphi)=$ 常数，方程(5.1.6)中右端项不出现，方程(5.1.7)对应于 $\lambda=0$(或 $m=0$)的情形，方程(5.1.11)变为

$$(1-x^2)\frac{\mathrm{d}^2y}{\mathrm{d}x^2}-2x\frac{\mathrm{d}y}{\mathrm{d}x}+l(l+1)y=0\quad(-1\leqslant x\leqslant 1) \tag{5.1.12}$$

或

$$\frac{\mathrm{d}}{\mathrm{d}x}\left((1-x^2)\frac{\mathrm{d}y}{\mathrm{d}x}\right)+l(l+1)y=0\quad(-1\leqslant x\leqslant 1). \tag{5.1.13}$$

方程(5.1.12)和方程(5.1.13)称为 l **阶勒让德方程**，它的解称为 l **阶勒让德函数**.

若 l 已经定出，求出 $y(x)$，就可以从方程(5.1.4)求出解 $R(r)$，从而由线性叠加原理进一步求出解 $u(r, \theta, \varphi)$. 因此，定解问题(5.1.1)的求解就可归结为求勒让德方程的固有值和固有函数问题.

5.2 勒让德方程的解

在这一节中，我们将用常微分方程的级数解法求勒让德方程的解.

在勒让德方程(5.1.12) 中，因为系数 $1-x^2$ 在 $x=1$ 点为零，所以勒让德方程(5.1.12)是奇异的，但在开区间$(-1, 1)$内，系数 $1-x^2$ 在 $x=0$ 点是可微的，系数 $1-x^2$ 和 x 本身已是幂级数，于是，我们在开区间$(-1, 1)$内，寻求勒让德方程

$$(1-x^2)\frac{\mathrm{d}^2y}{\mathrm{d}x^2}-2x\frac{\mathrm{d}y}{\mathrm{d}x}+l(l+1)y=0 \tag{5.2.1}$$

的幂级数解. 设它具有如下形式的幂级数解

$$y=\sum_{n=0}^{\infty}c_nx^n, \tag{5.2.2}$$

其中 c_n 为待定常数. 式(5.2.2)对 x 逐项求导，得

$$\frac{\mathrm{d}y}{\mathrm{d}x}=\sum_{n=1}^{\infty}nc_nx^{n-1}, \tag{5.2.3}$$

$$\frac{\mathrm{d}^2y}{\mathrm{d}x^2}=\sum_{n=2}^{\infty}n(n-1)c_nx^{n-2}. \tag{5.2.4}$$

将式(5.2.2) ~ 式(5.2.4)代入方程(5.2.1)，得

$$(1-x^2)\sum_{n=2}^{\infty}n(n-1)c_nx^{n-2}-2x\sum_{n=1}^{\infty}nc_nx^{n-1}+l(l+1)\sum_{n=0}^{\infty}c_nx^n=0,$$

即

$$\sum_{n=2}^{\infty}n(n-1)c_nx^{n-2}-2\sum_{n=1}^{\infty}nc_nx^n+\sum_{n=0}^{\infty}[l(l+1)-n(n-1)]c_nx^n=0.$$

再进一步整理可得

$$2c_2+l(l+1)c_0+[6c_3+(l(l+1)-2)c_1]x+\sum_{n=2}^{\infty}\{(n+1)(n+2)c_{n+2}+[l(l+1)-n(n+1)]c_n\}x^n=0. \tag{5.2.5}$$

这是关于 x 的恒等式，关于 x 的各次幂的系数必然全为零，即

$$2c_2+l(l+1)c_0=0, \tag{5.2.6}$$

$$3\cdot 2c_3-2c_1+l(l+1)c_1=0, \tag{5.2.7}$$

$$(n+2)(n+1)c_{n+2}+[l(l+1)-n(n+1)]c_n=0. \tag{5.2.8}$$

从式(5.2.6)~式(5.2.8)得到系数 c_n 之间的递推关系式

$$c_{n+2}=\frac{(n-l)(n+l+1)}{(n+2)(n+1)}c_n \quad (n=0,1,2,\cdots). \tag{5.2.9}$$

为了得到勒让德方程的通解，只需求出方程的两个线性无关解，这里分别取 $c_0=0$，$c_1\neq 0$ 和 $c_0\neq 0$，$c_1=0$.

令 $c_0=0$，由式(5.2.9)得到

$$c_{2m}=0 \quad (m=0,1,2,\cdots),$$

而 c_{2m+1} 可由 c_1 表示，即

$$c_3=-\frac{(l-1)(l+2)}{3!}c_1,$$

$$c_5=(-1)^2\frac{(l-1)(l-3)(l+2)(l+4)}{5!}c_1,$$

$$c_7=(-1)^3\frac{(l-1)(l-3)(l-5)(l+2)(l+4)(l+6)}{7!}c_1,$$

一般地，

$$c_{2m+1}=(-1)^m\frac{(l-1)(l-3)\cdots(l-2m+1)(l+2)(l+4)\cdots(l+2m)}{(2m+1)!}c_1.$$

将以上系数代入式(5.2.2)可得勒让德方程(5.2.1)的一个解

$$y_1(x)=c_1\Big[x-\frac{(l-1)(l+2)}{3!}x^3+(-1)^2\frac{(l-1)(l-3)(l+2)(l+4)}{5!}x^5+\cdots+ (-1)^m\frac{(l-1)(l-3)\cdots(l-2m+1)(l+2)(l+4)\cdots(l+2m)}{(2m+1)!}x^{2m+1}+\cdots\Big], \tag{5.2.10}$$

又令 $c_1=0$，由式(5.2.9)得到

$$c_{2m+1}=0 \quad (m=0,1,2,\cdots),$$

而 c_{2m} 可由 c_0 表示，即

$$c_2=-\frac{l(l+1)}{2!}c_0,$$

$$c_4=(-1)^2\frac{l(l-2)(l+1)(l+3)}{4!}c_0,$$

$$c_6=(-1)^3\frac{l(l-2)(l-4)(l+1)(l+3)(l+5)}{6!}c_0,$$

一般地，

$$c_{2m}=(-1)^m\frac{l(l-2)\cdots(l-2m+2)(l+1)(l+3)\cdots(l+2m-1)}{(2m)!}c_0.$$

从而得到勒让德方程(5.2.1)的另一个解

$$y_2(x)=c_0\Big[1-\frac{l(l+1)}{2!}x^2+(-1)^2\frac{l(l-2)(l+1)(l+3)}{4!}x^4+$$

$$(-1)^3\frac{l(l-2)(l-4)(l+1)(l+3)(l+5)}{6!}x^6+\cdots+$$

$$(-1)^m\frac{l(l-2)\cdots(l-2m+2)(l+1)(l+3)\cdots(l+2m-1)}{(2m)!}x^{2m}+\cdots\Big]. \tag{5.2.11}$$

由级数的达朗贝尔判别法可以证明，式(5.2.10)和式(5.2.11)两式的级数的收敛半径都是1，故在区间$(-1,1)$内式(5.2.10)和式(5.2.11)两式的级数都是绝对收敛，函数$y_1(x)$和$y_2(x)$都是勒让德方程(5.2.1)的解，并且在$c_0\neq0$和$c_1\neq0$的情况下，函数$y_1(x)$和$y_2(x)$显然是线性无关的，因此，勒让德方程(5.2.1)的通解为

$$y(x)=y_1(x)+y_2(x), \tag{5.2.12}$$

其中c_0和c_1为任意常数．

5.3 勒让德多项式的表示

勒让德方程(5.2.1)在$x=\pm1$两点是奇异的．从式(5.2.10)和式(5.2.11)可以看出，当l不为整数时，$y_1(x)$和$y_2(x)$都是无穷级数，由于在区间$(-1,1)$内级数(5.2.10)和级数(5.2.11)都是绝对收敛的，可以证明在$x=\pm1$两点发散，此时勒让德方程的解不可能在$x=-1$和$x=1$为有限值．

当l为整数时，$y_1(x)$或者$y_2(x)$是多项式．例如，当l是正奇数时，$y_1(x)$是l次多项式，

$$y_1(x)=c_1x+c_3x^3+\cdots+c_lx^l, \tag{5.3.1}$$

当l是正偶数时，$y_2(x)$是l次多项式，

$$y_2(x)=c_0+c_2x^2+\cdots+c_lx^l. \tag{5.3.2}$$

它们都在区间$[-1,1]$上有界．根据定解问题的物理性质，要求勒让德方程(5.2.1)在区间$[-1,1]$上的有界解，决定了l只能取整数，这时$l(l+1)$也为整数，因此总可以取$l\geqslant0$.

我们可以确定出这个多项式的具体表达式．将递推公式(5.2.9)改写成形式

$$c_n=\frac{(n+1)(n+2)}{(n-l)(n+l+1)}c_{n+2}\quad(n\leqslant l-2),$$

可知c_{l-2}，c_{l-4}，…都可以用多项式的最高次项系数c_l表示出来．

$$c_{l-2}=-\frac{l(l-1)}{2(2l-1)}c_l,$$

$$c_{l-4}=-\frac{(l-2)(l-3)}{4(2l-3)}c_{l-2}=\frac{l(l-1)(l-2)(l-3)}{2\cdot4(2l-1)(2l-3)}c_l,$$

$$c_{l-6}=\frac{(l-4)(l-5)}{6(2l-5)}c_{l-4}$$

$$= -\frac{l(l-1)(l-2)(l-3)(l-4)(l-5)}{2\cdot4\cdot6(2l-1)(2l-3)(2l-5)}c_l,\ \cdots,$$

为了得到简洁形式的多项式，我们取多项式的最高次项系数 c_l 为

$$c_l=\frac{(2l)!}{2^l(l!)^2}=\frac{1\cdot3\cdot5\cdot\cdots\cdot(2l-1)}{l!}\quad(l=1,\ 2,\ 3,\ \cdots),$$

于是

$$\begin{aligned}c_{l-2}&=-\frac{l(l-1)}{2(2l-1)}c_l=-\frac{l(l-1)}{2(2l-1)}\cdot\frac{(2l)!}{2^l(l!)^2}\\&=-\frac{l(l-1)2l(2l-1)(2l-2)!}{2(2l-1)2^l l(l-1)!\ l(l-1)(l-2)!}\\&=-\frac{(2l-2)!}{2^l(l-1)!\ (l-2)!},\\c_{l-4}&=-\frac{(l-2)(l-3)}{4(2l-3)}c_{l-2}\\&=-\frac{(l-2)(l-3)}{4(2l-3)}\left(-\frac{(2l-2)!}{2^l(l-1)!\ (l-2)!}\right)\\&=\frac{(2l-4)!}{2!\ 2^l(l-2)!\ (l-4)!},\\c_{l-6}&=\frac{(l-4)(l-5)}{6(2l-5)}c_{l-4}\\&=-\frac{l(l-1)(l-2)(l-3)(l-4)(l-5)}{2\cdot4\cdot6(2l-1)(2l-3)(2l-5)}c_l\\&=-\frac{(2l-6)!}{3!\ 2^l(l-3)!\ (l-6)!},\end{aligned}$$

一般地，当 $l-2n\geqslant0$ 时，有

$$c_{l-2n}=(-1)^n\frac{(2l-2n)!}{n!\ 2^l(l-n)!\ (l-2n)!},$$

从而确定出勒让德多项式的具体形式．当 l 是正偶数时，$y_1(x)$ 可以写为

$$y_1(x)=\sum_{n=0}^{\frac{l}{2}}(-1)^n\frac{(2l-2n)!}{2^l n!(l-n)!(l-2n)!}x^{l-2n};\qquad(5.3.3)$$

当 l 是正奇数时，$y_2(x)$ 可以写为

$$y_2(x)=\sum_{n=0}^{\frac{l-1}{2}}(-1)^n\frac{(2l-2n)!}{2^l n!(l-n)!(l-2n)!}x^{l-2n},\qquad(5.3.4)$$

把这两个多项式写成统一的形式，得

$$P_l(x) = \sum_{n=0}^{\left[\frac{l}{2}\right]} (-1)^n \frac{(2l-2n)!}{2^l n!(l-n)!(l-2n)!} x^{l-2n}, \tag{5.3.5}$$

其中$\left[\dfrac{l}{2}\right]$表示不大于$\dfrac{l}{2}$的最大整数．这个多项式称为 **$l$ 阶勒让德多项式**．

特别地，当 $l=0$，1，2，3，4 时，相应的勒让德多项式为($x=\cos\theta$)

$P_0(x)=1$,

$P_1(x)=x=\cos\theta$,

$P_2(x)=\dfrac{3}{2}x^2-\dfrac{1}{2}=\dfrac{3}{2}\cos^2\theta-\dfrac{1}{2}$,

$P_3(x)=\dfrac{1}{2}(5x^3-3x)=\dfrac{1}{2}(5\cos^3\theta-3\cos\theta)$,

$P_4(x)=\dfrac{1}{8}(35x^4-30x^2+3)=\dfrac{1}{8}(35\cos^4\theta-30\cos^2\theta+3)$.

容易验证，

$$P_0(1)=1,\ P_1(1)=1,\ P_2(1)=1,\ P_3(1)=1,\ \cdots,$$

一般地，

$$P_l(1)=1.$$

下面简要介绍勒让德多项式的特殊值 $P_l(0)$的计算．

$P_l(0)$的值等于勒让德多项式 $P_l(x)$的常数项．当 $l=2n+1$(即为奇数)时，$P_{2n+1}(x)$只含 $P_l(x)$的奇数项，不含常数项，所以

$$P_{2n+1}(0)=0; \tag{5.3.6}$$

当 $l=2n$(即为偶数)时，$P_{2n}(x)$含有常数项，即式(5.3.5)中 $k=\dfrac{l}{2}=n$ 的项，所以

$$P_{2n}(0)=(-1)^n\frac{(2n)!}{2^{2n}\cdot n!\ \cdot n!}=(-1)^n\frac{(2n-1)!!}{(2n)!!}=-\frac{2n-1}{2n}P_{2n-2}(0). \tag{5.3.7}$$

综合上述，当 n 不是整数时，勒让德方程(5.2.1)的通解为 $y(x)=y_1(x)+y_2(x)$，其中 $y_1(x)$和 $y_2(x)$分别由式(5.2.10)和式(5.2.11)确定，它们在闭区间$[-1,1]$上是无界的．

当 n 是整数时，勒让德方程(5.2.1)的通解为 $y(x)=y_1(x)+y_2(x)$，其中$y_1(x)$和 $y_2(x)$分别由式(5.2.10)和式(5.2.11)确定，这两个函数有一个勒让德多项式，另一个是无穷级数，在闭区间$[-1,1]$上是无界的．

除了上述勒让德多项式的级数表示以外，勒让德多项式(5.3.5)还有其他的表示形式．

1. 勒让德多项式的微分表示

用二项式定理直接将$(x^2-1)^l$展开

$$(x^2-1)^l=\sum_{n=0}^{l}\frac{(-1)^n l!}{n!(l-n)!}x^{2l-2n},$$

两边对 x 求 l 阶导数后除以 $2^l l!$，得

$$\frac{1}{2^l l!}\frac{\mathrm{d}^l}{\mathrm{d}x^l}(x^2-1)^l=\frac{1}{2^l l!}\sum_{n=0}^{l}\frac{(-1)^n l!}{n!(l-n)!}\frac{\mathrm{d}^l}{\mathrm{d}x^l}(x^{2l-2n}),$$

可以看出，若 $2l-2n<l$，则对应项求导后为零，因此只需计算 $2l-2n\geqslant l$，即 $n\leqslant\frac{l}{2}$ 的项，则

$$\begin{aligned}\frac{1}{2^l l!}\frac{\mathrm{d}^l}{\mathrm{d}x^l}(x^2-1)^l&=\frac{1}{2^l}\sum_{n=0}^{[\frac{l}{2}]}\frac{(-1)^n}{n!(l-n)!}\frac{\mathrm{d}^l}{\mathrm{d}x^l}(x^{2l-2n})\\&=\frac{1}{2^l}\sum_{n=0}^{[\frac{l}{2}]}\frac{(-1)^n}{n!(l-n)!}(2l-2n)(2l-2n-1)\\&\quad\cdots(l-2n+1)x^{l-2n}\\&=\sum_{n=0}^{[\frac{l}{2}]}(-1)^n\frac{(2l-2n)(2l-2n-1)\cdots(l-2n+1)}{2^l n!(l-n)!}x^{l-2n}\\&=\sum_{n=0}^{[\frac{l}{2}]}(-1)^n\frac{(2l-2n)!}{2^l n!(l-n)!(l-2n)!}x^{l-2n},\end{aligned}$$

因此，勒让德多项式(5.3.5)可以写成

$$\mathrm{P}_l(x)=\frac{1}{2^l l!}\frac{\mathrm{d}^l}{\mathrm{d}x^l}(x^2-1)^l. \tag{5.3.8}$$

它称为勒让德多项式的**罗德里克斯(Rodrigues)公式**.

2. 勒让德多项式的母函数

设在一个单位球的北极放置$4\pi\varepsilon_0$单位的正电荷(图5.1)，其中 ε_0 是介电常数，则在球内一点 $M(r,\theta,\phi)$ 处的静电势

$$U=\frac{1}{d}=\frac{1}{\sqrt{1-2r\cos\theta+r^2}}. \tag{5.3.9}$$

静电势 U 满足拉普拉斯方程．由于 U 与 ϕ 无关，因此，U 具有在轴对称情况下拉普拉斯方程一般解的形式，即

$$U=\sum_{n=0}^{\infty}\left(A_n r^n+B_n\frac{1}{r^{n+1}}\right)\mathrm{P}_n(\cos\theta). \tag{5.3.10}$$

先研究在球内的静电势分布．在球心的静电势应为有限值，所以 $B_n=0(n=0,1,2,\cdots)$，于是

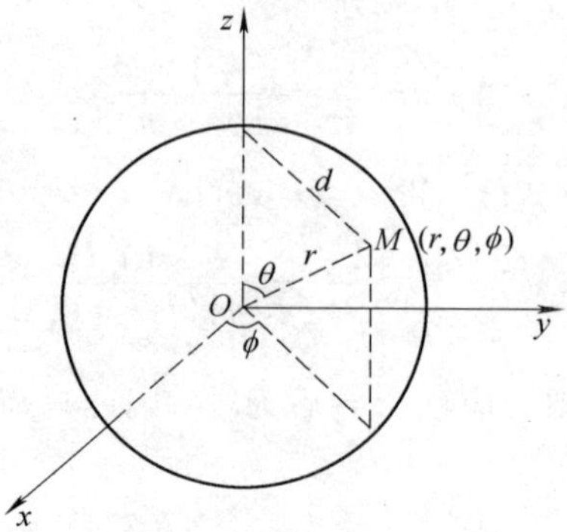

5.1　单位球内点电荷的静电势分布示意图

$$\frac{1}{\sqrt{1-2r\cos\theta+r^2}}=\sum_{n=0}^{\infty}A_n r^n \mathrm{P}_n(\cos\theta)\quad(r<1).\qquad(5.3.11)$$

为了确定系数 A_n，在式(5.3.11)中令 $\theta=0$，并注意到 $\mathrm{P}_n(1)=1$，则得

$$\frac{1}{1-r}=\sum_{n=0}^{\infty}A_n r^n \mathrm{P}_n(1)=\sum_{n=0}^{\infty}A_n r^n.\qquad(5.3.12)$$

利用在 $r<1$ 上的泰勒级数

$$\frac{1}{1-r}=1+r+r^2+\cdots+r^n+\cdots,\qquad(5.3.13)$$

比较式(5.3.12)和式(5.3.13)两等式中 r^n 前的系数，得

$$A_n=1,\ (n=0,\ 1,\ 2,\ \cdots),$$

于是

$$U=\frac{1}{\sqrt{1-2r\cos\theta+r^2}}=\sum_{n=0}^{\infty}r^n \mathrm{P}_n(\cos\theta)\quad(r<1).\qquad(5.3.14)$$

如果考虑单位球外的静电势分布，则有

$$\frac{1}{\sqrt{1-2r\cos\theta+r^2}}=\sum_{n=0}^{\infty}\frac{1}{r^{n+1}}\mathrm{P}_n(\cos\theta)\quad(r>1).\qquad(5.3.15)$$

令 $x=\cos\theta$，则单位球内、外的静电势分布为

$$U=\frac{1}{\sqrt{1-2r\cos\theta+r^2}}=\begin{cases}\sum\limits_{n=0}^{\infty}\mathrm{P}_n(\cos\theta)r^n, & r\leqslant 1,\\ \sum\limits_{n=0}^{\infty}\dfrac{1}{r^{n+1}}\mathrm{P}_n(\cos\theta), & r>1,\end{cases}\qquad(5.3.16)$$

所以，我们将

$$w(x,\ r)=\frac{1}{\sqrt{1-2r\cos\theta+r^2}}$$

或者

$$\frac{1}{\sqrt{1-2xr+r^2}}$$

称为勒让德多项式的**母函数**.

5.4　勒让德多项式及其性质

5.4.1　勒让德多项式的奇偶性

在勒让德多项式(5.3.5)中，用 $-x$ 代换 x，可得

$$\mathrm{P}_l(-x)=(-1)^l\mathrm{P}_l(x). \tag{5.4.1}$$

这说明当 l 为偶数时，勒让德多项式为偶函数，$\mathrm{P}_{2n}(-x)=\mathrm{P}_{2n}(x)$；当 l 为奇数时，勒让德多项式为奇函数，$\mathrm{P}_{2n+1}(-x)=-\mathrm{P}_{2n+1}(x)$.

5.4.2　勒让德多项式的正交性和模

勒让德多项式组成区间$[-1,1]$上的正交函数系$\{\mathrm{P}_n(x)\}$，即有

$$\int_{-1}^{1}\mathrm{P}_m(x)\mathrm{P}_n(x)\mathrm{d}x=\begin{cases}0, & m\neq n,\\ \dfrac{2}{2n+1}, & m=n.\end{cases} \tag{5.4.2}$$

当 $m\neq n$ 时，勒让德多项式满足：

$$\int_{-1}^{1}\mathrm{P}_m(x)\mathrm{P}_n(x)\mathrm{d}x=0, \tag{5.4.3}$$

或者

$$\int_0^{\pi}\mathrm{P}_m(\cos\theta)\mathrm{P}_n(\cos\theta)\sin\theta\mathrm{d}\theta=0.$$

这称为勒让德多项式的**正交性**. 当 $m=n$ 时，勒让德多项式的**模** $\|\mathrm{P}_n(x)\|$ 为

$$\|\mathrm{P}_n(x)\|=\sqrt{\int_{-1}^{1}\mathrm{P}_n^2(x)\mathrm{d}x}=\sqrt{\frac{2}{2n+1}}. \tag{5.4.4}$$

下面给出式(5.4.3)和式(5.4.4)的证明.

证　正交性. 勒让德多项式必然满足勒让德方程. 设属于不同固有值 $\lambda_m=m(m+1)$ 和 $\lambda_n=n(n+1)(m\neq n)$ 的勒让德多项式分别为 $\mathrm{P}_m(x)$ 和 $\mathrm{P}_n(x)$，则 $\mathrm{P}_m(x)$ 及 $\mathrm{P}_n(x)$ 都满足勒让德方程，故有

$$\frac{\mathrm{d}}{\mathrm{d}x}[(1-x^2)\mathrm{P}'_m(x)]+m(m+1)\mathrm{P}_m(x)=0, \tag{5.4.5}$$

$$\frac{\mathrm{d}}{\mathrm{d}x}[(1-x^2)\mathrm{P}'_n(x)]+n(n+1)\mathrm{P}_n(x)=0, \tag{5.4.6}$$

以 $P_n(x)$ 乘以式(5.4.5)，而以 $P_m(x)$ 乘以式(5.4.6)，然后把两式相减，得

$$P_n(x)\frac{d}{dx}[(1-x^2)P'_m(x)]-P_m(x)\frac{d}{dx}[(1-x^2)P'_n(x)]+$$
$$[m(m+1)-n(n+1)]P_n(x)P_m(x)=0,$$

从 -1 到 1 积分，上式中前两项的积分等于

$$\int_{-1}^{1}\frac{d}{dx}[(1-x^2)(P_n(x)P'_m(x)-P_m(x)P'_n(x))]dx=[(1-x^2)(P_n(x)P'_m(x)-P_m(x)P'_n(x))]\Big|_{-1}^{1}.$$

因为 $P_m(x)$ 和 $P_n(x)$ 以及它们的导数在区间 $[-1, 1]$ 都是有界的，所以这个积分为零，则

$$[m(m+1)-n(n+1)]\int_{-1}^{1}P_m(x)P_n(x)=0,$$

故当 $m\neq n$ 时，式 (5.4.3)成立.

当 $m=n$ 时，利用 $P_n(x)$ 的微分表达式(5.3.8)可得

$$\begin{aligned}\int_{-1}^{1}P_n^2(x)dx=\int_{-1}^{1}P_n(x)P_n(x)dx&=\int_{-1}^{1}\frac{1}{2^{2n}(n!)^2}\frac{d^n}{dx^n}(x^2-1)^n\frac{d^n}{dx^n}(x^2-1)^n dx\\&=\frac{1}{2^{2n}(n!)^2}\left[\frac{d^{n-1}}{dx^{n-1}}(x^2-1)^n\frac{d^n}{dx^n}(x^2-1)^n\right]\Bigg|_{-1}^{1}-\\&\quad\frac{1}{2^{2n}(n!)^2}\int_{-1}^{1}\frac{d^{n+1}}{dx^{n+1}}(x^2-1)^n\frac{d^{n-1}}{dx^{n-1}}(x^2-1)^n dx\\&=\frac{(-1)^2}{2^{2n}(n!)^2}\int_{-1}^{1}\frac{d^{n+2}}{dx^{n+2}}(x^2-1)^n\frac{d^{n-2}}{dx^{n-2}}(x^2-1)^n dx\\&=\cdots=(-1)^n\frac{(2n)!}{2^{2n}(n!)^2}\int_{-1}^{1}(x^2-1)^n dx\\&=(-1)^n\frac{(2n)!}{2^{2n}(n!)^2}\int_{-1}^{1}(x-1)^n(x+1)^n dx,\end{aligned}$$

再对上式分部积分一次可得

$$\begin{aligned}\int_{-1}^{1}P_n^2(x)dx&=(-1)^n\frac{(2n)!}{2^{2n}(n!)^2}\frac{1}{n+1}\\&\quad\left[(x-1)^n(x+1)^{n+1}\Big|_{-1}^{1}-n\int_{-1}^{1}(x-1)^{n-1}(x+1)^{n+1}dx\right]\\&=(-1)^n\frac{(2n)!}{2^{2n}(n!)^2}(-1)\frac{n}{n+1}\int_{-1}^{1}(x-1)^{n-1}(x+1)^{n+1}dx.\end{aligned}$$

容易看出，上式中已积出部分以 $x=\pm1$ 为零点，分部积分的结果是使得 $(x-1)$ 的幂次降低一次，$(x+1)$ 的幂次升高一次，且积分乘上一个常数因子．继续作分部积分 n 次，则得

$$\int_{-1}^{1} \mathrm{P}_n^2(x)\,\mathrm{d}x = (-1)^n \frac{(2n)!}{2^{2n}(n!)^2}(-1)^n \frac{n}{n+1} \cdot \frac{n-1}{n+2} \cdot \cdots \cdot \frac{1}{2n}\int_{-1}^{1}(x-1)^0(x+1)^{2n}\,\mathrm{d}x$$
$$= \frac{2}{2n+1}.$$

故勒让德多项式的模 $\| \mathrm{P}_n(x) \|$ 为

$$\| \mathrm{P}_n(x) \| = \sqrt{\frac{2}{2n+1}}.$$

5.4.3　勒让德多项式的递推公式

从勒让德多项式的母函数表示式

$$(1-2xt+t^2)^{-\frac{1}{2}} = \sum_{n=0}^{\infty} \mathrm{P}_n(x) t^n$$

可知

$$(1-2xt+t^2)^{\frac{1}{2}} w(x,\ t) = 1. \tag{5.4.7}$$

将此等式两边对 t 求偏导数，可知 $w(x,\ t)$ 满足如下的偏微分方程

$$(1-2xt+t^2)\frac{\partial w}{\partial t} - (x-t)w = 0, \tag{5.4.8}$$

将母函数表示式右边代入可得

$$(1-2xt+t^2)\sum_{n=0}^{\infty} n\mathrm{P}_n(x)t^{n-1} - (x-t)\sum_{n=0}^{\infty}\mathrm{P}_n(x)t^n = 0,$$

比较等式两边 t^n 的各项系数后，得下面的递推公式

$$(n+1)\mathrm{P}_{n+1}(x) - (2n+1)x\mathrm{P}_n(x) + n\mathrm{P}_{n-1}(x) = 0. \tag{5.4.9}$$

又将式(5.4.7)两边对 x 求偏导数，可知 $w(x,\ t)$ 满足如下的偏微分方程

$$(1-2xt+t^2)\frac{\partial w}{\partial x} - tw = 0, \tag{5.4.10}$$

将母函数表示式右边代入可得

$$(1-2xt+t^2)\sum_{n=0}^{\infty}\mathrm{P}'_n(x)t^n - t\sum_{n=0}^{\infty}\mathrm{P}_n(x)t^n = 0,$$

比较等式两边 t^n 的各项系数，得到下面微分形式的递推公式

$$\mathrm{P}_n(x) = \mathrm{P}'_{n+1}(x) - 2x\mathrm{P}'_n(x) + \mathrm{P}'_{n-1}(x) \quad (n \geqslant 1). \tag{5.4.11}$$

由式(5.4.9)对 x 求导，并与式(5.4.11)联立消去 $x\mathrm{P}'_n(x)$，得到

$$(2n+1)\mathrm{P}_n(x) = \mathrm{P}'_{n+1}(x) - \mathrm{P}'_{n-1}(x) \quad (n \geqslant 1). \tag{5.4.12}$$

通过进一步运算，还可得到下列勒让德多项式的递推公式

$$n\mathrm{P}_n(x) = x\mathrm{P}'_n(x) - \mathrm{P}'_{n-1}(x) \quad (n \geqslant 1). \tag{5.4.13}$$

$$nP_{n-1}(x) = P'_n(x) - xP'_{n-1}(x) \quad (n \geqslant 1). \tag{5.4.14}$$

$$(x^2 - 1)P'_n(x) = nxP_n(x) - nP_{n-1}(x) \quad (n \geqslant 1). \tag{5.4.15}$$

这些都是勒让德多项式常见的递推公式.

例题 计算积分 $\int_0^1 P_n(x)\,dx\,(n \geqslant 1)$.

解

$$\begin{aligned}\int_0^1 P_n(x)\,dx &= \frac{1}{2n+1}\int_0^1 (P'_{n+1}(x) - P'_{n-1}(x))\,dx \\ &= \frac{-1}{2n+1}(P_{n+1}(0) - P_{n-1}(0)) \\ &= \begin{cases} 0, & n = 2k, \\ \dfrac{1}{4k+3} \cdot \dfrac{4k+3}{2k+2} P_{2k}(0) = (-1)^k \dfrac{(2k-1)!!}{(2k+2)!!}, & n = 2k+1. \end{cases}\end{aligned}$$

5.5 函数按勒让德多项式展开

按照施图姆-刘维尔固有值理论，勒让德多项式组成区间 $[-1,\ 1]$ 上完备的正交函数系 $\{P_n(x)\}$. 对于定义在区间 $[-1,\ 1]$ 上的函数 $f(x)$，如果 $f(x)$ 具有一阶连续导数和分段连续二阶导数，满足与固有函数相同的边界条件，那么 $f(x)$ 可以按勒让德多项式展开为绝对且一致收敛的级数(称为**傅里叶-勒让德级数**)

$$f(x) = \sum_{n=0}^{\infty} A_n P_n(x) \quad (-1 \leqslant x \leqslant 1), \tag{5.5.1}$$

其中系数 A_n 为

$$A_n = \frac{2n+1}{2}\int_{-1}^1 f(x) P_n(x)\,dx .$$

或者

$$f(\cos\theta) = \sum_{n=0}^{\infty} A_n P_n(\cos\theta) \quad (0 \leqslant \theta \leqslant \pi), \tag{5.5.2}$$

而系数 A_n 为

$$A_n = \frac{2n+1}{2}\int_0^{\pi} f(\cos\theta) P_n(\cos\theta)\sin\theta\,d\theta.$$

利用上述结论可知，任何一个 n 次多项式 $Q_n(x)$ 都可以由不高于 n 阶的勒让德多项式 $P_0(x)$，$P_1(x)$，…，$P_n(x)$ 线性表示，即

$$Q_n(x) = b_0P_0(x) + b_1P_1(x) + b_2P_2(x) + \cdots + b_nP_n(x). \tag{5.5.3}$$

事实上，由式(5.5.1)，可设 n 次多项式 $Q_n(x)$ 表示为傅里叶-勒让德级数

$$Q_n(x) = b_0P_0(x) + b_1P_1(x) + \cdots + b_nP_n(x) + b_{n+1}P_{n+1}(x) + \cdots.$$

将上式两边乘以 $P_m(x)$，

$$Q_n(x)\mathrm{P}_m(x) = b_0\mathrm{P}_0(x)\mathrm{P}_m(x) + \cdots + b_n\mathrm{P}_n(x)\mathrm{P}_m(x) + b_{n+1}\mathrm{P}_{n+1}(x)\mathrm{P}_m(x) + \cdots.$$

再从 -1 到 1 积分，利用勒让德多项式的正交性，只需证明

$$\int_{-1}^{1} x^k \mathrm{P}_n(x)\,\mathrm{d}x \equiv 0 \quad (k < n)$$

(留作习题)，可得式(5.5.3).

例 1　将函数 $f(x)=|x|$ 在区间 $[-1,\ 1]$ 上展开成傅里叶-勒让德级数.

解　因为 $f(x)=|x|$ 为偶函数，$\mathrm{P}_{2n+1}(x)$ 为奇函数，所以

$$A_{2n+1} = \frac{2\cdot(2n+1)+1}{2}\int_{-1}^{1}|x|\mathrm{P}_{2n+1}(x)\,\mathrm{d}x = 0 \quad (n=0,1,2,\cdots).$$

又因为

$$A_0 = \frac{1}{2}\int_{-1}^{1}|x|\,\mathrm{d}x = \frac{1}{2},$$

$$\begin{aligned}
A_{2n} &= \frac{4n+1}{2}\int_{-1}^{1}|x|\mathrm{P}_{2n}(x)\,\mathrm{d}x = (4n+1)\int_{0}^{1}|x|\mathrm{P}_{2n}(x)\,\mathrm{d}x \\
&= (4n+1)\int_0^1 \frac{x}{2^{2n}(2n)!}\frac{\mathrm{d}^{2n}}{\mathrm{d}x^{2n}}(x^2-1)^{2n}\,\mathrm{d}x \\
&= \frac{4n+1}{2^{2n}(2n)!}\left\{x\frac{\mathrm{d}^{2n-1}}{\mathrm{d}x^{2n-1}}[(x^2-1)^{2n}]\Big|_{x=0}^{x=1} - \int_0^1 \frac{\mathrm{d}^{2n-1}}{\mathrm{d}x^{2n-1}}[(x^2-1)^{2n}]\,\mathrm{d}x\right\} \\
&= -\frac{4n+1}{2^{2n}(2n)!}\frac{\mathrm{d}^{2n-2}}{\mathrm{d}x^{2n-2}}[(x^2-1)^{2n}]\Big|_{x=0}^{x=1} \\
&= \frac{4n+1}{2^{2n}(2n)!}\frac{\mathrm{d}^{2n-2}}{\mathrm{d}x^{2n-2}}[(x^2-1)^{2n}]\Big|_{x=0} \\
&= -\frac{4n+1}{2^{2n}(2n)!}\frac{\mathrm{d}^{2n-2}}{\mathrm{d}x^{2n-2}}\sum_{k=0}^{2n}\mathrm{C}_{2n}^{k}(-1)^{2n-k}x^{2k}\Big|_{x=0} \\
&= (-1)^{n+1}\frac{4n+1}{2^{2n}(2n)!}\mathrm{C}_{2n}^{n-1}(2n-2)! \\
&= (-1)^{n+1}\frac{(4n+1)(2n-2)!}{2^{2n}(n-1)!(n+1)!},
\end{aligned}$$

因此，

$$|x| = \frac{1}{2} + \sum_{n=1}^{\infty}\frac{(-1)^{n+1}(4n+1)(2n-2)!}{2^{2n}(n-1)!(n+1)!}\mathrm{P}_{2n}(x) \quad (-1 \leqslant x \leqslant 1).$$

例 2　求球形区域内外的电势分布的狄利克雷问题：

(1) 在半径为 1 的球内求拉普拉斯方程 $\Delta u=0$ 的解，使满足边界条件 $u|_{r=1} = 6\cos 2\theta + 2$；

(2) 在半径为 1 的球外求拉普拉斯方程 $\Delta u=0$ 的解，使满足边界条件 $u|_{r=1} = \cos^2\theta$，以及当 $r\to\infty$ 时，$\lim\limits_{r\to\infty}u(r,\ \theta)=0$.

解　(1) 根据边界条件的形式可知，所求的电势分布函数 u 只与变量 r，θ 有

关，与 φ 无关，故相应的定解问题为

$$\begin{cases}\dfrac{1}{r^2}\dfrac{\partial}{\partial r}\left(r^2\dfrac{\partial u}{\partial r}\right)+\dfrac{1}{r^2\sin\theta}\dfrac{\partial}{\partial\theta}\left(\sin\theta\dfrac{\partial u}{\partial\theta}\right)=0,\\ u\big|_{r=1}=6\cos2\theta+2.\end{cases}\tag{5.5.4}$$

因此定解问题的解为

$$u(r,\theta)=\sum_{n=0}^{\infty}\left[A_nr^n+B_nr^{-(n+1)}\right]\mathrm{P}_n(\cos\theta),\tag{5.5.5}$$

因为 u 在原点为有限值，所以有

$$B_n=0\quad(n=0,1,2,\cdots),$$

$$u(r,\theta)=\sum_{n=0}^{\infty}A_nr^n\mathrm{P}_n(\cos\theta),$$

代入相应的边界条件，可得

$$6\cos2\theta+2=\sum_{n=0}^{\infty}A_n\mathrm{P}_n(\cos\theta),$$

令 $x=\cos\theta$，得到

$$6(2x^2-1)+2=12x^2-4=\sum_{n=0}^{\infty}A_n\mathrm{P}_n(x).$$

因为

$$12x^2-4=8\left(\frac{3}{2}x^2-\frac{1}{2}\right)=8\mathrm{P}_2(x),$$

所以 $A_2=8$，$A_n=0(n\neq2)$，所以定解问题的解(5.5.5)为

$$u(r,\theta)=8\mathrm{P}_2(\cos\theta)r^2=4r^2(3\cos^2\theta-1).$$

(2) 相应的定解问题为

$$\begin{cases}\dfrac{1}{r^2}\dfrac{\partial}{\partial r}\left(r^2\dfrac{\partial u}{\partial r}\right)+\dfrac{1}{r^2\sin\theta}\dfrac{\partial}{\partial\theta}\left(\sin\theta\dfrac{\partial u}{\partial\theta}\right)=0,\\ u\big|_{r=1}=\cos^2\theta,\ \lim\limits_{r\to\infty}u(r,\theta)=0.\end{cases}\tag{5.5.6}$$

类似于(1)的解法，可设定解问题的解为

$$u(r,\theta)=\sum_{n=0}^{\infty}\left[A_nr^n+B_nr^{-(n+1)}\right]\mathrm{P}_n(\cos\theta).$$

因为当 $r\to\infty$ 时，$\lim\limits_{r\to\infty}u(r,\theta)=0$，所以 $A_n=0(n=0,1,2,\cdots)$，于是有

$$u(r,\theta)=\sum_{n=0}^{\infty}B_nr^{-(n+1)}\mathrm{P}_n(\cos\theta),$$

代入相应的边界条件，可得

$$\cos^2\theta=\sum_{n=0}^{\infty}B_n\mathrm{P}_n(\cos\theta),$$

令 $x=\cos\theta$，得到

$$x^2 = \sum_{n=0}^{\infty} B_n \mathrm{P}_n(x).$$

因为

$$x^2 = \frac{2}{3}\left(\frac{3}{2}x^2 - \frac{1}{2}\right) + \frac{1}{3} = \frac{2}{3}\mathrm{P}_2(x) + \frac{1}{3}\mathrm{P}_0(x),$$

所以 $B_0 = \frac{1}{3}$，$B_2 = \frac{2}{3}$，$B_n = 0(n \neq 0, 2)$，所以定解问题(5.5.6)的解为

$$u(r, \theta) = \frac{2}{3}r^{-3}\mathrm{P}_2(\cos\theta) + \frac{1}{3}r^{-1}\mathrm{P}_0(\cos\theta) = \left(\cos^2\theta - \frac{1}{3}\right)r^{-3} + \frac{1}{3}r^{-1}.$$

作为应用，下面我们举几个例子．

例 3　考虑在过冷熔体中的晶核稳定生长问题．如图 5.2 所示，假设晶核的初始半径为 r_0，远场温度为 T_∞（$T_\infty < T_{\mathrm{M}}$，$T_{\mathrm{M}}$ 为纯物质的凝固平衡温度，$\Delta T = T_{\mathrm{M}} - T_\infty > 0$ 为过冷度）．在时刻 t 时晶核界面为 $r = R(\theta, \varphi, t)$，界面将熔体分为液相和固相两部分，在液相中的热传导方程为拉普拉斯方程

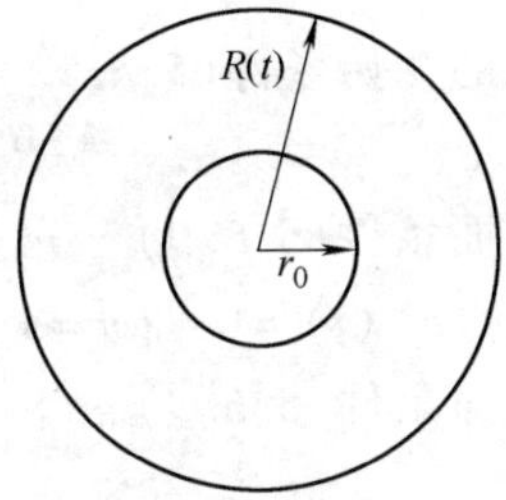

图 5.2　晶核对称生长示意图

$$\nabla^2 u_1 = 0 \quad (R(\theta, \varphi, t) < r < \infty), \tag{5.5.7}$$

在固相中的热传导方程为拉普拉斯方程

$$\nabla^2 u_2 = 0 \quad (0 \leqslant r < R(\theta, \varphi, t)), \tag{5.5.8}$$

边界条件如下：

(1) 界面条件：在界面 $r = R(\theta, \varphi, t)$ 上，

$$u_1 = u_2 = T_{\mathrm{M}}\left(1 + \frac{2\gamma}{\Delta H}K\right), \tag{5.5.9}$$

$$\Delta H \frac{\mathrm{d}R}{\mathrm{d}t} = k_{\mathrm{S}} \frac{\partial u_2}{\partial r} - k_{\mathrm{L}} \frac{\partial u_1}{\partial r}; \tag{5.5.10}$$

(2) 远场条件：当 $r \to \infty$ 时，

$$u_1 \to T_\infty. \tag{5.5.11}$$

界面的初始条件：当 $t = 0$ 时，

$$R(\theta, \varphi, 0) = r_0, \tag{5.5.12}$$

其中 k_{L}，k_{S} 分别为液相和固相导热系数，γ 为表面张力，ΔH 为单位体积的潜热，K 为界面的平均曲率．

解　因为远场条件和初始条件与 φ 无关，利用分离变量法，方程(5.5.7)和方程(5.5.8)的解分别可以表示为

$$u_1 = \sum_{n=0}^{\infty} [a_n(t) r^n + b_n(t) r^{-(n+1)}] \mathrm{P}_n(\cos\theta), \tag{5.5.13}$$

$$u_2 = \sum_{n=0}^{\infty}\left[a_{Sn}(t)r^n + b_{Sn}(t)r^{-(n+1)}\right]\mathrm{P}_n(\cos\theta), \tag{5.5.14}$$

晶核界面也可以用勒让德多项式展开为

$$R = \sum_{n=0}^{\infty} R_n(t)\mathrm{P}_n(\cos\theta), \tag{5.5.15}$$

其中 $a_n(t)$，$b_n(t)$，$a_{Sn}(t)$和 $b_{Sn}(t)$为 t 的任意函数.

在球内，因为 u_2 有限，所以在式(5.5.14)中，得到

$$b_{Sn}(t)=0 \quad (n=1,\ 2,\ 3,\ \cdots).$$

由远场条件(5.5.11)，得

$$a_0(t)=T_\infty,\ a_n(t)=0 \quad (n=1,\ 2,\ 3,\ \cdots).$$

由界面的初始条件(5.5.12)可得

$$R_n(t)=0 \quad (n=1,\ 2,\ 3,\ \cdots),$$

结合界面条件(5.5.9)，可得

$$a_{Sn}(t)=0 \quad (n=1,\ 2,\ 3,\ \cdots),\ b_n(t)=0 \quad (n=1,\ 2,\ 3,\ \cdots).$$

又由界面条件(5.5.9)，得

$$a_{S0}(t)=T_\infty+\frac{b_0(t)}{R_0(t)}=T_{\mathrm{M}}\left(1-\frac{2\gamma}{\Delta H R_0(t)}\right)$$

和

$$b_0(t)=R_0(t)\left(T_{\mathrm{M}}-T_\infty-\frac{2\gamma T_{\mathrm{M}}}{\Delta H R_0(t)}\right).$$

将它们代入界面条件(5.5.10)，得到界面满足的一阶常微分方程

$$\frac{\mathrm{d}R_0(t)}{\mathrm{d}t}=\frac{k_{\mathrm{L}}\Delta T}{R_0(t)\Delta H}\left(1-\frac{2\gamma T_{\mathrm{M}}}{\Delta H\Delta T}\frac{1}{R_0(t)}\right). \tag{5.5.16}$$

从式(5.5.16)可以看出，当$\frac{\mathrm{d}R_0}{\mathrm{d}t}>0$时，晶核生长；而当$\frac{\mathrm{d}R_0}{\mathrm{d}t}<0$时，晶核收缩；当$\frac{\mathrm{d}R_0}{\mathrm{d}t}=0$时，晶核生长处在临界状态，于是得到

$$R^*=\frac{2\gamma T_{\mathrm{M}}}{\Delta H\Delta T},$$

这正是临界形核半径. 因此，当 $R>R^*$ 时，晶核生长；当 $R<R^*$ 时，晶核收缩.

又由界面的初始条件(5.5.12)，我们可以确定界面的方程. 进一步地，如果选取 $r_0\neq R^*$，那么容易求出方程(5.5.16)满足初始条件(5.5.12)的解为一隐函数

$$\frac{1}{2}R_0(t)^2-\frac{1}{2}r_0^2+(R_0(t)-r_0)R^*+(R^*)^2\ln\frac{R_0(t)-R^*}{r_0-R^*}=\frac{k_{\mathrm{L}}\Delta T}{\Delta H}t. \tag{5.5.17}$$

故温度场的解为

$$u_1 = T_\infty + \left(\Delta T - \frac{2\gamma T_M}{\Delta H R_0(t)}\right)\frac{R_0(t)}{r}, \tag{5.5.18}$$

$$u_2 = T_M\left(1 - \frac{2\gamma}{\Delta H R_0(t)}\right). \tag{5.5.19}$$

例 4 在均匀外电场 E_0 中放入半径为 R 的介质球，设放入前导体球在坐标原点的电势为零，求球内、外的电势分布．

解 选坐标原点在球心、极轴 z 沿 E_0 方向的球坐标系．设球内电势为 u_1，球外电势为 u_2，因除球面上有自由电荷分布外，球内、外均无自由电荷分布，故 u_1 与 u_2 满足拉普拉斯方程，在球面上用连接条件，两侧的电势相等，电位的法向位移相等．在无穷远处，球面上的感应电荷产生的电场强度趋于零，即在无穷远处只有原来的均匀电场，有

$$E \to \infty \quad (r \to \infty),$$

其方向沿着 z 轴方向．用电位表示 $E = -\frac{\partial u_2}{\partial z}$，则有

$$\frac{\partial u_2}{\partial z} \to -E_0 \quad (r \to \infty),$$

所以

$$u_2 \to -E_0 z + C = -E_0 r\cos\theta + C \quad (r \to \infty),$$

其中 C 为平面 $z=0$ 的电位．因为放入前球在坐标原点的电势为零，所以 $C=0$．于是，球内、外的电势分布满足如下的定解问题

$$\begin{cases} \nabla^2 u_1 = 0 \quad (r < R), \\ \nabla^2 u_2 = 0 \quad (r > R), \\ \lim\limits_{r \to +\infty} u_2 = -E_0 r\cos\theta, \\ u_2\big|_{r=R} = u_1\big|_{r=R}, \quad \dfrac{\partial u_2}{\partial r}\bigg|_{r=R} = \varepsilon\dfrac{\partial u_1}{\partial r}\bigg|_{r=R}, \end{cases} \tag{5.5.20}$$

其中 ε 为介电常数．

因为 u_1 在原点必须是有限的，所以球内电势为

$$u_1 = \sum_{n=0}^{\infty} a_n r^n \mathrm{P}_n(\cos\theta). \tag{5.5.21}$$

由于 u_2 在无穷远处必须以给定的方式趋于无穷远点，即 $\lim\limits_{r \to +\infty} u_2 = -E_0 r\cos\theta$，因此球外电势为

$$u_2 = -E_0 r\cos\theta + \sum_{n=0}^{\infty} b_n r^{-n-1} \mathrm{P}_n(\cos\theta). \tag{5.5.22}$$

由在 $r=R$ 处的两个连接条件，得

$$a_1 = -E_0 + \frac{b_1}{R^3}, \quad \varepsilon a_1 = -E_0 - \frac{2b_1}{R^3},$$

$$a_l=0,\ b_l=0\quad (l\neq 1).$$

所以

$$a_1=-\frac{3E_0}{\varepsilon+2},\ b_1=\frac{E_0R^3(\varepsilon-1)}{\varepsilon+2},$$

因此，球内、外的电势分布分别为

$$u_1=-\frac{3E_0}{\varepsilon+2}r\cos\theta,$$

$$u_2=-E_0r\cos\theta+\frac{E_0R^3(\varepsilon-1)}{\varepsilon+2}\frac{\cos\theta}{r^2}.$$

*5.6 伴随勒让德函数与球函数

5.6.1 伴随勒让德函数

在一般的球形区域内，定解方程的解与 r，θ 与 φ 都有关，还需要考虑 $m\neq 0$ 的伴随的勒让德方程(5.1.11)，即

$$(1-x^2)\frac{d^2y}{dx^2}-2x\frac{dy}{dx}+\left[l(l+1)-\frac{m^2}{1-x^2}\right]y=0. \tag{5.6.1}$$

在式(5.6.1)中将未知函数 y 换成 Θ，则

$$(1-x^2)\frac{d^2\Theta}{dx^2}-2x\frac{d\Theta}{dx}+\left[l(l+1)-\frac{m^2}{1-x^2}\right]\Theta=0. \tag{5.6.2}$$

因为方程(5.6.1)中将 m 换成 $-m$，方程不变，所以下面先讨论 m 为正值的情况．我们不直接解此方程，而是从勒让德方程

$$(1-x^2)\frac{d^2y}{dx^2}-2x\frac{dy}{dx}+l(l+1)y=0 \tag{5.6.3}$$

出发求出方程(5.6.1)的解．

事实上，可以证明伴随勒让德方程(5.6.1)是勒让德方程(5.6.3)逐项求导 m 次后所得到的方程．因为勒让德多项式 $\mathrm{P}_l(x)$ 满足勒让德方程

$$(1-x^2)\mathrm{P}_l''(x)-2x\mathrm{P}_l'(x)+l(l+1)\mathrm{P}_l(x)=0. \tag{5.6.4}$$

应用关于乘积的求导规则

$$(uv)^{(m)}=uv^{(m)}+\frac{m}{1!}u'v^{(m-1)}+\frac{m(m-1)}{2!}u''v^{(m-2)}+\cdots+\frac{m(m-1)(m-2)\cdots(m-k+1)}{k!}u^{(k)}v^{(m-k)}+\cdots+u^{(m)}v,$$

对式(5.6.4)求导 m 次，则

$$(1-x^2)\mathrm{P}_l^{(m)''}-2(m+1)x\mathrm{P}_l^{(m)'}+[l(l+1)-m(m+1)]\mathrm{P}_l^{(m)}=0. \tag{5.6.5}$$

在式(5.6.2)中，令

$$\Theta=(1-x^2)^{\frac{m}{2}}y(x). \tag{5.6.6}$$

在此变换下，有

$$\frac{\mathrm{d}\Theta}{\mathrm{d}x}=(1-x^2)^{\frac{m}{2}}y'-m(1-x^2)^{\frac{m}{2}-1}xy, \tag{5.6.7}$$

$$\frac{\mathrm{d}^2\Theta}{\mathrm{d}x^2}=(1-x^2)^{\frac{m}{2}}y''-2m(1-x^2)^{\frac{m}{2}-1}xy'-m(1-x^2)^{\frac{m}{2}-1}y+m(m-2)(1-x^2)^{\frac{m}{2}-2}x^2y. \tag{5.6.8}$$

把式(5.6.6)～式(5.6.8)代入伴随勒让德方程(5.6.2)，得到

$$(1-x^2)y''-2(m+1)xy'+[l(l+1)-m(m+1)]y=0. \tag{5.6.9}$$

比较方程(5.6.5)和方程(5.6.9)，可知方程(5.6.9)的解 $y(x)$ 是勒让德方程解 $\mathrm{P}_l(x)$ 的 m 阶导数，即

$$y(x)=\mathrm{P}_l^{(m)}(x), \tag{5.6.10}$$

所以

$$\Theta=(1-x^2)^{\frac{m}{2}}\mathrm{P}_l^{(m)}(x). \tag{5.6.11}$$

称为**伴随勒让德函数**，记为 $\mathrm{P}_l^m(x)$，则

$$\mathrm{P}_l^m(x)=(1-x^2)^{\frac{m}{2}}\mathrm{P}_l^{(m)}(x)=(1-x^2)^{\frac{m}{2}}\frac{\mathrm{d}^m}{\mathrm{d}x^m}\mathrm{P}_l(x), \tag{5.6.12}$$

或

$$\mathrm{P}_l^m(x)=\frac{(1-x^2)^{\frac{m}{2}}}{2^l l!}\frac{\mathrm{d}^{l+m}}{\mathrm{d}x^{l+m}}(x^2-1)^l. \tag{5.6.13}$$

当 $m=0$ 时，$\mathrm{P}_l^0(x)=\mathrm{P}_l(x)$，伴随勒让德函数式退化为勒让德多项式 $\mathrm{P}_l(x)$．

当 l 为整数时，函数 $\mathrm{P}_l^m(x)$ 为 l 次多项式，且为方程(5.6.2)在区间$[-1,1]$上的有界解．因为 $\mathrm{P}_l(x)$ 是 l 次多项式，超过 l 次求导必为零，所以固有值 $l(l+1)$ 的整数 l 必须满足 $m\leqslant l$. 对于确定的 l 值，伴随勒让德函数(5.6.13)中的 m 只能取

$$m=0,\ \pm1,\ \pm2,\ \cdots,\ \pm l. \tag{5.6.14}$$

特别地，

$$\mathrm{P}_1^1(x)=(1-x^2)^{\frac{1}{2}}=\sin\theta,$$

$$\mathrm{P}_2^1(x)=(1-x^2)^{\frac{1}{2}}(3x)=\frac{3}{2}\sin2\theta,$$

$$\mathrm{P}_2^2(x)=3(1-x^2)=3\sin^2\theta=\frac{3}{2}(1-\cos2\theta),\ \cdots.$$

5.6.2　伴随勒让德函数的微分表示

从勒让德多项式的微分表示得到伴随勒让德函数的微分表示

$$\mathrm{P}_l^m(x)=\frac{(1-x^2)^{\frac{m}{2}}}{2^l l!}\cdot\frac{\mathrm{d}^{l+m}}{\mathrm{d}x^{l+m}}(x^2-1)^l. \tag{5.6.15}$$

可以证明

$$\mathrm{P}_l^m(x)=(-1)^m\frac{(l+m)!}{(l-m)!}\mathrm{P}_l^{-m}(x),$$

$$\mathrm{P}_l^{-m}(x)=(-1)^m\frac{(l-m)!}{(l+m)!}\mathrm{P}_l^m(x). \tag{5.6.16}$$

这说明 $\mathrm{P}_l^m(x)$和 $\mathrm{P}_l^{-m}(x)$是线性相关的.

5.6.3 伴随勒让德函数的正交性

伴随勒让德函数满足正交性，即

$$\int_{-1}^{1}\mathrm{P}_k^m(x)\mathrm{P}_l^m(x)\,\mathrm{d}x=0\quad(k\neq l), \tag{5.6.17}$$

或者

$$\int_0^{\pi}\mathrm{P}_k^m(\cos\theta)\mathrm{P}_l^m(\cos\theta)\sin\theta\mathrm{d}\theta=0\quad(k\neq l). \tag{5.6.18}$$

伴随勒让德函数的模 $\|\mathrm{P}_l^m(x)\|$为

$$\|\mathrm{P}_l^m(x)\|=\sqrt{\int_{-1}^{1}[\mathrm{P}_l^m(x)]^2\mathrm{d}x}=\sqrt{\frac{(l+m)!2}{(l-m)!(2l+1)}}. \tag{5.6.19}$$

伴随勒让德多项式系$\{\mathrm{P}_l^m(x)\}$$(l=0,1,2,\cdots)$在区间$[-1,1]$上构成一个完备的正交函数系，即

$$\int_{-1}^{1}\mathrm{P}_l^m(x)\mathrm{P}_k^m(x)\,\mathrm{d}x=\begin{cases}0, & k\neq l,\\ \dfrac{2}{2l+1}\cdot\dfrac{(l+m)!}{(l-m)!}, & k=l.\end{cases} \tag{5.6.20}$$

5.6.4 伴随勒让德函数的递推公式

通过勒让德多项式的递推公式，可以导出伴随勒让德函数的递推公式

$$(2l+1)x\mathrm{P}_l^m(x)=(l+m)\mathrm{P}_{l-1}^m(x)+(l-m+1)\mathrm{P}_{l+1}^m(x)\quad(l\geqslant1). \tag{5.6.21}$$

$$(2l+1)(1-x^2)^{\frac{1}{2}}\mathrm{P}_l^m(x)=\mathrm{P}_{l+1}^{m+1}(x)-\mathrm{P}_{l-1}^{m+1}(x)\quad(l\geqslant1). \tag{5.6.22}$$

$$(2l+1)(1-x^2)^{\frac{1}{2}}\mathrm{P}_l^m(x)=(l+m)(l+m-1)\mathrm{P}_{l-1}^{m-1}(x)-(l-m+2)(l-m+1)\mathrm{P}_{l+1}^{m-1}(x)\quad(l\geqslant1). \tag{5.6.23}$$

$$(2l+1)(1-x^2)\frac{\mathrm{dP}_l^m(x)}{\mathrm{d}x}=(l+1)(l+m)\mathrm{P}_{l-1}^m(x)-$$

$$l(l-m+1)\mathrm{P}_{l+1}^{m}(x) \quad (l \geqslant 1). \tag{5.6.24}$$

5.6.5 伴随勒让德函数-广义傅里叶级数

定义在区间[-1, 1]上具有一阶连续导数和分段连续的二阶导数的函数 $f(x)$ 按这个固有函数系展开成绝对且一致收敛的级数(称为**傅里叶-伴随勒让德级数**):

$$f(x) = \sum_{l=0}^{\infty} C_l \mathrm{P}_l^m(x), \tag{5.6.25}$$

其中系数为

$$C_l = \frac{2l+1}{2} \cdot \frac{(l-m)!}{(l+m)!}\int_{-1}^{1} f(x)\mathrm{P}_l^m(x)\,\mathrm{d}x,$$

或者

$$f(\theta) = \sum_{l=0}^{\infty} C_l \mathrm{P}_l^m(\cos\theta), \tag{5.6.26}$$

其中

$$C_l = \frac{2l+1}{2} \cdot \frac{(l-m)!}{(l+m)!}\int_{0}^{\pi} f(\theta)\mathrm{P}_l^m(\cos\theta)\sin\theta\,\mathrm{d}\theta.$$

5.6.6 球函数方程

在球坐标系中将下列亥姆霍兹(Helmholtz)方程实施分离变量

$$\Delta u + k^2 u = 0, \tag{5.6.27}$$

其中

$$\Delta = \frac{1}{r^2}\frac{\partial}{\partial r}\left(r^2\frac{\partial}{\partial r}\right) + \frac{1}{r^2\sin\theta}\frac{\partial}{\partial\theta}\left(\sin\theta\frac{\partial}{\partial\theta}\right) + \frac{1}{r^2\sin^2\theta}\frac{\partial^2}{\partial\varphi^2}. \tag{5.6.28}$$

令 $u(r, \theta, \varphi) = R(r)Y(\theta, \varphi)$,则

$$\frac{\mathrm{d}}{\mathrm{d}r}\left(r^2\frac{\mathrm{d}R}{\mathrm{d}r}\right) + [k^2r^2 - l(l+1)]R = 0, \tag{5.6.29}$$

而角度部分的解 $Y(\theta, \varphi)$ 满足下列方程

$$\frac{1}{\sin\theta}\frac{\partial}{\partial\theta}\left(\sin\theta\frac{\partial Y}{\partial\theta}\right) + \frac{1}{\sin^2\theta}\frac{\partial^2 Y}{\partial\varphi^2} + l(l+1)Y = 0. \tag{5.6.30}$$

它称为**球函数方程**.

5.6.7 球函数

用分离变量法求解球函数方程(5.6.30),得到与固有值 l 和 m 相应的固有函数 $Y_l^m(\theta, \varphi)$,它由两个固有函数之积组成

$$Y_l^m(\theta, \varphi) = \mathrm{P}_l^m(\cos\theta)\mathrm{e}^{\mathrm{i}m\varphi},$$

或者

$$Y_l^m(\theta,\ \varphi)=\mathrm{P}_l^m(\cos\theta)\begin{Bmatrix}\cos m\varphi\\ \sin m\varphi\end{Bmatrix}\begin{pmatrix}l=0,\ 1,\ 2,\ \cdots;\\ m=0,\ 1,\ 2,\ \cdots,\ l\end{pmatrix},\tag{5.6.31}$$

它称为**球面函数**(或**球函数**)，其中 $e^{im\varphi}$ 是变量 φ 相应于固有值 m 的固有函数，$\mathrm{P}_l^m(\cos\theta)$ 是变量 θ 相应于固有值 l(对于确定的 m)的固有函数.

5.6.8 球函数的正交性

当 l 固定时，l 阶球函数 $Y_l^m(\theta,\ \varphi)$ 中只有 $2l+1$ 个是线性无关的. 球函数 $Y_l^m(\theta,\ \varphi)(l=0,\ 1,\ 2,\ \cdots;\ m=0,\ 1,\ \cdots,\ l)$ 在球面 S：$0\leqslant\theta\leqslant\pi$，$0\leqslant\varphi\leqslant 2\pi$ 上组成完备的正交函数系，即

$$\oiint\limits_S Y_l^m(\theta,\varphi)Y_k^m(\theta,\varphi)\sin\theta\mathrm{d}\theta\mathrm{d}\varphi=\begin{cases}0, & k\neq l\text{ 或 }m\neq n,\\ \dfrac{2\pi\delta_m(l+m)!}{(2l+1)(l-m)!}, & k=l\text{ 且 }m=n,\end{cases}\tag{5.6.32}$$

其中

$$\delta_m=\begin{cases}2, & m=0,\\ 1, & m\neq 0.\end{cases}$$

5.6.9 球函数的广义傅里叶级数

我们可以将一个在球面 S 上满足一定条件的函数 $f(\theta,\ \varphi)$ 展开成一个绝对且一致收敛的广义傅里叶级数

$$f(\theta,\varphi)=\sum_{l=0}^{\infty}\sum_{m=0}^{l}C_l^m Y_l^m(\theta,\varphi),\tag{5.6.33}$$

其中

$$\begin{aligned}C_l^m&=\int_0^{2\pi}\int_0^{\pi}f(\theta,\varphi)\ \overline{Y_l^m(\theta,\varphi)}\sin\theta\mathrm{d}\theta\mathrm{d}\varphi\\&=\frac{(2l+1)}{4\pi}\frac{(l-|m|)!}{(l+|m|)!}\int_0^{2\pi}\int_0^{\pi}f(\theta,\varphi)\mathrm{P}_l^m(\cos\theta)e^{-im\varphi}\sin\theta\mathrm{d}\theta\mathrm{d}\varphi.\end{aligned}$$

或者写成实函数形式

$$f(\theta,\varphi)=\sum_{l=0}^{\infty}\sum_{m=0}^{l}\left[A_l^m\mathrm{P}_l^m(\cos\theta)\cos m\varphi+B_l^m\mathrm{P}_l^m(\cos\theta)\sin m\varphi\right],\tag{5.6.34}$$

其中

$$A_l^m=\frac{2l+1}{2\pi\delta_m}\frac{(l-m)!}{(l+m)!}\int_0^{2\pi}\int_0^{\pi}f(\theta,\varphi)\mathrm{P}_l^m(\cos\theta)\cos m\varphi\sin\theta\mathrm{d}\theta\mathrm{d}\varphi,$$

$$B_l^m=\frac{2l+1}{2\pi}\frac{(l-m)!}{(l+m)!}\int_0^{2\pi}\int_0^{\pi}f(\theta,\varphi)\mathrm{P}_l^m(\cos\theta)\sin m\varphi\sin\theta\mathrm{d}\theta\mathrm{d}\varphi.$$

5.6.10　拉普拉斯方程的非球对称定解问题

拉普拉斯方程的非球对称定解问题

$$\begin{cases}\dfrac{1}{r^2}\dfrac{\partial}{\partial r}\left(r^2\dfrac{\partial u}{\partial r}\right)+\dfrac{1}{r^2\sin\theta}\dfrac{\partial}{\partial\theta}\left(\sin\theta\dfrac{\partial u}{\partial\theta}\right)+\dfrac{1}{r^2\sin^2\theta}\dfrac{\partial^2 u}{\partial\varphi^2}=0 \quad (r<R),\\ u\big|_{r=R}=f(\theta,\ \varphi)\end{cases}$$

的解为

$$u(r,\theta,\varphi)=\sum_{l=0}^{\infty}\sum_{m=0}^{l}r^l[a_l^m\mathrm{P}_l^m(\cos\theta)\cos m\varphi+b_l^m\mathrm{P}_l^m(\cos\theta)\sin m\varphi],$$

其中系数 a_l^m，b_l^m 为

$$a_l^m=\frac{2l+1}{2\pi\delta_m R^l}\frac{(l-m)!}{(l+m)!}\int_0^{2\pi}\int_0^{\pi}f(\theta,\varphi)\mathrm{P}_l^m(\cos\theta)\cos m\varphi\sin\theta\mathrm{d}\theta\mathrm{d}\varphi,$$

$$b_l^m=\frac{2l+1}{2\pi R^l}\frac{(l-m)!}{(l+m)!}\int_0^{2\pi}\int_0^{\pi}f(\theta,\varphi)\mathrm{P}_l^m(\cos\theta)\sin m\varphi\sin\theta\mathrm{d}\theta\mathrm{d}\varphi.$$

习题 5

1. 证明：(1) $x^3=\frac{3}{5}\mathrm{P}_1(x)+\frac{2}{5}\mathrm{P}_3(x)$；　(2) $x^4=\frac{1}{5}\mathrm{P}_0(x)+\frac{4}{7}\mathrm{P}_2(x)+\frac{8}{35}\mathrm{P}_4(x)$.

2. 证明：$\int_{-1}^{1}x^k\mathrm{P}_n(x)\mathrm{d}x\equiv 0\quad(k<n)$.

3. 计算积分 $I=\int_{-1}^{1}x\mathrm{P}_m(x)\mathrm{P}_n(x)\mathrm{d}x$.

4. 将函数 $f(x)=\begin{cases}0, & -1<x\leqslant 0,\\ x, & 0<x<1\end{cases}$ 展开为傅里叶-勒让德级数.

5. 将函数 $f(x)=\begin{cases}0, & -1<x<\alpha,\\ \frac{1}{2}, & x=\alpha,\\ 1, & \alpha<x<1\end{cases}$ 展开为傅里叶-勒让德级数.

6. 在半径为 R 的球内，求定解问题

$$\begin{cases}\Delta u=0 \quad (r<R),\\ u\big|_{r=R}=\cos^2\theta+\cos^3\theta\end{cases}$$

的解.

7. 在半径为 R 的球外，求定解问题

$$\begin{cases}\Delta u=0 \quad (r>R),\\ u_r\big|_{r=R}=\cos\theta,\ \lim\limits_{r\to\infty}u=0\end{cases}$$

的解.

8. 设有一半径为 R 的半球，球面温度为 u_0，半球底面保持温度为 0℃，求这个半球内的稳定的温度分布.

第 6 章

埃尔米特多项式

在这一章中，我们介绍数学物理方程中另一类重要的正交多项式——埃尔米特(Hermite)多项式.

6.1 埃尔米特多项式的定义

在本节中我们将按照常微分方程的级数解法给出埃尔米特多项式的具体表达式. n 阶埃尔米特方程为

$$y''(x)-2xy'(x)+2ny(x)=0, \tag{6.1.1}$$

其中 n 为给定的实数.

设埃尔米特方程(6.1.1)有一级数解

$$y=\sum_{k=0}^{\infty}c_kx^k, \tag{6.1.2}$$

代入方程(6.1.1)，得到系数之间的递推公式

$$c_{k+2}=\frac{2(k-n)}{(k+2)(k+1)}c_k \quad (k=0,\ 1,\ 2,\ \cdots). \tag{6.1.3}$$

在上面的递推公式中，令 $k=0,\ 2,\ 4,\ \cdots,\ 2m-2,\ \cdots$，可得

$$c_2=-\frac{2n}{2!}c_0,\ c_4=\frac{2^2n(n-2)}{4!}c_0,$$

$$c_6=-\frac{2^3n(n-2)(n-4)}{6!}c_0,\ \cdots,$$

$$c_{2m}=(-1)^m\frac{2^mn(n-2)(n-4)\cdots(n-2m+2)}{(2m)!}c_0,\ \cdots;$$

令 $k=1,\ 3,\ \cdots,\ 2m-1,\ \cdots$，可得

$$c_3 = -\frac{2(n-1)}{3!}c_1,\ c_5 = \frac{2^2(n-1)(n-3)}{5!}c_1,$$

$$c_7 = -\frac{2^3(n-1)(n-3)(n-5)}{7!}c_1,\ \cdots,$$

$$c_{2m+1} = (-1)^m \frac{2^m(n-1)(n-3)\cdots(n-2m+1)}{(2m+1)!}c_1,\ \cdots.$$

将上述系数的值代入级数(6.1.2)，可得

$$y(x) = c_1\left[x + \sum_{m=1}^{\infty}(-1)^m \frac{2^m(n-1)(n-3)\cdots(n-2m+1)}{(2m+1)!}x^{2m+1}\right] +$$

$$c_0\left[1 + \sum_{m=1}^{\infty}(-1)^m \frac{2^m n(n-2)\cdots(n-2m+2)}{(2m)!}x^{2m}\right]. \tag{6.1.4}$$

因为 c_0 和 c_1 的任意性，所以函数

$$y_1(x) = c_0\left[1 + \sum_{m=1}^{\infty}(-1)^m \frac{2^m n(n-2)\cdots(n-2m+2)}{(2m)!}x^{2m}\right], \tag{6.1.5}$$

$$y_2(x) = c_1\left[x + \sum_{m=1}^{\infty}(-1)^m \frac{2^m(n-1)(n-3)\cdots(n-2m+1)}{(2m+1)!}x^{2m+1}\right] \tag{6.1.6}$$

分别都是方程(6.1.1)的解，且是两个线性无关的解．级数(6.1.5)和级数(6.1.6)的收敛半径均为∞，所以方程(6.1.1)的通解为

$$y(x) = y_1(x) + y_2(x).$$

由式(6.1.5)和式(6.1.6)可知，当且仅当 n 是偶数(含零)时，$y_1(x)$为 n 次多项式，$y_2(x)$仍为级数；而当且仅当 n 是奇数时，$y_1(x)$为级数，$y_2(x)$为 n 次多项式．因此要求方程(6.1.1)的多项式解，参数 n 只能取非负整数．为此将式(6.1.3)改写为

$$c_k = -\frac{(k+2)(k+1)}{2(n-k)}c_{k+2}\ (k \leqslant n-2),$$

于是，当 $n-2m \geqslant 0$ 时，有

$$c_{n-2m} = (-1)^m \frac{n(n-1)(n-2)\cdots(n-2m+1)}{2^m \cdot 2 \cdot 4 \cdot \cdots \cdot (2m)}c_n$$

$$= (-1)^m \frac{n!}{2^{2m}m!\ (n-2m)!}c_n.$$

在应用上一般取 $c_n = 2^n$，于是一般项的系数为

$$c_{n-2m} = (-1)^m \frac{n!}{m!\ (n-2m)!}2^{n-2m}.$$

当 n 是正偶数时，将这些系数代入式(6.1.5)，可得

$$y_1(x) = \sum_{m=0}^{\frac{n}{2}}(-1)^m \frac{n!}{m!(n-2m)!}(2x)^{n-2m}.$$

当 n 是正奇数时，将这些系数代入式(6.1.6)，可得

$$y_2(x) = \sum_{m=0}^{\frac{n-1}{2}} (-1)^m \frac{n!}{m!(n-2m)!}(2x)^{n-2m}.$$

把上述所得到的两个多项式的表达式写成统一的形式，并记为 $\mathrm{H}_n(x)$：

$$\mathrm{H}_n(x) = \sum_{m=0}^{M} (-1)^m \frac{n!}{m!(n-2m)!}(2x)^{n-2m}, \tag{6.1.7}$$

其中当 n 为正偶数时 $M=\frac{n}{2}$；当 n 为正奇数时 $M=\frac{n-1}{2}$.

式(6.1.7)称为**埃尔米特多项式**. 它的前五个表达式为

$$\begin{aligned}
&\mathrm{H}_0(x)=1,\\
&\mathrm{H}_1(x)=2x,\\
&\mathrm{H}_2(x)=4x^2-2,\\
&\mathrm{H}_3(x)=8x^3-12x,\\
&\mathrm{H}_4(x)=16x^4-48x^2+12.
\end{aligned}$$

6.2 埃尔米特多项式的性质

为了对埃尔米特多项式有更进一步的了解，我们讨论它的一些重要性质.

6.2.1 母函数与递推公式

函数

$$\omega(x, t) = \mathrm{e}^{2xt-t^2} \tag{6.2.1}$$

称为**埃尔米特多项式的母函数**，这是因为如果将函数 $\omega(x, t)=\mathrm{e}^{2xt-t^2}$ 看做是复变量 t 的函数时，那么它的泰勒级数展开式的系数恰好是埃尔米特多项式. 事实上

$$\omega(x,t) = \mathrm{e}^{2xt-t^2} = \sum_{n=0}^{\infty} \frac{1}{n!}\left(\frac{\partial^n \omega}{\partial t^n}\right)_{t=0} t^n (\,|t|<\infty\,),$$

而

$$\left(\frac{\partial^n \omega}{\partial t^n}\right)_{t=0} = \mathrm{e}^{x^2}\left[\frac{\partial^n}{\partial t^n}\mathrm{e}^{-(x-t)^2}\right]_{t=0} = (-1)^n \mathrm{e}^{x^2}\left[\frac{\partial^n}{\partial u^n}\mathrm{e}^{-u^2}\right]_{u=x} = (-1)^n \mathrm{e}^{x^2}\frac{\mathrm{d}^n \mathrm{e}^{-x^2}}{\mathrm{d}x^n}.$$

应用数学归纳法和莱布尼兹公式可得 $\left(\frac{\partial^n \omega}{\partial t^n}\right)_{t=0} = \mathrm{H}_n(x)$. 从而

$$\omega(x,t) = \mathrm{e}^{2xt-t^2} = \sum_{n=0}^{\infty} \frac{1}{n!}\mathrm{H}_n(x) t^n (\,|t|<\infty\,), \tag{6.2.2}$$

其中

$$\mathrm{H}_n(x) = (-1)^n \mathrm{e}^{x^2}\frac{\mathrm{d}^n \mathrm{e}^{-x^2}}{\mathrm{d}x^n} \tag{6.2.3}$$

是埃尔米特多项式的微分表达式．

由等式

$$\frac{\partial \omega}{\partial t}-(2x-2t)\omega=0,\ \frac{\partial \omega}{\partial x}-2t\omega=0$$

以及式(6.2.2)可推出埃尔米特多项式的递推公式

$$\mathrm{H}_{n+1}(x)-2x\mathrm{H}_n(x)+2n\mathrm{H}_{n-1}(x)=0\ (n=1,\ 2,\ \cdots), \tag{6.2.4}$$

$$\mathrm{H}_n'(x)=2n\mathrm{H}_{n-1}(x). \tag{6.2.5}$$

利用式(6.2.4)和式(6.2.5)可得

$$\mathrm{H}_{n+1}(x)=2x\mathrm{H}_n(x)-\mathrm{H}_{n-1}'(x). \tag{6.2.6}$$

由式(6.2.2)容易得到

$$\mathrm{H}_{2n}(0)=(-1)^n\frac{(2n)!}{n!},\ \mathrm{H}_{2n+1}(0)=0.$$

利用埃尔米特多项式可定义埃尔米特函数．它的定义如下：

$$\mathrm{h}_n(x)=\mathrm{H}_n(x)\mathrm{e}^{-\frac{1}{2}x^2}\quad(n=1,\ 2,\ \cdots). \tag{6.2.7}$$

利用递推公式(6.2.5)和公式(6.2.6)可得

$$\left(-\frac{\mathrm{d}}{\mathrm{d}x}+x\right)\mathrm{h}_n(x)=\mathrm{h}_{n+1}(x), \tag{6.2.8}$$

$$\left(\frac{\mathrm{d}}{\mathrm{d}x}+x\right)\mathrm{h}_n(x)=2n\mathrm{h}_{n-1}(x). \tag{6.2.9}$$

在量子力学中 $A=-\frac{\mathrm{d}}{\mathrm{d}x}+x$ 和 $A^*=\frac{\mathrm{d}}{\mathrm{d}x}+x$ 分别称为生成算子(算符)和消失(或零化)算子(算符)．同时埃尔米特算子(算符) $\mathrm{H}=-\frac{\mathrm{d}^2}{\mathrm{d}x^2}+x^2$ 也可写成如下的形式

$$\mathrm{H}=\frac{1}{2}(AA^*+A^*A). \tag{6.2.10}$$

由式(6.2.8)、式(6.2.9)以及式(6.2.10)立刻得到

$$\mathrm{H}(\mathrm{h}_n)=(2n+1)\mathrm{h}_n. \tag{6.2.11}$$

这就说明埃尔米特函数是埃尔米特算子的特征函数．

6.2.2　埃尔米特多项式的正交性和模

可以验证埃尔米特函数 $\mathrm{h}_n(x)=\mathrm{H}_n(x)\mathrm{e}^{-\frac{1}{2}x^2}$满足方程

$$\mathrm{h}_n''(x)+(2n+1-x^2)\mathrm{h}_n(x)=0\quad(n=1,\ 2,\ \cdots). \tag{6.2.12}$$

埃尔米特多项式 $\mathrm{H}_n(x)$在区间$(-\infty,\ +\infty)$上关于权函数 e^{-x^2}是正交的，即

$$\int_{-\infty}^{+\infty}\mathrm{H}_m(x)\mathrm{H}_n(x)\mathrm{e}^{-x^2}\mathrm{d}x=0\quad(n\neq m). \tag{6.2.13}$$

事实上，由式(6.2.12)可知

$$h_n''(x)+(2n+1-x^2)h_n(x)=0,$$
$$h_m''(x)+(2m+1-x^2)h_m(x)=0.$$

将上述两式分别乘以 h_m 和 h_n 再相减，再沿区间$(-\infty, +\infty)$积分可得

$$(n-m)\int_{-\infty}^{+\infty} h_m(x)h_n(x)\,dx = 0,$$

由此可立即推出式(6.2.13).

另外，由式(6.2.13)可得到埃尔米特函数的正交性

$$\int_{-\infty}^{+\infty} h_m(x)h_n(x)\,dx = 0 \quad (n\neq m). \tag{6.2.14}$$

积分

$$\int_{-\infty}^{+\infty} H_n^2(x)e^{-x^2}\,dx \tag{6.2.15}$$

的平方根，称为 n 次埃尔米特多项式的**模**．下面求它的值，将式(6.2.4)中的 n 以 $n-1$代之，再乘以 $H_n(x)$可得

$$H_n^2(x)-2xH_{n-1}(x)H_n(x)+2(n-1)H_{n-2}(x)H_n(x)=0.$$

再将式(6.2.4)两端乘以 $H_{n-1}(x)$可得

$$H_{n+1}(x)H_{n-1}(x)-2xH_{n-1}(x)H_n(x)+2nH_{n-1}^2(x)=0.$$

将所得的上述两式相减可得

$$H_n^2(x)+2(n-1)H_{n-2}(x)H_n(x)-H_{n-1}(x)H_{n+1}(x)-2nH_{n-1}^2(x)=0 \quad (n=2,3,\cdots).$$

用 e^{-x^2} 乘此式，并沿区间$(-\infty, +\infty)$积分，再利用埃尔米特多项式的正交性，可得

$$\int_{-\infty}^{+\infty} H_n^2(x)e^{-x^2}\,dx = 2n\int_{-\infty}^{+\infty} H_{n-1}^2(x)e^{-x^2}\,dx \quad (n=2,3,\cdots).$$

继续利用这个式子，便得

$$\int_{-\infty}^{+\infty} H_n^2(x)e^{-x^2}\,dx = 2^{n-1}n!\int_{-\infty}^{+\infty} H_1^2(x)e^{-x^2}\,dx = 2^n n!\sqrt{\pi} \quad (n=2,3,\cdots), \tag{6.2.16}$$

这是因为

$$\int_{-\infty}^{+\infty} H_1^2(x)e^{-x^2}\,dx = 4\int_{-\infty}^{+\infty} x^2e^{-x^2}\,dx = 2\sqrt{\pi}.$$

当 $n=0$ 与 $n=1$ 时，式(6.2.16)同样成立．于是

$$\int_{-\infty}^{+\infty} H_n^2(x)e^{-x^2}\,dx = 2^n n!\sqrt{\pi} \quad (n=0,1,2,3,\cdots). \tag{6.2.17}$$

6.3 函数按照埃尔米特多项式展开

可以证明，如果函数 $f(x)$为定义在$(-\infty, +\infty)$上的任意实值函数，且满足：

(1) $f(x)$在任何有限区间$(-a, a)$内都是分段光滑的函数；

(2) 积分$\int_{-\infty}^{+\infty}|x|f^2(x)\mathrm{e}^{-x^2}\mathrm{d}x$具有有限值，

那么它必展成如下形式的级数

$$f(x) = \sum_{n=1}^{\infty} c_n \mathrm{H}_n(x) \quad (-\infty < x < +\infty), \tag{6.3.1}$$

并且在$f(x)$的连续点，级数(6.3.1)收敛于$f(x)$；在$f(x)$的间断点x_0点，级数收敛于

$$\frac{1}{2}[f(x_0+0)+f(x_0-0)],$$

其中c_n由下式确定

$$c_n = \frac{1}{2^n n!\sqrt{\pi}}\int_{-\infty}^{+\infty} f(x)\mathrm{H}_n(x)\mathrm{e}^{-x^2}\mathrm{d}x \quad (n = 0,1,2,\cdots). \tag{6.3.2}$$

类似于勒让德多项式，利用埃尔米特多项式的微分表达式可得到下面的结论.

任何一个n次多项式$Q_n(x)$都可以由不高于n阶的埃尔米特多项式线性表示出来，即

$$Q_n(x) = b_0\mathrm{H}_0(x) + b_1\mathrm{H}_1(x) + \cdots + b_n\mathrm{H}_n(x). \tag{6.3.3}$$

例题　试将函数$f(x)=x^3+x^2+2$按埃尔米特多项式展成级数.

解　因为函数$f(x)=x^3+x^2+2$为多项式，根据式(6.3.3)可得如下的展开式

$$f(x) = A\mathrm{H}_0(x) + B\mathrm{H}_1(x) + C\mathrm{H}_2(x) + D\mathrm{H}_3(x).$$

只需将$\mathrm{H}_n(x)(n=0, 1, 2, 3)$的表示式代入上式，比较$x$同次幂的系数，即可确定待定系数$A$，$B$，$C$，$D$. 即

$$x^3+x^2+2 = A + 2Bx + C(4x^2-2) + D(8x^3-12x),$$

由此可得

$$A=\frac{5}{2},\ B=\frac{3}{4},\ C=\frac{1}{4},\ D=\frac{1}{8}.$$

因此

$$x^3+x^2+2=\frac{5}{2}\mathrm{H}_0(x)+\frac{3}{4}\mathrm{H}_1(x)+\frac{1}{4}\mathrm{H}_2(x)+\frac{1}{8}\mathrm{H}_3(x).$$

习题 6

1. 证明：

(1) $x^2=\frac{1}{2}\mathrm{H}_0(x)+\frac{1}{4}\mathrm{H}_2(x)$；

(2) $x^3=\frac{3}{4}\mathrm{H}_1(x)+\frac{1}{8}\mathrm{H}_3(x)$.

2. 试将函数 $f(x)=x^4+x^2$ 按埃尔米特多项式展成级数.
3. 试用数学归纳法证明

$$H_n(x)=(-1)^n e^{x^2}\frac{d^n e^{-x^2}}{dx^n}.$$

第 7 章

行波法与积分变换法

本章我们介绍另外两个求解数学物理问题的方法，即行波法与积分变换法．它们是求解无界域或者半无界域内波动方程定解问题的重要方法．积分变换法不受方程类型的限制，对三类方程均可使用，我们将重点介绍无界区域定解问题的傅里叶变换法与拉普拉斯变换法，但是它们对某些有界区域的定解问题也是适用的．

7.1　一维波动方程的达朗贝尔解法(行波法)

7.1.1　一维波动方程的达朗贝尔公式

考虑无界弦的自由振动问题

$$\begin{cases}\dfrac{\partial^2 u}{\partial t^2}=a^2\dfrac{\partial^2 u}{\partial x^2} \quad (a>0,\ t>0,\ -\infty<x<+\infty),\\ u(x,\ 0)=\varphi(x),\\ u_t(x,\ 0)=\psi(x).\end{cases} \tag{7.1.1}$$

这里 $\varphi(x)$ 为大于零的常数，$\varphi(x)$ 及 $\psi(x)$ 为已知函数．因为定解问题不含有边界条件，所以若用分离变量法求解，立即发现无法得到前面几章所见到的分离形式的固有值，因而无法把定解问题的解表示成无穷级数的形式．实际上，对应于在有界区域内用分离变量法求解所得分离形式固有值的无穷级数，在无界区域内用分离变量法求解，所得的解是连续参数形式的参变量积分，这将导致后面要介绍的积分变换法．现在我们从另外一个角度出发，通过把方程化为标准形式可先求出泛定方程的通解，它就包含两个任意函数，然后利用初始条件去确定这两个任意函数，从而得到原定解问题的解．

因为泛定方程的特征方程为

$$dx^2 - a^2 dt^2 = 0, \tag{7.1.2}$$

故特征直线为 $x - at = c_1$，$x + at = c_2$，作下面的变量代换

$$\begin{cases} \xi = x - at, \\ \eta = x + at, \end{cases} \tag{7.1.3}$$

可将泛定方程化为

$$\frac{\partial^2 u}{\partial \xi \partial \eta} = 0,$$

或者

$$\frac{\partial}{\partial \eta}\left(\frac{\partial u}{\partial \xi}\right) = 0. \tag{7.1.4}$$

方程(7.1.4)说明$\frac{\partial u}{\partial \xi}$与 η 无关，两边对 η 积分可得

$$\frac{\partial u}{\partial \xi} = f(\xi). \tag{7.1.5}$$

再对 ξ 积分

$$u = \int f(\xi)\,d\xi + f_2(\eta) = f_1(\xi) + f_2(\eta) = f_1(x - at) + f_2(x + at),$$

即

$$u(x, t) = f_1(x - at) + f_2(x + at) \tag{7.1.6}$$

为定解问题(7.1.1)中泛定方程的解，其中 f_1 及 f_2 为两个具有二阶连续微商的任意函数．因为定解问题(7.1.1)中泛定方程的解 $u(x, t)$的表达式(7.1.6)中含有两个独立的任意函数，所以式(7.1.6)给出了定解问题(7.1.1)中泛定方程的通解．

为了确定任意函数 f_1 及 f_2 的具体形式，将式(7.1.6)代入初始条件可得

$$\varphi(x) = u(x, 0) = f_1(x) + f_2(x) \tag{7.1.7}$$

及

$$\psi(x) = u_t(x, 0) = -a(f_1'(x) - f_2'(x)). \tag{7.1.8}$$

将式(7.1.8)积分可得

$$f_1(x) - f_2(x) = \frac{1}{a}\int_0^x \psi(s)\,ds + c. \tag{7.1.9}$$

此处 c 为积分常数．由式(7.1.7)以及式(7.1.9)可解出$f_1(x)$及$f_2(x)$．最后我们可得

$$\begin{aligned} u(x,t) &= f_1(x - at) + f_2(x + at) \\ &= \frac{1}{2}(\varphi(x - at) + \varphi(x + at)) + \frac{1}{2a}\int_{x-at}^{x+at} \psi(s)\,ds. \end{aligned} \tag{7.1.10}$$

式(7.1.10)也称为无界弦自由振动的**达朗贝尔**(d' Alembert)**公式**．如果 $\varphi(x)$有二阶连续微商，$\psi(x)$有一阶连续微商，那么可验证式(7.1.10)给出了原定解问题

(7.1.1)的解.

7.1.2 解的物理意义

从式(7.1.6)可知，任何形如$f_1(x-at)$及$f_2(x+at)$的具有二阶连续微商的函数都是定解问题(7.1.1)中泛定方程的解．波动方程的任何一个解也称为一个波．因此函数

$$u_1=f_1(x-at)\text{及}u_2=f_2(x+at)$$

都是波．下面来研究这两个波具有哪些特点．如果弦按照规律

$$u_1=f_1(x-at) \tag{7.1.11}$$

振动，那么在时刻$t=0$时，它的形状将由曲线

$$u_1(x,\ 0)=f_1(x)$$

所确定(图7.1)．而在时刻$t=t_1$时，它的形状将是

$$u_1(x,\ t_1)=f_1(x-at_1).$$

弦的整个图像和$t=0$时的完全一样，只是朝着x轴的正方向移动了at_1的距离，如图7.1所示．图7.1表明，时刻$t=0$点x处的扰动状态，在时刻$t=t_1$时传到了点$x-at_1$处，其传播速度为a，它朝着x轴的正方向传播，所以解$u_1=f_1(x-at)$可以看做一个单向波，称为**右行波**．同样可知，解$u_2=f_2(x+at)$也是一个单向波，它以速度a朝着x轴的正方向传播，称为**左行波**．式(7.1.6)表明，一维波动方程的解是由速度同为a的两列反向行进的波组成，其中$u_1=f_1(x-at)$为右行波，$u_2=f_2(x+at)$为左行波，波形$f_1(\xi)$及$f_2(\eta)$则需由定解条件确定．上述求解方法又称为**行波法**．

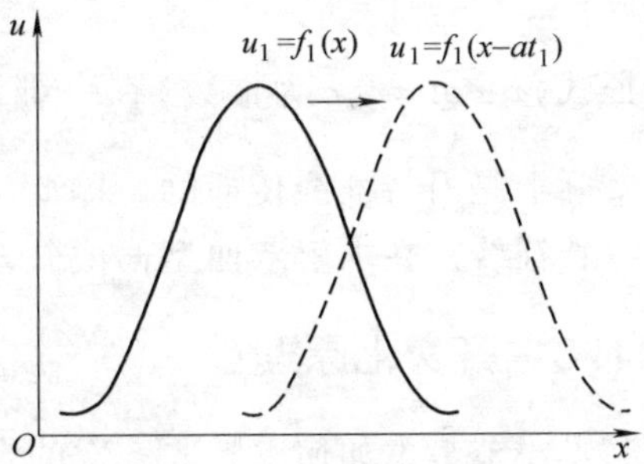

图7.1 一维右行波示意图

现在从xOt平面上来看达朗贝尔公式的意义．从该公式可以看出，解在点$(x,\ t)$的数值，仅依赖于区间$[x-at,\ x+at]$上的数值，而与x轴上其他点处的数值无关，因此我们把区间$[x-at,\ x+at]$称为点$(x,\ t)$的**依赖区间**．依赖区间可由下面的方法求得，过点$(x,\ t)$作两条斜率分别为$\pm\dfrac{1}{a}$的直线，与x轴相交于两点，分别为$x_1=x-at$及$x_2=x+at$，它们所决定的区间就是点$(x,\ t)$的依赖区间(图7.2a)．反之，如果过区间$[x_1,\ x_2]$的两个端点分别作两条直线$x=x_1\pm at$及$x=x_2\pm at$，如图7.2b、c所示．图7.2b表明，直线$x=x_1+at$及$x=x_2-at$决定了一个三角形区域，对于这个三角形中的任意一点$(x,\ t)$，其依赖区间均在$[x_1,\ x_2]$之内，因此称该三角形内部区域为区间$[x_1,\ x_2]$的**决定区域**；图7.2c表明，直线$x=x_1-at$

及 $x=x_2+at$ 与区间 $[x_1,\ x_2]$ 围成了一个凹形区域，在该区域以外的任何一点的解与区间 $[x_1,\ x_2]$ 上的数值无关，因此称这个凹形区域为区间 $[x_1,\ x_2]$ 的**影响区域**.

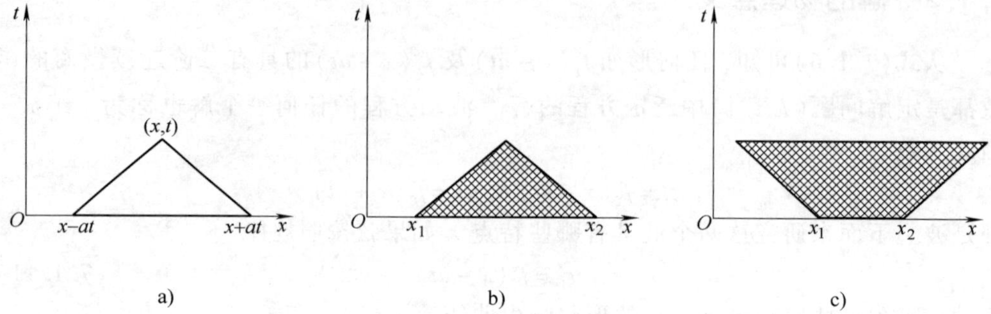

图 7.2　依赖区间、决定区域及影响区域

a) 点 $(x,\ t)$ 的依赖区间　b) 区间 $[x_1,\ x_2]$ 的决定区域　c) 区间 $[x_1,\ x_2]$ 的影响区域

从以上的讨论中我们可以看出，在 xOt 平面上斜率为 $\pm\dfrac{1}{a}$ 的两族直线(又称为特征线) $x\pm at=c$ (c 为常数) 在一维波动方程 $\dfrac{\partial^2 u}{\partial t^2}=a^2\dfrac{\partial^2 u}{\partial x^2}$ 的研究中起着重要作用．波实际上是沿特征线传播的．因此，行波法又称为**特征线法**．

特征线法在求解双曲型偏微分方程中有着重要的应用．

7.1.3　齐次化原理

本小节考虑如何求解非齐次的自由振动问题

$$\begin{cases}\dfrac{\partial^2 u}{\partial t^2}=a^2\dfrac{\partial^2 u}{\partial x^2}+f(x,\ t) \quad (a>0,\ t>0,\ -\infty<x<+\infty),\\ u(x,\ 0)=0,\\ u_t(x,\ 0)=0.\end{cases} \tag{7.1.12}$$

为此可利用下面的齐次化原理，其基本思想是把非齐次方程的求解问题转化为相应的齐次方程的情况来处理，从而可以直接利用前面有关齐次方程的结果来求解．

若 $\omega(x,\ t;\ \tau)$ 是定解问题

$$\begin{cases}\dfrac{\partial^2 \omega}{\partial t^2}=a^2\dfrac{\partial^2 \omega}{\partial x^2} \qquad (a>0,\ t>\tau),\\ \omega(x,\ \tau;\ \tau)=0,\quad \omega_t(x,\ \tau;\ \tau)=f(x,\ \tau)\end{cases} \tag{7.1.13}$$

的解(其中 τ 为参数)，则

$$u(x,t)=\int_0^t \omega(x,t;\tau)\,\mathrm{d}\tau \tag{7.1.14}$$

就是定解问题(7.1.12)的解．

令 $t'=t-\tau$, 并记

$$\overline{\omega}(x,\ t';\ \tau)=\omega(x,\ t'+\tau;\ \tau).$$

则定解问题(7.1.13)可化为以下的形式

$$\begin{cases}\dfrac{\partial^2\overline{\omega}}{\partial t^2}=a^2\dfrac{\partial^2\overline{\omega}}{\partial x^2} & (a>0,\ t'>0),\\ \overline{\omega}(x,\ 0;\ \tau)=0, & \overline{\omega}_t(x,\ 0;\ \tau)=f(x,\ \tau).\end{cases}\tag{7.1.15}$$

由达朗贝尔公式知其解为

$$\overline{\omega}(x,t';\tau)=\frac{1}{2a}\int_{x-at'}^{x+at'}f(\xi,\tau)\,\mathrm{d}\xi.$$

换回原变量，则得

$$\omega(x,t;\tau)=\frac{1}{2a}\int_{x-a(t-\tau)}^{x+a(t-\tau)}f(\xi,\tau)\,\mathrm{d}\xi.\tag{7.1.16}$$

再代入式(7.1.14)就得到定解问题式(7.1.12)的解为

$$u(x,t)=\frac{1}{2a}\int_0^t\int_{x-a(t-\tau)}^{x+a(t-\tau)}f(\xi,\tau)\,\mathrm{d}\xi\mathrm{d}\tau.\tag{7.1.17}$$

当 f 具有一阶连续导数时，可以验证由式(7.1.17)确定的 $u(x,\ t)$ 确实是定解问题(7.1.12)的解 .

进一步地，我们可考虑如何求解下面的定解问题

$$\begin{cases}\dfrac{\partial^2 u}{\partial t^2}=a^2\dfrac{\partial^2 u}{\partial x^2}+f(x,\ t) & (a>0,\ t>0,\ -\infty<x<+\infty),\\ u(x,\ 0)=\varphi(x),\\ u_t(x,\ 0)=\psi(x).\end{cases}\tag{7.1.18}$$

因为上述定解问题中的方程和定解条件都是线性的，所以叠加原理成立，即上述定解问题可分解为以下两个定解问题

$$\begin{cases}\dfrac{\partial^2 u}{\partial t^2}=a^2\dfrac{\partial^2 u}{\partial x^2},\\ u(x,\ 0)=\varphi(x),\ u_t(x,\ 0)=\psi(x)\end{cases}$$

和

$$\begin{cases}\dfrac{\partial^2 u}{\partial t^2}=a^2\dfrac{\partial^2 u}{\partial x^2}+f(x,\ t),\\ u(x,\ 0)=0,\ u_t(x,\ 0)=0.\end{cases}$$

并且这两个定解问题的解的和正好是定解问题(7.1.18)的解 . 所以由达朗贝尔公式和齐次化原理可得定解问题(7.1.18)的解为

$$u(x,t)=\frac{\varphi(x+at)+\varphi(x-at)}{2}+\frac{1}{2a}\int_{x-at}^{x+at}\psi(s)\,\mathrm{d}s+\frac{1}{2a}\int_0^t\int_{x-a(t-\tau)}^{x+a(t-\tau)}f(\xi,\tau)\,\mathrm{d}\xi\mathrm{d}\tau.\tag{7.1.19}$$

例题 求解下列定解问题

$$\begin{cases}\dfrac{\partial^2 u}{\partial t^2}=\dfrac{\partial^2 u}{\partial x^2}+2x \quad (-\infty<x<+\infty,\ t>0),\\ u(x,\ 0)=\cos x,\ u_t(x,\ 0)=2x.\end{cases}$$

解 由式(7.1.19)可得

$$\begin{aligned}u(x,t) &= \frac{\cos(x+t)+\cos(x-t)}{2}+\frac{1}{2}\int_{x-t}^{x+t}2s\mathrm{d}s+\\ &\quad \frac{1}{2}\int_0^t\int_{x-(t-\tau)}^{x+(t-\tau)}2\xi\mathrm{d}\xi\mathrm{d}\tau\\ &= \cos x\cos t+2xt+xt^2.\end{aligned}$$

7.2 一维定解问题的积分变换法

本节我们将通过几个例题来说明如何用积分变换法来解决数学物理方程的定解问题．积分变换法的优点在于把原方程通过积分变换化为较简单的带参变量的常微分方程，便于求解．一般情况，对于初值问题通常采用傅里叶变换法(针对空间变量)，而对于带有边界条件的定解问题，则采用拉普拉斯变换法(针对时间变量)．

例 1 求解含有热源的无限长杆的热传导问题

$$\begin{cases}\dfrac{\partial u}{\partial t}=a^2\dfrac{\partial^2 u}{\partial x^2}+q(x,\ t) \quad (a>0,\ t>0,\ -\infty<x<+\infty),\\ u(x,\ 0)=\phi(x).\end{cases} \tag{7.2.1}$$

解 此定解问题中的泛定方程是非齐次的，下面将考虑用傅里叶变换来解决无限长杆的相应问题．分别用 $\overline{u}(\omega,\ t)$，$\overline{q}(\omega,\ t)$ 及 $\overline{\phi}(\omega)$ 表示 $u(x,\ t)$，$q(x,\ t)$ 及 $\phi(x)$ 关于 x 的傅里叶变换．那么

$$\overline{u}(\omega,t)=\int_{-\infty}^{+\infty}u(x,t)\mathrm{e}^{-\mathrm{i}\omega x}\mathrm{d}x.$$

对于 $\overline{q}(\omega,\ t)$ 及 $\overline{\phi}(\omega)$ 也有类似的变换公式．

将方程以及定解条件的两边同时进行傅里叶变换，并运用变换的微分性质可得

$$\begin{cases}\dfrac{\partial\overline{u}(\omega,\ t)}{\partial t}=a^2(\mathrm{i}\omega)^2\overline{u}(\omega,\ t)+\overline{q}(\omega,\ t),\\ \overline{u}(\omega,\ 0)=\overline{\phi}(\omega).\end{cases} \tag{7.2.2}$$

这是带有参数 ω 的一阶线性常微分方程的初值问题，利用常数变易法可得

$$\overline{u}(\omega,t)=\overline{\phi}(\omega)\mathrm{e}^{-a^2\omega^2 t}+\int_0^t\overline{q}(\omega,\tau)\mathrm{e}^{-a^2\omega^2(t-\tau)}\mathrm{d}\tau. \tag{7.2.3}$$

利用傅里叶逆变换可得到原问题(7.2.1)的解．因为

$$\int_0^{+\infty} \mathrm{e}^{-ax^2}\cos bx\mathrm{d}x = \frac{1}{2}\sqrt{\frac{\pi}{a}}\mathrm{e}^{-\frac{b^2}{4a}},$$

所以

$$\begin{aligned} F^{-1}[\mathrm{e}^{-a^2\omega^2 t}] &= \frac{1}{2\pi}\int_{-\infty}^{+\infty} \mathrm{e}^{-a^2\omega^2 t}\mathrm{e}^{\mathrm{i}\omega x}\mathrm{d}\omega \\ &= \frac{1}{2\pi}\int_{-\infty}^{+\infty} \mathrm{e}^{-a^2\omega^2 t}\cos\omega x\mathrm{d}\omega = \frac{1}{2a\sqrt{\pi t}}\mathrm{e}^{-\frac{x^2}{4a^2 t}}. \end{aligned}$$

利用傅里叶积分变换的卷积性质(见附录 A)，有

$$F^{-1}[\overline{\phi}(\omega)\mathrm{e}^{-a^2\omega^2 t}] = \int_{-\infty}^{+\infty} \phi(\xi)\cdot\frac{1}{2a\sqrt{\pi t}}\mathrm{e}^{-\frac{(x-\xi)^2}{4a^2 t}}\mathrm{d}\xi,$$

及

$$F^{-1}[\overline{q}(\omega,\tau)\mathrm{e}^{-a^2\omega^2(t-\tau)}] = \int_{-\infty}^{+\infty} q(\xi,\tau)\cdot\frac{1}{2a\sqrt{\pi(t-\tau)}}\mathrm{e}^{-\frac{(x-\xi)^2}{4a^2(t-\tau)}}\mathrm{d}\xi.$$

则原定解问题的解

$$\begin{aligned} u(x,t) &= F^{-1}[\overline{u}(\omega,t)] = F^{-1}[\overline{\phi}(\omega)\mathrm{e}^{-a^2\omega^2 t}] + \\ &\quad \int_0^t F^{-1}[\overline{q}(\omega,\tau)\mathrm{e}^{-a^2\omega^2(t-\tau)}]\mathrm{d}\tau \\ &= \frac{1}{2a\sqrt{\pi t}}\int_{-\infty}^{+\infty}\phi(\xi)\mathrm{e}^{-\frac{(x-\xi)^2}{4a^2 t}}\mathrm{d}\xi + \frac{1}{2a\sqrt{\pi}} \\ &\quad \int_0^t \frac{1}{\sqrt{t-\tau}}\mathrm{d}\tau\int_{-\infty}^{+\infty} q(\xi,\tau)\mathrm{e}^{-\frac{(x-\xi)^2}{4a^2(t-\tau)}}\mathrm{d}\xi. \end{aligned} \tag{7.2.4}$$

由上例可见，利用傅里叶变换求解定解问题时，先作正变换，解出象函数，再作逆变换．步骤比较清晰，且有许多现成的公式可用，因此该方法是求解无界区域上线性定解问题的常用方法．

例 2 用傅里叶变换法求解无界弦的自由振动问题

$$\begin{cases} \dfrac{\partial^2 u}{\partial t^2} = a^2\dfrac{\partial^2 u}{\partial x^2} \quad (a>0,\ t>0,\ -\infty<x<+\infty), \\ u(x,\ 0) = \varphi(x) \\ u_t(x,\ 0) = \psi(x). \end{cases} \tag{7.2.5}$$

解 记 $\overline{u}(\omega,\ t) = F[u(x,\ t)]$．因为 $F\left[\dfrac{\partial^2 u(x,\ t)}{\partial x^2}\right] = (\mathrm{i}\omega)^2\overline{u}(\omega,\ t)$，所以

$$\begin{cases} \dfrac{\partial^2 \overline{u}}{\partial t^2} = -a^2\omega^2\overline{u}, \\ \overline{u}(\omega,\ 0) = \overline{\varphi}(\omega),\ \dfrac{\partial\overline{u}(\omega,\ 0)}{\partial t} = \overline{\psi}(\omega). \end{cases}$$

解此定解问题可得

$$\bar{u}(x,\ t)=\bar{\varphi}(\omega)\cos a\omega t+\frac{1}{a\omega}\bar{\psi}(\omega)\sin a\omega t.$$

根据欧拉公式 $\cos a\omega t=\dfrac{e^{ia\omega t}+e^{-ia\omega t}}{2}$，$\sin a\omega t=\dfrac{e^{ia\omega t}-e^{-ia\omega t}}{2i}$，可得

$$\bar{u}(x,\ t)=\frac{1}{2}\bar{\varphi}(\omega)e^{ia\omega t}+\frac{1}{2}\bar{\varphi}(\omega)e^{-ia\omega t}+\frac{1}{2ia\omega}\bar{\psi}(\omega)e^{ia\omega t}-\frac{1}{2ia\omega}\bar{\psi}(\omega)e^{-ia\omega t}.$$

作傅里叶逆变换，可得

$$\begin{aligned}
u(x,t) &= F^{-1}[\bar{u}(\omega,t)] = \frac{1}{2\pi}\int_{-\infty}^{+\infty}\bar{u}(\omega,t)e^{i\omega x}d\omega \\
&= \frac{1}{2\pi}\int_{-\infty}^{+\infty}\frac{1}{2}\bar{\varphi}(\omega)e^{i(x+at)\omega}d\omega+\frac{1}{2\pi}\int_{-\infty}^{+\infty}\frac{1}{2}\bar{\varphi}(\omega)e^{i(x-at)\omega}d\omega+ \\
&\quad \frac{1}{2\pi}\int_{-\infty}^{+\infty}\frac{1}{2ia\omega}\bar{\psi}e^{i(x+at)\omega}d\omega-\frac{1}{2\pi}\int_{-\infty}^{+\infty}\frac{1}{2ia\omega}\bar{\psi}(\omega)e^{i(x-at)\omega}d\omega \\
&= \frac{1}{2}[\varphi(x+at)+\varphi(x-at)]+\frac{1}{2a}\frac{1}{2\pi}\int_{-\infty}^{+\infty}\bar{\psi}(\omega)\frac{1}{i\omega}[e^{i(x+at)\omega}-e^{i(x-at)\omega}]d\omega \\
&= \frac{1}{2}[\varphi(x+at)+\varphi(x-at)]+\frac{1}{2a}\frac{1}{2\pi}\int_{-\infty}^{+\infty}\bar{\psi}(\omega)\left(\int_{x-at}^{x+at}e^{is\omega}ds\right)d\omega \\
&= \frac{1}{2}[\varphi(x+at)+\varphi(x-at)]+\frac{1}{2a}\int_{x-at}^{x+at}\left(\frac{1}{2\pi}\int_{-\infty}^{+\infty}\bar{\psi}(\omega)e^{is\omega}d\omega\right)ds \\
&= \frac{1}{2}[\varphi(x+at)+\varphi(x-at)]+\frac{1}{2a}\int_{x-at}^{x+at}\psi(s)ds.
\end{aligned}$$

注意到定解问题(7.2.5)的解恰好是达朗贝尔公式.

例 3 求解下列定解问题

$$\begin{cases}\dfrac{\partial^2 u}{\partial x^2}+\dfrac{\partial^2 u}{\partial y^2}=0 \quad (-\infty<x<+\infty,\ 0<y<+\infty), \\ u(x,\ 0)=f(x).\end{cases} \tag{7.2.6}$$

解 记 $\bar{u}(\omega,\ y)=F[u(x,\ y)]$. 因为 $F\left[\dfrac{\partial^2 u(x,\ y)}{\partial x^2}\right]=(i\omega)^2\bar{u}(\omega,\ y)$，所以

$$\begin{cases}-\omega^2\bar{u}(\omega,\ y)+\dfrac{\partial^2\bar{u}(\omega,\ y)}{\partial y^2}=0, \\ \bar{u}(\omega,\ 0)=\bar{f}(\omega).\end{cases} \tag{7.2.7}$$

解方程问题(7.2.7)可得

$$\bar{u}(\omega,\ y)=c_1e^{-|\omega|y}+c_2e^{|\omega|y}.$$

因为 $y\to\infty$ 时，$\bar{u}(\omega,\ y)$ 有限. 则根据定解问题(7.2.6)的初值条件可得

$$\bar{u}(\omega,\ y)=\bar{f}(\omega)e^{-|\omega|y}.$$

作傅里叶逆变换，可得

$$
\begin{aligned}
u(x,y) &= F^{-1}[\overline{u}(\omega,y)] = \frac{1}{2\pi}\int_{-\infty}^{+\infty}\overline{u}(\omega,y)\mathrm{e}^{\mathrm{i}\omega x}\mathrm{d}\omega \\
&= f(x)\cdot F^{-1}[\mathrm{e}^{-|\omega|y}] = \frac{1}{\pi}f(x)\cdot\frac{y}{x^2+y^2} \\
&= \frac{1}{\pi}\int_{-\infty}^{+\infty}f(\xi)\frac{y}{(x-\xi)^2+y^2}\mathrm{d}\xi.
\end{aligned}
$$

例 4　设有一条半无限长各向同性的均匀导热杆，杆与周围介质绝热，杆内没有热源，它的有界的一端($x=0$)温度的变化情况为已知，并假设在初始时刻 $t=0$ 时杆上温度为 0，现在研究杆上温度分布随时间变化的规律．

解　上述问题的定解问题为

$$
\begin{cases}
\dfrac{\partial u}{\partial t}=a^2\dfrac{\partial^2 u}{\partial x^2} & (a>0,\ t>0,\ 0<x<\infty), \\
u(x,\ 0)=0, \\
u(0,\ t)=\psi(t).
\end{cases} \tag{7.2.8}
$$

利用拉普拉斯变换法来求解上面的定解问题．分别用 $\hat{u}(x,\ s)$ 及 $\hat{\psi}(s)$ 表示函数 $u(x,\ t)$ 及 $\psi(t)$ 的拉普拉斯变换：

$$
\hat{u}(x,s)=\int_{-\infty}^{+\infty}u(x,t)\mathrm{e}^{-st}\mathrm{d}t, \tag{7.2.9}
$$

对于 $\hat{\psi}(s)$ 也有类似的公式．将式(7.2.8)中方程的两边同时进行拉普拉斯变换，并运用变换的微分性质可得

$$
\frac{\partial^2\hat{u}(x,s)}{\partial x^2}-\frac{s}{a^2}\hat{u}(x,s)=0, \tag{7.2.10}
$$

而式(7.2.8)中边界条件的拉普拉斯变换为

$$
\hat{u}(0,\ s)=\hat{\psi}(s). \tag{7.2.11}
$$

式(7.2.10)实际上是一个关于变量 x 的二阶线性常系数微分方程，其通解为

$$
\hat{u}(x,\ s)=c_1(s)\mathrm{e}^{\frac{\sqrt{s}}{a}x}+c_2(s)\mathrm{e}^{-\frac{\sqrt{s}}{a}x}. \tag{7.2.12}
$$

考虑到当 $x\to+\infty$ 时，$\hat{u}(x,\ s)$ 应为有限的，因此 $c_1(s)$ 必须为零，则式(7.2.12)可改写为

$$
\hat{u}(x,\ s)=c_2(s)\mathrm{e}^{-\frac{\sqrt{s}}{a}x}.
$$

再由条件(7.2.11)并在上式中取 $x=0$ 可得

$$
c_2(s)=\hat{\psi}(s).
$$

从而得到

$$
\hat{u}(x,\ s)=\hat{\psi}(s)\mathrm{e}^{-\frac{\sqrt{s}}{a}x}. \tag{7.2.13}
$$

要求得 $u(x,\ t)$ 的表达式，只需利用拉普斯变换的卷积性质，对 $\hat{u}(x,\ s)$ 施行逆变换即可．为此，需要知道函数 $e^{-\frac{\sqrt{s}}{a}x}$ 的拉普拉斯逆变换，经查表(见附录 E)可得函数

$$\frac{1}{s}e^{-\frac{\sqrt{s}}{a}x}$$

的拉普拉斯逆变换为

$$\operatorname{erfc}\left(\frac{x}{2a\sqrt{t}}\right),$$

其中

$$\operatorname{erfc}\left(\frac{x}{2a\sqrt{t}}\right)=\frac{2}{\sqrt{\pi}}\int_{\frac{x}{2a\sqrt{t}}}^{+\infty}e^{-v^2}dv$$

称为**余误差函数**，由拉普拉斯变换的微分性质可得

$$\begin{aligned}L^{-1}[e^{-\frac{\sqrt{s}}{a}x}]&=L^{-1}\left[s\cdot\frac{1}{s}e^{-\frac{\sqrt{s}}{a}x}\right]=\frac{\partial}{\partial t}\left[\operatorname{erfc}\left(\frac{x}{2a\sqrt{t}}\right)\right]\\&=\frac{\partial}{\partial t}\left[\frac{2}{\sqrt{\pi}}\int_{\frac{x}{2a\sqrt{t}}}^{+\infty}e^{-v^2}dv\right]=\frac{x}{2a\sqrt{\pi}t^{\frac{3}{2}}}e^{-\frac{x^2}{4a^2t}}.\end{aligned}$$

最后，由拉普拉斯变换的卷积性质可得原问题的解为

$$\begin{aligned}u(x,t)&=L^{-1}[\hat{\psi}(s)\cdot e^{-\frac{\sqrt{s}}{a}x}]=\psi(t)\cdot\frac{x}{2a\sqrt{\pi}t^{\frac{3}{2}}}e^{-\frac{x^2}{4a^2t}}\\&=\int_0^t\psi(\tau)\frac{x}{2a\sqrt{\pi}(t-\tau)^{\frac{3}{2}}}e^{-\frac{x^2}{4a^2(t-\tau)}}d\tau\\&=\frac{x}{2a\sqrt{\pi}}\int_0^t\psi(\tau)\frac{1}{(t-\tau)^{\frac{3}{2}}}e^{-\frac{x^2}{4a^2(t-\tau)}}d\tau.\end{aligned}$$

作变量代换 $s=\dfrac{x}{2a(t-\tau)^{\frac{1}{2}}}$，可将本问题的解改写为

$$u(x,t)=\frac{2}{\sqrt{\pi}}\int_{\frac{x}{2a\sqrt{t}}}^{+\infty}\psi\left(t-\frac{x^2}{4a^2s^2}\right)e^{-s^2}ds.\tag{7.2.14}$$

例 5 求解一维波动方程的定解问题

$$\begin{cases}\dfrac{\partial^2u}{\partial t^2}=a^2\dfrac{\partial^2u}{\partial x^2}\quad(a>0,\ t>0,\ 0<x<+\infty),\\u(0,\ t)=\phi(t),\\u(x,\ 0)=0,\ u_t(x,\ 0)=0.\end{cases}\tag{7.2.15}$$

解 用拉普拉斯变换法来求解上面的定解问题，分别以 $\hat{u}(x,\ s)$ 及 $\hat{\phi}(s)$ 表示函数 $u(x,\ t)$ 及 $\phi(t)$ 的拉普拉斯变换，将式(7.2.15)中的泛定方程的两边同时进行拉普拉斯变换，并运用拉普拉斯变换的微分性质可得(注意到原问题中的初始条件是齐次的)

$$\frac{\partial^2 \hat{u}(x, s)}{\partial x^2} - \frac{s^2}{a^2}\hat{u}(x, s) = 0, \tag{7.2.16}$$

而式(7.2.15)中边界条件的拉普拉斯变换为

$$\hat{u}(0, s) = \hat{\phi}(s). \tag{7.2.17}$$

考虑到当 $x \to +\infty$ 时, $\hat{u}(x, s)$应为有界的, 因此可得其解为

$$\hat{u}(x, s) = \hat{\phi}(s)\mathrm{e}^{-\frac{sx}{a}}. \tag{7.2.18}$$

要求得 $u(x, t)$的表达式, 只需对 $\hat{u}(x, s)$施行逆变换即可, 由拉普拉斯变换的延迟性质, 有

$$u(x, t) = L^{-1}[\hat{\phi}(s) \cdot \mathrm{e}^{-\frac{sx}{a}}] = \phi\left(t - \frac{x}{a}\right)h\left(t - \frac{x}{a}\right), \tag{7.2.19}$$

这里的 $h(x)$为单位阶跃函数(或称海维赛德(Heaviside)函数)

$$h(x) = \begin{cases} 0, & x < 0, \\ 1, & x > 0. \end{cases} \tag{7.2.20}$$

最后可得原定解问题的解

$$u(x, t) = \begin{cases} 0, & t < \dfrac{x}{a}, \\ \phi\left(t - \dfrac{x}{a}\right), & t \geqslant \dfrac{x}{a}. \end{cases} \tag{7.2.21}$$

从式(7.2.21)中可看出, 在弦的边界 $x = 0$ 处所加的扰动 $\phi(t)$以不变的速度 a 向右传播, 正如我们在前面所介绍的, 这是一个右行波.

7.3　三维定解问题的积分变换法

前面我们利用积分变换法所求解的数学物理方程都是一维的, 对于空间变量是高维的数学物理方程该方法同样适用. 在本节中我们将介绍如何用积分变换法来研究一些高维的初值问题.

7.3.1　三维波动方程的泊松公式

在本小节中我们将利用傅里叶变换法来研究三维波动方程的定解问题的求解. 考虑下面的定解问题

$$\begin{cases} \dfrac{\partial^2 u}{\partial t^2} = a^2\left(\dfrac{\partial^2 u}{\partial x^2} + \dfrac{\partial^2 u}{\partial y^2} + \dfrac{\partial^2 u}{\partial z^2}\right) \quad (a > 0,\ t > 0,\ -\infty < x, y, z < +\infty), \\ u(x, y, z; 0) = \phi_0(x, y, z), \\ u_t(x, y, z; 0) = \phi_1(x, y, z). \end{cases} \tag{7.3.1}$$

解 假设 $\bar{u}(\lambda, \mu, \nu; t)$，$\bar{\phi}_0(\lambda, \mu, \nu)$ 和 $\bar{\phi}_1(\lambda, \mu, \nu)$ 分别为未知函数 $u(x, y, z; t)$，$\phi_0(x, y, z)$ 及 $\phi_1(x, y, z)$ 关于空间变量 x, y, z 的傅里叶变换，其中

$$\bar{u}(\lambda,\mu,\nu;t) = \iiint_{-\infty}^{+\infty} e^{-i(\lambda\xi+\mu\eta+\nu\xi)} u(\xi,\eta,\zeta;t)\,d\xi d\eta d\zeta. \tag{7.3.2}$$

对于 $\bar{\phi}_0(\lambda, \mu, \nu)$ 及 $\bar{\phi}_1(\lambda, \mu, \nu)$ 也有类似的变换公式．并假定当 $\xi^2+\eta^2+\zeta^2\to\infty$ 时，u，u_ξ，u_η 及 $u_\zeta\to 0$，根据傅里叶积分变换的微分性质，对定解问题(7.3.1)的方程和定解条件作了傅里叶变换后可得

$$\begin{cases} \dfrac{\partial^2 \bar{u}}{\partial t^2} = -a^2(\lambda^2+\mu^2+\nu^2)\bar{u} \quad (a>0,\ t>0,\ -\infty<\lambda,\ \mu,\ \nu<+\infty), \\ \bar{u}(\lambda, \mu, \nu; 0) = \bar{\phi}_0(\lambda, \mu, \nu), \\ \bar{u}_t(\lambda, \mu, \nu; 0) = \bar{\phi}_1(\lambda, \mu, \nu). \end{cases} \tag{7.3.3}$$

式(7.3.3)是带有参数 λ，μ，ν 且关于自变量 t 的常微分方程的初值问题．令

$$\rho^2 = \lambda^2+\mu^2+\nu^2.$$

式(7.3.3)中齐次方程的通解为

$$\bar{u}(\lambda, \mu, \nu; t) = A(\lambda, \mu, \nu)\sin a\rho t + B(\lambda, \mu, \nu)\cos a\rho t. \tag{7.3.4}$$

由初始条件可得到式(7.3.4)中的"系数"$A(\lambda, \mu, \nu)$ 及 $B(\lambda, \mu, \nu)$ 为

$$A(\lambda, \mu, \nu) = \frac{\bar{\phi}_1(\lambda, \mu, \nu)}{a\rho},\quad B(\lambda, \mu, \nu) = \bar{\phi}_0(\lambda, \mu, \nu). \tag{7.3.5}$$

故定解问题(7.3.3)的解为

$$\bar{u}(\lambda, \mu, \nu; t) = \bar{\phi}_1(\lambda, \mu, \nu)\frac{\sin a\rho t}{a\rho} + \bar{\phi}_0(\lambda, \mu, \nu)\cos a\rho t. \tag{7.3.6}$$

下面只需对式(7.3.6)施加傅里叶逆变换就可求得原问题(7.3.1)的解，即

$$u(x,y,z;t) = \frac{1}{(2\pi)^3}\iiint_{-\infty}^{+\infty} e^{i(\lambda x+\mu y+\nu z)}\bar{u}(\lambda,\mu,\nu;t)\,d\lambda d\mu d\nu, \tag{7.3.7}$$

或

$$\begin{aligned} u(x,y,z;t) &= \frac{1}{(2\pi)^3}\iiint_{-\infty}^{+\infty} \bar{\phi}_0(\lambda,\mu,\nu)\cos a\rho t\, e^{i(\lambda x+\mu y+\nu z)}\,d\lambda d\mu d\nu + \\ &\quad \frac{1}{(2\pi)^3}\iiint_{-\infty}^{+\infty} \frac{\bar{\phi}_1(\lambda,\mu,\nu)\sin a\rho t}{a\rho} e^{i(\lambda x+\mu y+\nu z)}\,d\lambda d\mu d\nu \\ &= I_1[\bar{\phi}_0] + I_2[\bar{\phi}_1]. \end{aligned} \tag{7.3.8}$$

因为

$$I_1[\bar{\phi}_0] = \frac{\partial}{\partial t}\left[\frac{1}{(2\pi)^3}\iiint_{-\infty}^{+\infty} \frac{\bar{\phi}_0(\lambda,\mu,\nu)\sin a\rho t}{a\rho} e^{i(\lambda x+\mu y+\nu z)}\,d\lambda d\mu d\nu\right] = \frac{\partial}{\partial t}(I_2[\bar{\phi}_0]), \tag{7.3.9}$$

所以只需求出 I_2 即可. 将 $\phi_1(\xi, \eta, \zeta)$ 的傅里叶变换

$$\overline{\phi}_1(\lambda,\mu,\nu) = \iiint_{-\infty}^{+\infty} \mathrm{e}^{-\mathrm{i}(\lambda\xi+\mu\eta+\nu\zeta)}\phi_1(\xi,\eta,\zeta)\,\mathrm{d}\xi\mathrm{d}\eta\mathrm{d}\zeta \tag{7.3.10}$$

代入到式(7.3.8)的 I_2 的表达式中，然后交换积分次序而得到

$$I_2[\overline{\phi}_1] = \frac{1}{(2\pi)^3}\iiint_{-\infty}^{+\infty}\phi_1(\xi,\eta,\zeta)\,\mathrm{d}\xi\mathrm{d}\eta\mathrm{d}\zeta$$
$$\left\{\iiint_{-\infty}^{+\infty}\mathrm{e}^{-\mathrm{i}[\lambda(\xi-x)+\mu(\eta-y)+\nu(\zeta-z)]}\ \frac{\sin a\rho t}{a\rho}\mathrm{d}\lambda\,\mathrm{d}\mu\mathrm{d}\nu\right\}. \tag{7.3.11}$$

下面来计算式(7.3.11)中大括号里的三重积分

$$J = \iiint_{-\infty}^{+\infty}\mathrm{e}^{-\mathrm{i}[\lambda(\xi-x)+\mu(\eta-y)+\nu(\zeta-z)]}\ \frac{\sin a\rho t}{a\rho}\mathrm{d}\lambda\,\mathrm{d}\mu\mathrm{d}\nu. \tag{7.3.12}$$

为此，在(λ, μ, ν)空间中取一定点 $M_0(\xi-x, \eta-y, \zeta-z)$ 和一动点 $M(\lambda, \mu, \nu)$，并用 $\boldsymbol{r}$ 和 $\boldsymbol{\rho}$ 分别表示自原点指向这两点的向径，以及用 θ 表示这两个向量之间的夹角，则

$$\boldsymbol{r}\cdot\boldsymbol{\rho} = r\rho\cos\theta = \lambda(\xi-x)+\mu(\eta-y)+\nu(\zeta-z). \tag{7.3.13}$$

因为向量的点积与坐标系的选择是无关的，为了便于计算，我们可取 ν 轴通过向量 $\boldsymbol{r}$，并在(λ, μ, ν)空间中引入球坐标系：

$$\lambda=\rho\sin\theta\cos\varphi,\ \mu=\rho\sin\theta\sin\varphi,\ \nu=\rho\cos\theta. \tag{7.3.14}$$

如图 7.3 所示，体积元素为

$$\mathrm{d}\Omega = \mathrm{d}\lambda\,\mathrm{d}\mu\mathrm{d}\nu = \rho^2\sin\theta\mathrm{d}\rho\mathrm{d}\theta\mathrm{d}\varphi.$$

这样

$$\begin{aligned}
J &= \int_0^{+\infty}\mathrm{d}\rho\int_0^{\pi}\mathrm{d}\theta\int_0^{2\pi}\mathrm{e}^{-\mathrm{i}r\cdot\rho}\ \frac{\rho}{a}\sin a\rho t\sin\theta\mathrm{d}\varphi \\
&= \frac{2\pi}{a}\int_0^{+\infty}\rho\sin a\rho t\mathrm{d}\rho\int_0^{\pi}\mathrm{e}^{-\mathrm{i}r\rho\cos\theta}\sin\theta\mathrm{d}\theta \\
&= \frac{2\pi}{-\mathrm{i}ar}\int_0^{+\infty}\sin a\rho t(\mathrm{e}^{-\mathrm{i}r\rho}-\mathrm{e}^{\mathrm{i}r\rho})\mathrm{d}\rho \\
&= \frac{4\pi}{ar}\int_0^{+\infty}\sin a\rho t\sin r\rho\mathrm{d}\rho \\
&= \frac{2\pi}{ar}\int_0^{+\infty}[\cos\rho(r-at)-\cos\rho(r+at)]\mathrm{d}\rho.
\end{aligned}$$

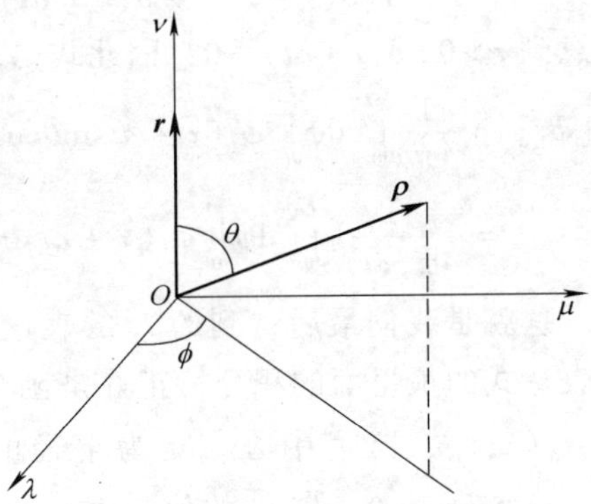

图 7.3　(λ, μ, ν)空间中的球坐标系

而

$$\int_0^{+\infty}\cos\rho(r-at)\mathrm{d}\rho = \frac{1}{2}\int_{-\infty}^{+\infty}\mathrm{e}^{\mathrm{i}\rho(r-at)}\mathrm{d}\rho = \pi\left[\frac{1}{2\pi}\int_{-\infty}^{+\infty}1\cdot\mathrm{e}^{\mathrm{i}\rho(r-at)}\mathrm{d}\rho\right].$$

上式方括号中的式子正是表示单位函数 1 的傅里叶逆变换，它恰好为 δ 函数．因此

$$\int_0^{+\infty}\cos\rho(r-at)\mathrm{d}\rho=\pi\delta(r-at),\tag{7.3.15}$$

同理可得

$$\int_0^{+\infty}\cos\rho(r+at)\mathrm{d}\rho=\pi\delta(r+at).\tag{7.3.16}$$

因此

$$J=\frac{2\pi^2}{ar}[\delta(r-at)-\delta(r+at)].\tag{7.3.17}$$

将式(7.3.17)代入到 $I_2[\overline{\phi}_1]$ 的表达式(7.3.11)中，得到

$$I_2[\overline{\phi}_1]=\frac{1}{4\pi a}\iiint_{-\infty}^{+\infty}\frac{\phi_1(\xi,\eta,\zeta)}{r}[\delta(r-at)-\delta(r+at)]\mathrm{d}\xi\mathrm{d}\eta\mathrm{d}\zeta.$$

进一步地，在$(\xi,\ \eta,\ \zeta)$空间中以定点 $N_0(x,\ y,\ z)$为中心，采用球坐标系

$$\begin{cases}\xi=x+r\sin\theta\cos\phi,\\ \eta=y+r\sin\theta\sin\phi,\\ \zeta=z+r\cos\theta.\end{cases}\tag{7.3.18}$$

如图 7.4 所示，体积元素为

$$\mathrm{d}\Omega_1=\mathrm{d}\xi\mathrm{d}\eta\mathrm{d}\zeta=r^2\sin\theta\mathrm{d}r\mathrm{d}\theta\mathrm{d}\phi.$$

则

$$I_2[\overline{\phi}_1]=\frac{1}{4\pi a}\int_0^{2\pi}\mathrm{d}\phi\int_0^{\pi}\mathrm{d}\theta\int_0^{+\infty}\phi_1(x+r\sin\theta\cos\phi,y+r\sin\theta\sin\phi,z+r\cos\theta)$$
$$r[\delta(r-at)-\delta(r+at)]\sin\theta\mathrm{d}r.\tag{7.3.19}$$

注意到 $r>0$，$\delta(r+at)\equiv0$，因此式(7.3.19)为

$$\begin{aligned}I_2[\overline{\phi}_1]&=\frac{1}{4\pi a}\int_0^{2\pi}\mathrm{d}\phi\int_0^{\pi}\phi_1(x+at\sin\theta\cos\phi,y+at\sin\theta\sin\phi,z+at\cos\theta)at\sin\theta\mathrm{d}\theta\\&=\frac{1}{4\pi(at)^2}\int_0^{2\pi}\mathrm{d}\phi\int_0^{\pi}\phi_1(x+at\sin\theta\cos\phi,y+at\sin\theta\sin\phi,z+at\cos\theta)(at)^2\sin\theta\mathrm{d}\theta.\end{aligned}$$

这就是我们最后得到的 I_2 的表达式．在 I_2 的表达式的最里面的积分，正好是函数 ϕ_1 在以点 $N_0(x,\ y,\ z)$为中心、at 为半径的球面 $S_{at}^{N_0}$ 上，点 $M(at,\ \theta,\ \phi)$处的值，而$(at)^2\sin\theta\mathrm{d}\theta\mathrm{d}\phi$ 是球面 $S_{at}^{N_0}$的面积元素 $\mathrm{d}S$，$4\pi(at)^2$则是这个球的面积．用 $\omega=(\sin\theta\cos\phi,\ \sin\theta\sin\phi,\ \cos\theta)$表示球面 $S_{at}^{N_0}$的单位外法向，则球面 $S_{at}^{N_0}$上的点可简单地写作 $N_0+at\omega$. 同时 ω 也被看成是单位球面上的点．所以球面上的元素也可写作

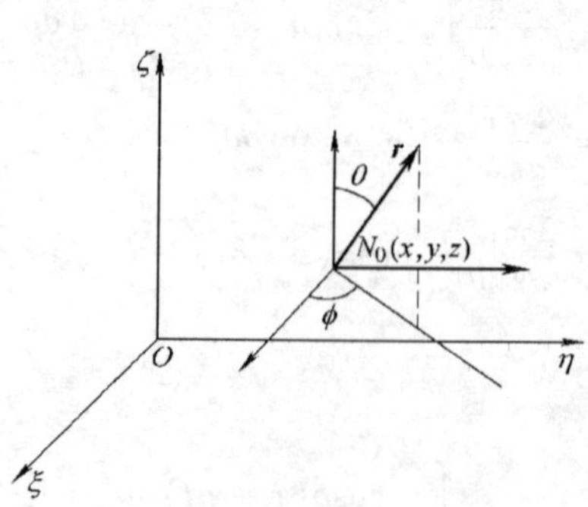

图 7.4　$(\xi,\ \eta,\ \zeta)$空间中的球坐标系

$$dS=(at)^2 d\omega=(at)^2 \sin\theta d\theta d\phi.$$

因此 I_2 正好是 t 乘以函数 ϕ_1 在该球面上的平均值，不妨以 $\overline{(\phi_1)}_{at}$ 表示这个平均值，则

$$\overline{(\phi_1)}_{at} \equiv \frac{1}{4\pi(at)^2}\iint_{S_{at}^{N_0}} \phi_1 dS, \tag{7.3.20}$$

则可将 $I_2[\overline{\phi}_1]$ 简单表为

$$I_2[\overline{\phi}_1]=t\,\overline{(\phi_1)}_{at}, \tag{7.3.21}$$

由式(7.3.9)可得 $I_1[\overline{\phi}_0]$ 的表达式为

$$I_1[\overline{\phi}_0]=\frac{\partial}{\partial t}[t\,\overline{(\phi_0)}_{at}]. \tag{7.3.22}$$

将式(7.3.21)与式(7.3.22)合在一起可得到原定解问题的解

$$u(x,y,z;t)=\frac{\partial}{\partial t}[t\,\overline{(\phi_0)}_{at}]+t\,\overline{(\phi_1)}_{at}. \tag{7.3.23}$$

由 $I_1[\overline{\phi}_0]$ 及 $I_2[\overline{\phi}_1]$ 的表达式也可将式(7.3.23)写为

$$\begin{aligned} u(x,y,z;t) &= \frac{1}{4\pi a}\frac{\partial}{\partial t}\iint_{S_{at}^{N_0}} \frac{\phi_0(\xi,\eta,\zeta)}{at}dS+\frac{1}{4\pi a}\iint_{S_{at}^{N_0}} \frac{\phi_1(\xi,\eta,\zeta)}{at}dS \\ &= \frac{\partial}{\partial t}\left(\frac{t}{4\pi}\iint_{S_1^{N_0}} \phi_0(N_0+at\omega)d\omega\right)+\frac{t}{4\pi}\iint_{S_1^{N_0}} \phi_1(N_0+at\omega)d\omega. \end{aligned} \tag{7.3.24}$$

式(7.3.23)或式(7.3.24)称为三维波动方程的**泊松(Poisson)公式**.

利用泊松公式(7.3.24)可直接求解三维波动方程的解.

例1 求三维波动方程定解问题

$$\begin{cases} \dfrac{\partial^2 u}{\partial t^2}=\left(\dfrac{\partial^2 u}{\partial x^2}+\dfrac{\partial^2 u}{\partial y^2}+\dfrac{\partial^2 u}{\partial z^2}\right) \quad (t>0,\ -\infty<x,\ y,\ z<+\infty), \\ u(x,\ y,\ z;\ 0)=0, \\ u_t(x,\ y,\ z;\ 0)=xy \end{cases}$$

的解.

解 由公式(7.3.24)可得

$$\begin{aligned} u(x,y,z;t) &= \frac{t}{4\pi}\int_0^{2\pi}\int_0^{\pi}(x+t\sin\theta\cos\phi)(y+t\sin\theta\sin\phi)\sin\theta d\theta d\phi \\ &= \frac{t}{4\pi}\int_0^{2\pi}\int_0^{\pi}(xy\sin\theta+xt\sin^2\theta\sin\phi+yt\sin^2\theta\cos\phi+ \\ &\quad t^2\sin^3\theta\cos\phi\sin\phi)d\theta d\phi \\ &= \frac{xyt}{4\pi}\int_0^{2\pi}\int_0^{\pi}\sin\theta d\theta d\phi = xyt. \end{aligned}$$

7.3.2 降维法

特别地，如果在泊松公式(7.3.23)或式(7.3.24)中，初始条件 ϕ_0 及 ϕ_1 不依赖于空间变量 z，即

$$\phi_0=\phi_0(x,\ y),\ \phi_1=\phi_1(x,\ y),$$

也就是说，在每条平行于 z 轴的直线上，ϕ_0 及 ϕ_1 的值均为常数，那么未知函数 u 也与 z 无关，即有 $u=u(x,\ y)$，它将满足下列二维波动方程的定解问题

$$\begin{cases}\dfrac{\partial^2 u}{\partial t^2}=a^2\left(\dfrac{\partial^2 u}{\partial x^2}+\dfrac{\partial^2 u}{\partial y^2}\right) \quad (a>0,\ t>0,\ -\infty<x,\ y<+\infty),\\ u(x,\ y;\ 0)=\phi_0(x,\ y),\\ u_t(x,\ y;\ 0)=\phi_1(x,\ y).\end{cases} \tag{7.3.25}$$

下面从三维波动方程的泊松公式出发来推导二维定解问题(7.3.25)的解．为此，只要计算一下$\overline{(\phi_0)_{at}}$及$\overline{(\phi_1)_{at}}$. 它们分别是函数 ϕ_0 及 ϕ_1 在以点 $N_0(x,\ y,\ z)$为中心、at 为半径的球面 S_{at}上的平均值．该球面的方程可写为

$$(\xi-x)^2+(\eta-y)^2+(\zeta-z)^2=(at)^2. \tag{7.3.26}$$

根据曲面积分公式，球面上的面积元素 $\mathrm{d}S$ 和它在 $z=$常数平面上的投影平面元素 $\mathrm{d}\sigma$ 之间的关系为

$$\mathrm{d}S=\frac{\mathrm{d}\sigma}{\cos\gamma},$$

其中 γ 为这两个面积元素法线方向之间的夹角且

$$\cos\gamma=\frac{\sqrt{a^2t^2-(\xi-x)^2-(\eta-y)^2}}{at}.$$

考虑到球面的上、下部分积分的对称性，所以有

$$\overline{(\phi_i)_{at}}\equiv\frac{1}{4\pi(at)^2}\iint_{S_{at}}\phi_i\mathrm{d}S=\frac{2}{4\pi at}\iint_{(\xi-x)^2+(\eta-y)^2\leqslant a^2t^2}\frac{\phi_i(\xi,\eta)\,\mathrm{d}\xi\mathrm{d}\eta}{\sqrt{a^2t^2-(\xi-x)^2-(\eta-y)^2}}$$

$$(i=0,1),$$

定解问题(7.3.26)的解可写为

$$\begin{aligned}u(x,y;t)=&\frac{1}{2\pi a}\frac{\partial}{\partial t}\iint_{(\xi-x)^2+(\eta-y)^2\leqslant a^2t^2}\frac{\phi_0(\xi,\eta)\,\mathrm{d}\xi\mathrm{d}\eta}{\sqrt{a^2t^2-(\xi-x)^2-(\eta-y)^2}}+\\&\frac{1}{2\pi a}\iint_{(\xi-x)^2+(\eta-y)^2\leqslant a^2t^2}\frac{\phi_1(\xi,\eta)\,\mathrm{d}\xi\mathrm{d}\eta}{\sqrt{a^2t^2-(\xi-x)^2-(\eta-y)^2}}.\end{aligned} \tag{7.3.27}$$

这样，我们就得到了二维波动方程定解问题的解，这个解决问题的方法称为**降维法**，特别注意的是，在公式(7.3.27)中所出现的两个积分是在以点$(x,\ y)$为中心、at 为半径的圆域上的积分．

例 2 求二维波动方程定解问题

$$\begin{cases}\dfrac{\partial^2 u}{\partial t^2}=\left(\dfrac{\partial^2 u}{\partial x^2}+\dfrac{\partial^2 u}{\partial y^2}\right) \quad (t>0,\ -\infty<x,\ y,\ z<+\infty),\\ u(x,\ y;\ 0)=0,\\ u_t(x,\ y;\ 0)=xy\end{cases}$$

的解．

解 由公式(7.3.27)可得

$$\begin{aligned}u(x,y;t) &= \frac{1}{2\pi}\int_0^t\int_0^{2\pi}\frac{(x+\rho\sin\theta)(y+\rho\sin\theta)}{\sqrt{t^2-\rho^2}}\rho\mathrm{d}\theta\mathrm{d}\rho\\ &= \frac{xy}{2\pi}\int_0^t\int_0^{2\pi}\frac{\rho\mathrm{d}\theta\mathrm{d}\rho}{\sqrt{t^2-\rho^2}} = xyt.\end{aligned}$$

7.3.3 解的物理意义

在本小节我们来说明解(7.3.24)的物理意义．假定初始扰动完全集中在空间某一有界的区域 Ω 之内，也就是说，在 Ω 之外，

$$\phi_0(x,\ y,\ z)=\phi_1(x,\ y,\ z)=0.$$

下面研究在区域 Ω 之外一点 $M(x,\ y,\ z)$ 处的状态 $u(x,\ y,\ z;\ t)$ 随时间 at 变化的情形．

从式(7.3.24)中可以看出，$u(x,\ y,\ z;\ t)$ 的值完全取决于初始条件 ϕ_0 及 ϕ_1 在一个以点 M 为中心、at 为半径的球面 S_{at} 上的平均值，显然只有当球面 S_{at} 和区域 Ω 相交时，$u(x,\ y,\ z;\ t)$ 的值才有可能不为零．换一种说法，就是 $M_0(\xi,\ \eta,\ \zeta)$ 处的初始扰动，在时刻 t 只影响到以 $M_0(\xi,\ \eta,\ \zeta)$ 为球心、at 为半径的球面上的各点，这是因为以 S_{at} 上任一点为球心、at 为半径的球面都会经过 $M_0(\xi,\ \eta,\ \zeta)$．这表明扰动是以速度 a 传播的．

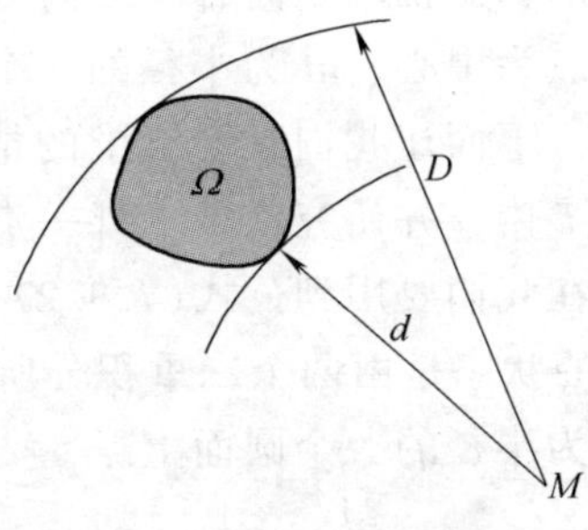

图 7.5 观察点的扰动状态

如图 7.5 所示，若令 d 和 D 分别表示由点 M 到区域 Ω 的最近点和最远点的距离，当 t 很小时$\left(t<\dfrac{d}{a}\right)$，$S_{at}$ 和区域 Ω 不相交，公式(7.3.24)中那个面积分等于零，所以 $u(x,\ y,\ z;\ t)$ 的值也等于零，这就是说，在这样的一些时刻，集中在区域 Ω 内的扰动还来不及传送到点 M 处；从时刻 $t_1=\dfrac{d}{a}$ 起到时刻 $t_2=\dfrac{D}{a}$ 止，球面 S_{at} 和区域 Ω 始终相交，在这样的一些时刻一般说来 $u(x,\ y,\ z;\ t)$ 的值不等于零，也就是说，点 $M(x,\ y,\ z)$ 进入受扰动状态；若 t 再增大，球面 S_{at} 将区域 Ω 完全包含在自己内部，$u(x,\ y,\ z;\ t)$ 的值又恢复为零，即点 $M(x,\ y,\ z)$ 又恢复为原来的状态．

如果把集中在区域 Ω 内的初始扰动 ϕ_0 及 ϕ_1 看做是从区域 Ω 内发出信号的话，那么，对于一个站在点 M 处的观察者来说，他会有如下的感受：

(1) $t<\dfrac{d}{a}$，信号尚未传到．

(2) $\dfrac{d}{a}<t<\dfrac{D}{a}$，观察点上的状态随时间发生变化．

(3) $t>\dfrac{D}{a}$，信号过去，观察点 M 又恢复到原来的静止状态．

因此，当初始扰动局限在空间中某一个局部范围内时，扰动有清晰的"前锋"和"后锋"，这种现象在物理学中称为**惠更斯(Huygens)原理**或**无后效现象**．

以上讲的是空间的一个固定点上状态随时间变化的情况，现在让我们看在一个固定的时刻 $t=t_0$ 时空间的各个部分受扰的情形．为简单起见，我们假定初始扰动集中在一个半径为 R 的球体 Ω 内．容易看到，如果在时刻 $t=t_0$ 时某个点 M 处于受扰动状态下，那么以点 M 为中心、at_0 为半径的球面应该与球体 Ω 相交，因此可知，在时刻 t_0 时处于受扰状态下的点的集合，就是与球体 Ω 同心而半径分别为 at_0-R 和 at_0+R 的两个球面所包围的球环区域．第一个球面又可称为波的前锋(或**前阵面**)，第二个球面又可称为波的后锋(或**后阵面**)．由此可见，在三维的情况下，某点处的初始扰动是向各个方向传播的，其传播速度为 a，在时刻 t 时它的影响是在以该点为中心、at 为半径的一个球面上，我们称这种波为**球面波**．

下面让我们看看二维的情形，同样假设初始扰动集中在某一个有界的平面区域 Γ 内，并研究区域 Γ 外一点 $M(x, y)$ 上 $u(x, y; t)$ 的状态随时间变化的情形．现在我们要用到公式(7.3.27)，由该公式可知，在时刻 t 时点 $M(x, y)$ 上 $u(x, y; t)$ 的状态是由两个二重积分所确定的，这两个二重积分是在以点 $M(x, y)$ 为中心、at 为半径的一个圆面上．

(1) $t<\dfrac{d}{a}$，在整个积分区域内，$\phi_0(x, y)=\phi_1(x, y)=0$，所以有 $u(x, y; t)=0$，这就是说，由 Γ 内发出的信号尚未传到．

(2) $\dfrac{d}{a}<t<\dfrac{D}{a}$，积分区域和 Γ 相交，在这样的一些时刻一般说来 $u(x, y; t)$ 的值不等于零，也就是说，点 $M(x, y)$ 进入受扰动状态．

(3) $t>\dfrac{D}{a}$，区域 Γ 完全包含在积分区域内部，所以 $u(x, y; t)$ 的值一般说来仍然不等于零，而是继续随时间变化，这种现象在物理学中称为**有后效现象**．

在二维的情形，集中扰动的传播虽然有清晰的前阵面，但是无清晰的后阵面，从区域 Γ 内发出的信号一旦对观察点 M 产生影响，这种影响就会一直持续下去．

平面上以点 $M_0(\xi, \eta)$ 为中心、r 为半径的圆周的方程为

$$(x-\xi)^2+(y-\eta)^2=r^2.$$

该方程在空间坐标系内表示一个母线平行于 z 轴的直圆柱面．我们说“二维的波”是指 $u(x,\ y,\ z;\ t)$ 的值在每一条平行于 z 轴的直线上相等，因此在空间坐标系内扰动可视为在一个具有无限长轴线的柱面的区域内发生；而在过点 $M_0(\xi,\ \eta)$ 且平行于 z 轴的无限长直线上发生的初始扰动，在时刻 t 时的影响区域是以该直线为轴、at 为半径的一个圆柱面内的区域，因此解(7.3.27)也称为**柱面波**．

习题 7

1. 用积分变换法求解热传导柯西问题

$$\begin{cases}\dfrac{\partial u}{\partial t}=a^2\dfrac{\partial^2 u}{\partial x^2} & (a>0,t>0,-\infty<x<+\infty),\\ u(x,0)=x^2+1.\end{cases}$$

2. 求解一维热传导方程的定解问题

$$\begin{cases}\dfrac{\partial u}{\partial t}=a^2\dfrac{\partial^2 u}{\partial x^2} & (a>0,t>0,-\infty<x<+\infty),\\ u(x,0)=\delta(x).\end{cases}$$

3. 求解一维波动方程的柯西问题

$$\begin{cases}\dfrac{\partial^2 u}{\partial t^2}=\dfrac{\partial^2 u}{\partial x^2}+2x & (-\infty<x<+\infty,t>0),\\ u(x,0)=\sin x,u_t(x,0)=0.\end{cases}$$

4. 求解一端固定的半无界弦的振动问题

$$\begin{cases}\dfrac{\partial^2 u}{\partial t^2}=a^2\dfrac{\partial^2 u}{\partial x^2} & (a>0,t>0,0<x<+\infty),\\ u(0,t)=0,\\ u(x,0)=\sin x,u_t(x,0)=0.\end{cases}$$

5. 用积分变换法求解热传导混合问题

$$\begin{cases}\dfrac{\partial u}{\partial t}=a^2\dfrac{\partial^2 u}{\partial x^2}-hu & (a>0,t>0,0<x<+\infty),\\ u(x,0)=0,\\ u(0,t)=A,\lim\limits_{x\to+\infty}u=0,\end{cases}$$

其中 a, A 为常数．

6. 用积分变换法求解热传导混合问题

$$\begin{cases}\dfrac{\partial u}{\partial t}=a^2\dfrac{\partial^2 u}{\partial x^2} & (a>0,t>0,0<x<+\infty),\\ u(x,0)=0,\\ u_x(0,t)=\dfrac{1}{\sqrt{t}}.\end{cases}$$

7. 求解三维波动方程的初始值问题

$$\begin{cases}\dfrac{\partial^2 u}{\partial t^2}=a^2\left(\dfrac{\partial^2 u}{\partial x^2}+\dfrac{\partial^2 u}{\partial y^2}+\dfrac{\partial^2 u}{\partial z^2}\right) & (a>0,t>0,-\infty<x,y,z<+\infty),\\ u(x,y,z,0)=xy+yz+zx,u_t(x,y,z,0)=x^2+yz.\end{cases}$$

8. 求解二维波动方程的初始值问题

$$\begin{cases}\dfrac{\partial^2 u}{\partial t^2}=a^2\left(\dfrac{\partial^2 u}{\partial x^2}+\dfrac{\partial^2 u}{\partial y^2}\right) & (a>0,t>0,-\infty<x,y<+\infty),\\ u(x,y,0)=x^2(x+y),u_t(x,y,0)=0.\end{cases}$$

第 8 章

格林函数法

本章所介绍的格林函数法也是求解数学物理方程定解问题的一个重要且有效的方法. 值得注意的是，这一方法不仅能用于求解拉普拉斯方程的边值问题，而且还可以用来解决与时间 t 有关的数学物理问题，关于后者，我们将举例来说明.

在这一章中，重点介绍格林函数的定义以及它的作用，并利用格林函数法求解拉普拉斯方程的第一边值问题.

8.1 泊松方程及其基本解

8.1.1 泊松方程

描述稳定和平衡等物理现象的泊松方程形式如下：

$$\frac{\partial^2 u}{\partial x^2}+\frac{\partial^2 u}{\partial y^2}+\frac{\partial^2 u}{\partial z^2}=-f(x,y,z). \tag{8.1.1}$$

上式可简写成

$$\Delta u=-f \qquad (\nabla^2 u=-f). \tag{8.1.2}$$

在讨论无源静电场及定常稳恒温度场的分布时经常会遇到此类方程. 方程(8.1.1)或方程(8.1.2)又称为场位方程. 如果 $f\equiv 0$，那么得到拉普拉斯方程

$$\frac{\partial^2 u}{\partial x^2}+\frac{\partial^2 u}{\partial y^2}+\frac{\partial^2 u}{\partial z^2}=0, \tag{8.1.3}$$

或简写成

$$\Delta u=0. \tag{8.1.4}$$

下面我们列举几个泊松方程和拉普拉斯方程的例子.

例 1 假设在某个物体中有(与时间无关)定常的热源分布，其密度为 $kf(x,\ y,\ z)$，

此处 k 为导热系数，而且物体中的温度分布 $u=u(x, y, z)$ 也已经稳定，这时便有

$$\frac{\partial u}{\partial t}=0,$$

对应的三维热传导方程应为

$$\frac{k}{c\rho}\Delta u+\frac{k}{c\rho}f(x,y,z)=0,$$

或

$$\Delta u=-f,$$

其中 f 为已知函数，这是泊松方程. 如果没有热源，即 $f\equiv 0$，上式变成

$$\Delta u=0.$$

于是就得到拉普拉斯方程.

例 2 设在一真空空间区域 Ω 中有电荷分布，且电荷的密度分布函数为 $\rho(x, y, z)$，引起的稳恒电场为 $\boldsymbol{E}(x, y, z)$，根据静电学中的高斯定律和法拉第定律可得

$$\mathrm{div}\boldsymbol{E}=\frac{\rho}{\varepsilon_0}$$

且

$$\mathbf{rot}\boldsymbol{E}=\mathbf{0},$$

其中 ε_0 是真空介电常数. 因为这个静电场是无旋的，那么它必定是有势的，即存在一个电位函数

$$u=u(x,y,z),$$

使得

$$\boldsymbol{E}=-\mathbf{grad}u.$$

把上式代入到 $\mathrm{div}\boldsymbol{E}=\frac{\rho}{\varepsilon_0}$中，则

$$\Delta u=-\frac{\rho(x,y,z)}{\varepsilon_0}.$$

如果此空间中无电荷存在，即 $\rho(x, y, z)=0$，我们就得到拉普拉斯方程

$$\Delta u=0.$$

特别地，若在整个空间中只有一个 ε_0 单位正电荷，放置在坐标原点，即电荷密度分布函数为 $\varepsilon_0\delta$ 函数，这时电位 u 满足方程

$$\Delta u=-\delta(x,y,z), \tag{8.1.5}$$

从静电学知，其电位函数为

$$\frac{1}{4\pi r},$$

其中

$$r=\sqrt{x^2+y^2+z^2}.$$

因此

$$\Delta\left(\frac{1}{4\pi r}\right)=-\delta(x,y,z).\tag{8.1.6}$$

8.1.2　泊松方程的基本解

下面我们将介绍基本解的概念．我们将方程 $\Delta u=-\delta(x,\ y,\ z)$ 的解称为泊松方程(8.1.2)或拉普拉斯方程(8.1.4)的**基本解**．基本解是点源产生的场，物理上也称为点源函数．这里的基本解没有定解条件的限制，因此不是唯一的．事实上，对于任意一个满足 $\Delta g=0$ 的函数 g，则函数 $g+\dfrac{1}{4\pi r}$ 也是 $\Delta u=-\delta(x,\ y,\ z)$ 的解．

当然，如果点电荷不是放在坐标原点，而是放在点 $P(\xi,\ \eta,\ \zeta)$ 处，那么在任意一点 $Q(x,\ y,\ z)$ 处的电位为

$$u=\frac{1}{4\pi r_{PQ}}=\frac{1}{4\pi}\cdot\frac{1}{\sqrt{(x-\xi)^2+(y-\eta)^2+(z-\zeta)^2}},$$

即

$$\Delta\left(\frac{1}{4\pi r_{PQ}}\right)=-\delta(x-\xi,y-\eta,z-\zeta).\tag{8.1.7}$$

如果已知泊松方程的一个基本解 $G(x,\ y,\ z)$，即它满足方程(8.1.5)，所以

$$\Delta G=-\delta(x,y,z),\tag{8.1.8}$$

那么其卷积

$$G\cdot f(x,y,z)=\iiint_{-\infty}^{+\infty}G(x-x_0,y-y_0,z-z_0)f(x_0,y_0,z_0)\,\mathrm{d}x_0\mathrm{d}y_0\mathrm{d}z_0\tag{8.1.9}$$

是泊松方程(8.1.2)的一个解．事实上，由于函数 G 满足方程(8.1.8)，则

$$\Delta G(x-x_0,y-y_0,z-z_0)=-\delta(x-x_0,y-y_0,z-z_0).\tag{8.1.10}$$

因为 $\delta(x)$ 是偶函数，因此

$$\begin{aligned}\Delta(G\cdot f)(x,y,z)&=\iiint_{-\infty}^{+\infty}\Delta G(x-x_0,y-y_0,z-z_0)f(x_0,y_0,z_0)\,\mathrm{d}x_0\mathrm{d}y_0\mathrm{d}z_0\\&=\iiint_{-\infty}^{+\infty}[-\delta(x-x_0,y-y_0,z-z_0)f(x_0,y_0,z_0)]\,\mathrm{d}x_0\mathrm{d}y_0\mathrm{d}z_0\\&=\iiint_{-\infty}^{+\infty}[-\delta(x_0-x,y_0-y,z_0-z)f(x_0,y_0,z_0)]\,\mathrm{d}x_0\mathrm{d}y_0\mathrm{d}z_0\\&=-f(x,y,z).\end{aligned}$$

即 $G\cdot f$ 为泊松方程(8.1.2)的解．

式(8.1.9)也反映了一般的源产生的场是点源产生的场的叠加.

8.2 拉普拉斯第一边值问题的格林函数法

8.2.1 格林公式

设 Ω 是三维空间中的某一个有界区域，S 为其边界，u 及 v 在 $\Omega+S$ 上具有二阶连续偏导数，则有

$$\iiint_{\Omega} u\Delta v \mathrm{d}\omega = \oiint_{S} u\frac{\partial v}{\partial n}\mathrm{d}\sigma - \iiint_{\Omega} \nabla u \cdot \nabla v \mathrm{d}\omega \tag{8.2.1}$$

及

$$\iiint_{\Omega} (u\Delta v - v\Delta u)\mathrm{d}\omega = \oiint_{S}\left(u\frac{\partial v}{\partial n} - v\frac{\partial u}{\partial n}\right)\mathrm{d}\sigma. \tag{8.2.2}$$

这里 $\Delta = \frac{\partial^2}{\partial x^2} + \frac{\partial^2}{\partial y^2} + \frac{\partial^2}{\partial z^2}$ 为拉普拉斯算符并且 $\boldsymbol{\nabla} = \boldsymbol{i}\frac{\partial}{\partial x} + \boldsymbol{j}\frac{\partial}{\partial y} + \boldsymbol{k}\frac{\partial}{\partial z}$ 为哈密尔顿算符. $\boldsymbol{n}$ 为 S 的外法线方向的方向向量，$\frac{\partial}{\partial n}$表示沿 $\boldsymbol{n}$ 方向的方向导数：

$$\frac{\partial u}{\partial n} = \frac{\partial u}{\partial x}\cos\langle n,x\rangle + \frac{\partial u}{\partial y}\cos\langle n,y\rangle + \frac{\partial u}{\partial z}\cos\langle n,z\rangle. \tag{8.2.3}$$

式(8.2.1)及(8.2.2)分别称为**第一格林公式**及**第二格林公式**.

为证明公式(8.2.1)及公式(8.2.2)，我们将利用下面的高斯(Gauss)公式：

$$\iiint_{\Omega}\left(\frac{\partial P}{\partial x} + \frac{\partial Q}{\partial y} + \frac{\partial R}{\partial z}\right)\mathrm{d}\omega = \oiint_{S}[P\cos\langle n,x\rangle + Q\cos\langle n,y\rangle + R\cos\langle n,z\rangle]\mathrm{d}\sigma,$$

其成立条件是 P，Q 及 R 在 $\Omega+S$ 上具有一阶连续偏导数，其他符号意义同前. 并注意到

$$\begin{aligned} u\Delta v &= u\left(\frac{\partial^2 v}{\partial x^2} + \frac{\partial^2 v}{\partial y^2} + \frac{\partial^2 v}{\partial z^2}\right) \\ &= \frac{\partial}{\partial x}\left(u\frac{\partial v}{\partial x}\right) + \frac{\partial}{\partial y}\left(u\frac{\partial v}{\partial y}\right) + \frac{\partial}{\partial z}\left(u\frac{\partial v}{\partial z}\right) - \left(\frac{\partial u}{\partial x}\frac{\partial v}{\partial x} + \frac{\partial u}{\partial y}\frac{\partial v}{\partial y} + \frac{\partial u}{\partial z}\frac{\partial v}{\partial z}\right). \end{aligned} \tag{8.2.4}$$

将上式两端在区域 Ω 上积分，并对右端第一个积分运用高斯公式，即

$$\begin{aligned} &\iiint_{\Omega}\left[\frac{\partial}{\partial x}\left(u\frac{\partial v}{\partial x}\right) + \frac{\partial}{\partial y}\left(u\frac{\partial v}{\partial y}\right) + \frac{\partial}{\partial z}\left(u\frac{\partial v}{\partial z}\right)\right]\mathrm{d}\omega \\ &= \oiint_{S}\left[u\frac{\partial v}{\partial x}\cos\langle n,x\rangle + u\frac{\partial v}{\partial y}\cos\langle n,y\rangle + u\frac{\partial v}{\partial z}\cos\langle n,z\rangle\right]\mathrm{d}\sigma \\ &= \oiint_{S} u\frac{\partial v}{\partial n}\mathrm{d}\sigma. \end{aligned}$$

式(8.2.4)右边第二项可写为

$$\frac{\partial u}{\partial x}\frac{\partial v}{\partial x}+\frac{\partial u}{\partial y}\frac{\partial v}{\partial y}+\frac{\partial u}{\partial z}\frac{\partial v}{\partial z}=\nabla u\cdot\nabla v.$$

则式(8.2.4)的积分为

$$\iiint_\Omega u\Delta v\mathrm{d}\omega=\oiint_S u\frac{\partial v}{\partial n}\mathrm{d}\sigma-\iiint_\Omega\nabla u\cdot\nabla v\mathrm{d}\omega. \tag{8.2.5}$$

从而证明了第一格林公式．在式(8.2.5)中将 u 及 v 对换，得到

$$\iiint_\Omega v\Delta u\mathrm{d}\omega=\oiint_S v\frac{\partial u}{\partial n}\mathrm{d}\sigma-\iiint_\Omega\nabla v\cdot\nabla u\mathrm{d}\omega. \tag{8.2.6}$$

将式(8.2.5)与式(8.2.6)相减即得第二格林公式．

8.2.2　泊松方程的第一边值问题及其格林函数

在本节中我们将用格林函数来求解泊松方程第一边值问题．定解问题

$$\begin{cases}\Delta u=-\phi & (\text{在 }\Omega\text{ 内}),\\ u|_S=f & (\text{在 }S\text{ 上})\end{cases} \tag{8.2.7}$$

称为泊松方程第一边值问题．第一边值问题也称为狄利克雷问题．如果 $\phi\equiv0$，那么问题变为拉普拉斯第一边值问题

$$\begin{cases}\Delta u=0 & (\text{在 }\Omega\text{ 内}),\\ u|_S=f & (\text{在 }S\text{ 上}).\end{cases} \tag{8.2.8}$$

我们称具有二阶连续偏导数且满足拉普拉斯方程的函数为**调和函数**．因此，拉普拉斯第一边值问题的另一种说法是，在区域 Ω 上找一个调和函数，使它在边界 S 上的值为已知．

我们将在第 9 章中证明泊松方程第一边值问题解的唯一性．下面先来考虑如何求解，为此引进格林函数的概念．让我们来考虑如下定解问题

$$\begin{cases}\Delta G=-\delta(x-\xi,y-\eta,z-\zeta),\\ G|_S=0.\end{cases} \tag{8.2.9}$$

式(8.2.9)也可简单写成

$$\begin{cases}\Delta G(\boldsymbol{r}-\boldsymbol{r}_0)=-\delta(\boldsymbol{r}-\boldsymbol{r}_0),\\ G|_S=0,\end{cases} \tag{8.2.10}$$

其中 $M_0(\xi,\ \eta,\ \zeta)=M_0(\boldsymbol{r}_0)$ 是区域 Ω 中一个任意固定的点，称满足式(8.2.9)或式(8.2.10)的解为泊松方程第一边值问题的**格林函数**．

事实上，假设已经求出格林函数 G，那么

$$\begin{aligned}u(\xi,\eta,\zeta)&=\iiint_\Omega u(x,y,z)\delta(x-\xi,y-\eta,z-\zeta)\mathrm{d}x\mathrm{d}y\mathrm{d}z\\&=-\iiint_\Omega u\Delta G\mathrm{d}\omega.\end{aligned} \tag{8.2.11}$$

根据第二格林公式可得

$$u(\xi,\eta,\zeta)=-\oint\!\!\!\oint_S\left(u\frac{\partial G}{\partial n}-G\frac{\partial u}{\partial n}\right)\mathrm{d}\sigma-\iiint_\Omega G\Delta u\mathrm{d}\omega. \tag{8.2.12}$$

但是 $\Delta u=-\phi$，而在 S 上 $u=f$，$G=0$，所以可得到 u 的表达式：

$$u(\xi,\eta,\zeta)=-\oint\!\!\!\oint_S f\frac{\partial G}{\partial n}\mathrm{d}\sigma+\iiint_\Omega G\phi\mathrm{d}\omega. \tag{8.2.13}$$

由此可见，求解问题的关键为求出满足式(8.2.9)或式(8.2.10)的格林函数.

对于拉普拉斯第一边值问题，此时 $\phi=0$，则式(8.2.13)可改写为

$$u(\xi,\eta,\zeta)=-\oint\!\!\!\oint_S f\frac{\partial G}{\partial n}\mathrm{d}\sigma. \tag{8.2.14}$$

其中 G 也可称为拉普拉斯方程第一边值问题的格林函数，它仍然满足式(8.2.9)或(8.2.10).

8.2.3 格林函数的对称性

泊松方程第一边值问题的格林函数具有如下的性质：$G(\boldsymbol{r}-\boldsymbol{r}_0)$ 在变量 $\boldsymbol{r}$ 和 $\boldsymbol{r}_0$ 之间具有对称性，即

$$G(\boldsymbol{r}-\boldsymbol{r}_0)=G(\boldsymbol{r}_0-\boldsymbol{r}). \tag{8.2.15}$$

这种性质在物理上也称为倒易性.

需要注意的是，式(8.2.13)的物理解释存在困难，但是利用格林函数的对称性，就可把式(8.2.13)的物理意义解释清楚. 由于 $G(\boldsymbol{r}-\boldsymbol{r}_0)$ 的对称性，式(8.2.13)可写为

$$u(\boldsymbol{r}_0)=-\oint\!\!\!\oint_S f(\boldsymbol{r})\frac{\partial G(\boldsymbol{r}_0-\boldsymbol{r})}{\partial n}\mathrm{d}\sigma+\iiint_\Omega G(\boldsymbol{r}_0-\boldsymbol{r})\phi(\boldsymbol{r})\mathrm{d}\omega.$$

把上式中的 $\boldsymbol{r}$ 和 $\boldsymbol{r}_0$ 对调可得

$$u(\boldsymbol{r})=-\oint\!\!\!\oint_S f(\boldsymbol{r}_0)\frac{\partial G(\boldsymbol{r}-\boldsymbol{r}_0)}{\partial n}\mathrm{d}\sigma_0+\iiint_\Omega G(\boldsymbol{r}-\boldsymbol{r}_0)\phi(\boldsymbol{r}_0)\mathrm{d}\omega_0. \tag{8.2.16}$$

上式中的第一项表示边界上的源在 $\boldsymbol{r}$ 点产生的场的总和，第二项则是区域中分布的源 $\phi(\boldsymbol{r}_0)$ 在 $\boldsymbol{r}$ 点产生的场的总和，这两种影响都是用同一格林函数或其导数给出的. 这样也就符合一般把 $\boldsymbol{r}_0$ 作为源点，而把 $\boldsymbol{r}$ 作为求解点的习惯了.

8.2.4 格林函数的物理意义

下面我们将在静电学中解释格林函数的物理意义. 把区域 Ω 的边界考虑为一个金属壳体，把它用导线接地，并在 Ω 内一点 $P(\xi,\ \eta,\ \zeta)$ 放置一个 ε_0 单位正电荷. 令

$$V(P,Q)=V(x-\xi,y-\eta,z-\zeta)$$

表示这个静电场的电位函数. 由于现在电荷是集中在一点的, 可用 $\varepsilon_0\delta$ 函数来表示电荷分布密度. 因此电位函数 V 应该满足方程

$$\Delta V = -\delta(x-\xi, y-\eta, z-\zeta) \quad (\text{在 } \Omega \text{ 内}).$$

又由于边界接地, 因此在边界上有

$$V|_S = 0.$$

由此可见, 格林函数就是上述电场的电位.

综合前面所述, 我们可知

(1) 格林函数只依赖于定解问题所在的区域, 而与原定解问题中所给的边界条件无关, 只要求得某个区域上的格林函数, 这个区域上一切狄利克雷问题解的存在性也就得到了解决.

(2) 对于某些特殊的区域, 如球、半空间等, 格林函数可以用初等方法求出, 而这些区域上的狄利克雷问题在方程的研究中起着重要作用.

(3) 格林函数法不仅可以用于边值问题的求解, 而且它还可以用来解决某些初值问题或者是混合问题.

所以求解格林函数有着重要的意义.

8.3 特殊区域上的格林函数

在本节中, 将利用“**镜像法**”或“**位像法**”来求解某些特殊区域上的格林函数. 所谓“镜像法”, 即是寻找相对于曲面的“对称”的两点, 在曲面内的一点放置一个 ε_0 单位正电荷, 而在曲面外“对称”的点处放置一个电荷量适当的负电荷, 使得这两个正负电荷产生的电位在曲面上互相抵消, 而它们产生的电位的代数和就是所要求的格林函数. 下面我们以半空间与球域两种区域为例来说明镜像法的应用.

8.3.1 半空间上的格林函数

上半空间区域上的格林函数是下列定解问题

$$\begin{cases} \Delta G = -\delta(\boldsymbol{r}-\boldsymbol{r}_0) \quad (z>0), \\ G|_{z=0} = 0 \end{cases} \tag{8.3.1}$$

的解.

在半空间 $z>0$ 上取一点 $M_0(x_0, y_0, z_0)$, 令 $r_0 = \sqrt{x_0^2+y_0^2+z_0^2}$ 表示自原点到该点的距离, 并在该点放置一个 ε_0 单位正电荷(图 8.1), 它所形成的静电场在任何一点 $M(x, y, z)$ 处的电位函数为

$$\frac{1}{4\pi r_{M_0M}} = \frac{1}{4\pi}\cdot\frac{1}{\sqrt{(x-x_0)^2+(y-y_0)^2+(z-z_0)^2}},$$

并且

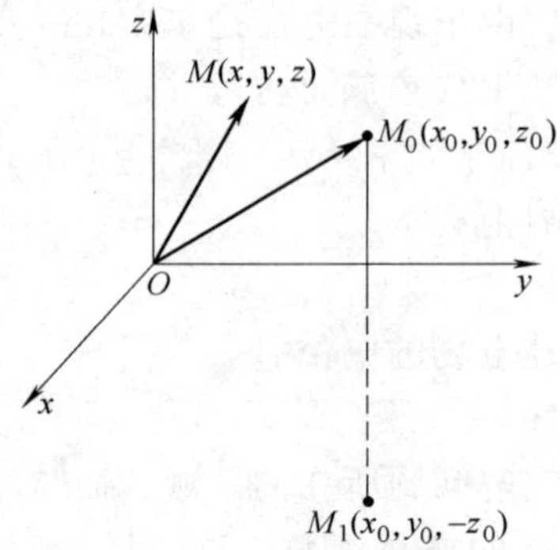

图 8.1　半空间上的格林函数

$$\Delta\left(\frac{1}{4\pi r_{M_0M}}\right)=-\delta(x-x_0,y-y_0,z-z_0)=-\delta(\boldsymbol{r}-\boldsymbol{r}_0),$$

即函数$\frac{1}{4\pi r_{M_0M}}$满足式(8.3.1)中的方程，但它并不是格林函数，因为它在边界平面 $z=0$ 上不为零．设 $M_1(x_1, y_1, z_1)$为点 $M_0(x_0, y_0, z_0)$关于平面 $z=0$ 的对称点，并在点 M_1 处放置一个 ε_0 单位负电荷，这样该负电荷所形成的静电场在点 $M(x, y, z)$的电位为

$$-\frac{1}{4\pi r_{M_1M}}=-\frac{1}{4\pi}\cdot\frac{1}{\sqrt{(x-x_1)^2+(y-y_1)^2+(z-z_1)^2}},$$

并且

$$\Delta\left(\frac{1}{4\pi r_{M_1M}}\right)=-\delta(x-x_1,y-y_1,z-z_1)=-\delta(\boldsymbol{r}-\boldsymbol{r}_1).$$

若 $z=0$，即点 M 位于平面上，则有

$$\frac{1}{r_{M_0M}}-\frac{1}{r_{M_1M}}=0.$$

上式说明这两个电荷所形成的电位在平面 $z=0$ 上相互抵消．令

$$G(M_0,M)=\frac{1}{4\pi r_{M_0M}}-\frac{1}{4\pi r_{M_1M}}.\tag{8.3.2}$$

注意到点 M_1 位于半空间 $z>0$ 之外，有 $\Delta\left(\frac{1}{4\pi r_{M_1M}}\right)=0$. 则函数 G 满足：

$$\begin{cases}\Delta G=-\delta(\boldsymbol{r}-\boldsymbol{r}_0)\quad(z>0),\\ G|_{z=0}=0.\end{cases}$$

这说明函数 G 即为所求的格林函数．

需要说明的是，虽然这里考虑的区域上半空间是无限区域，但只要函数

$u(x,\ y,\ z)$在无穷远点是正则的，即当 $r \geqslant r_0$ 时，函数 $u(x,\ y,\ z)$满足：

$$|u| < \frac{A}{r},\quad \left|\frac{\partial u}{\partial x}\right| < \frac{A}{r^2},\quad \left|\frac{\partial u}{\partial y}\right| < \frac{A}{r^2},\quad \left|\frac{\partial u}{\partial z}\right| < \frac{A}{r^2},$$

则公式(8.2.14)对于包含无穷远点的区域仍然成立．

求出格林函数(8.3.2)后，根据上一节公式(8.2.14)，定解问题

$$\begin{cases}\Delta u = 0 \quad (z > 0),\\ u|_{z=0} = f(x,y)\end{cases} \tag{8.3.3}$$

的解可表示为

$$u(\xi,\eta,\zeta) = -\iint_{z=0} f\frac{\partial G}{\partial n}\mathrm{d}S. \tag{8.3.4}$$

此处 $\boldsymbol{n}$ 为沿平面 $z=0$ 的"外"法线方向的方向向量，平面 $z=0$ 对于区域 $z>0$ 的"外"法线方向为铅垂向下的方向，所以

$$\begin{aligned}\left.\frac{\partial G}{\partial n}\right|_{z=0} &= -\left.\frac{\partial G}{\partial z}\right|_{z=0}\\ &= \frac{1}{4\pi}\left\{\frac{z-z_0}{[(x-x_0)^2+(y-y_0)^2+(z-z_0)^2]^{\frac{3}{2}}} - \right.\\ &\quad \left.\left.\frac{z+z_0}{[(x-x_0)^2+(y-y_0)^2+(z+z_0)^2]^{\frac{3}{2}}}\right\}\right|_{z=0}\\ &= -\frac{1}{4\pi}\frac{2z_0}{[(x-x_0)^2+(y-y_0)^2+z_0^2]^{\frac{3}{2}}}.\end{aligned}$$

那么

$$u(x_0,y_0,z_0) = \frac{1}{2\pi}\int_{-\infty}^{+\infty}\int_{-\infty}^{+\infty}\frac{z_0 f(x,y)\mathrm{d}x\mathrm{d}y}{[(x-x_0)^2+(y-y_0)^2+z_0^2]^{\frac{3}{2}}},$$

或者定解问题(8.3.3)的解可写为

$$u(x,y,z) = \frac{1}{2\pi}\int_{-\infty}^{+\infty}\int_{-\infty}^{+\infty}\frac{zf(\xi,\eta)\mathrm{d}\xi\mathrm{d}\eta}{[(\xi-x)^2+(\eta-y)^2+z^2]^{\frac{3}{2}}}. \tag{8.3.5}$$

8.3.2　球域上的格林函数

下面来求解球域上的格林函数．假设 Ω 是半径为 R 的球域，不妨设球心为坐标原点 O，在球内取一点 $M_0(x_0,\ y_0,\ z_0)$，在点 M_0 放置一个 ε_0 单位正电荷(图 8.2)，它所形成的静电场在任意一点 $M(x,\ y,\ z)$处的电位函数为

$$\frac{1}{4\pi r_{M_0M}} = \frac{1}{4\pi}\frac{1}{\sqrt{(x-x_0)^2+(y-y_0)^2+(z-z_0)^2}}.$$

显然它满足：

$$\Delta\left(\frac{1}{4\pi r_{M_0M}}\right)=-\delta(x-x_0,y-y_0,z-z_0)=-\delta(\boldsymbol{r}-\boldsymbol{r}_0).$$

但是它在球面 S 上的值不为零，因此它不是要求的格林函数．为此，我们将 OM_0 的连线延长至 $M_1(x_1, y_1, z_1)$，使得 $r_{OM_0}\cdot r_{OM_1}=R^2$，称点 M_1 为点 M_0 关于球面 S 的对称点或反演点，并在点 M_1 处放置一个 q 单位的负电荷，适当选择 q 的值，使得这两个电荷所形成的电位在球面 S 上相互抵消．为了确定 q 的值，取

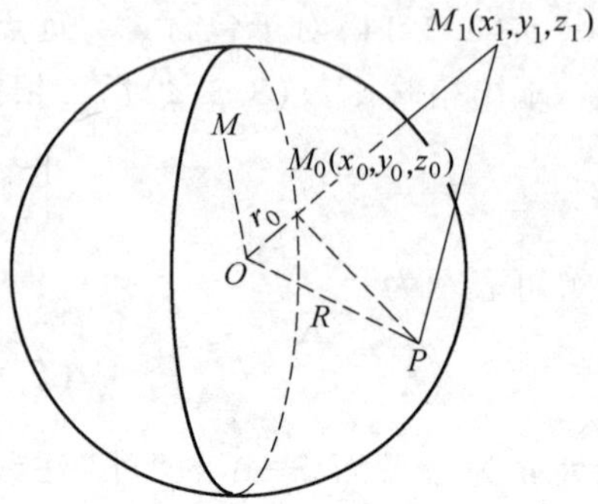

图 8.2　球域上的格林函数(1)

$$q=\frac{R\varepsilon_0}{r_0},$$

或者

$$q=\frac{r_{M_1P}}{r_{M_0P}}$$

即可，其中 P 为球面 S 上任意一点．我们要得到的 q 的值不能依赖于 P. 注意到在 $\triangle M_0OP$ 及 $\triangle POM_1$ 中，

$$\frac{OM_0}{OP}=\frac{OP}{OM_1}.$$

它们又有一个公共角 $\angle M_0OP$，故 $\triangle M_0OP\sim\triangle POM_1$. 因此

$$\frac{M_1P}{M_0P}=\frac{OP}{OM_0}=\frac{R}{r_0}.$$

故如果取

$$q=\frac{R\varepsilon_0}{r_0},$$

就能使这两个电荷所形成的电位之和在球面 S 上为零．因此球域的格林函数为

$$G(M_0,M)=\frac{1}{4\pi r_{M_0M}}-\frac{1}{4\pi r_{M_1M}}\cdot\frac{R}{r_0}.\tag{8.3.6}$$

注意到点 M_1 位于球面 S 之外，所以 $\Delta\left(\frac{1}{4\pi r_{M_1M}}\right)=0$. 因此 G 满足：

$$\begin{cases}\Delta G=-\delta(\boldsymbol{r}-\boldsymbol{r}_0)\quad(r<R),\\ G|_{r=R}=0.\end{cases}$$

这说明 G 即为所求的格林函数．

进一步地，根据公式(8.2.14)，定解问题

$$\begin{cases}\Delta u=0\quad(r<R),\\ u|_{r=R}=f(\theta,\phi)\end{cases}\tag{8.3.7}$$

的解可表示为

$$u=-\oiint_S f\frac{\partial G}{\partial n}\mathrm{d}\sigma, \tag{8.3.8}$$

此处 $\boldsymbol{n}$ 为沿球面 S 的外法线方向的方向向量，即沿球的半径的方向，为方便起见，这里采用球坐标(r,θ,ϕ). $OM_0=r_0$，$OM_1=\frac{R^2}{r_0}$. 设动点 M 的坐标为(r,θ,ϕ)，且 OM 与 OM_1 之间的夹角为 ψ(图 8.3). 利用余弦定理

$$r_{M_0M}=\sqrt{r_0^2+r^2-2r_0r\cos\psi}$$

及

$$r_{M_1M}=\sqrt{\left(\frac{R^2}{r_0}\right)^2+r^2-2\frac{R^2}{r_0}r\cos\psi}=\frac{1}{r_0}\sqrt{R^4+r_0^2r^2-2R^2rr_0\cos\psi},$$

则

$$G(M_0,M)=\frac{1}{4\pi}\left(\frac{1}{\sqrt{r_0^2+r^2-2r_0r\cos\psi}}-\frac{R}{\sqrt{R^4+r_0^2r^2-2R^2r_0r\cos\psi}}\right).$$

并且

$$\frac{\partial}{\partial n}\left(\frac{1}{r_{M_0M}}\right)\bigg|_S=\frac{\partial}{\partial r}\left(\frac{1}{r_{M_0M}}\right)\bigg|_{r=R}=-\frac{R-r_0\cos\psi}{(r_0^2+R^2-2r_0R\cos\psi)^{\frac{3}{2}}},$$

同样可计算

$$\frac{\partial}{\partial n}\left(\frac{1}{r_{M_1M}}\right)\bigg|_S=\frac{\partial}{\partial r}\left(\frac{1}{r_{M_1M}}\right)\bigg|_{r=R}=-\frac{r_0^2}{R^2}\frac{r_0-R\cos\psi}{(r_0^2+R^2-2r_0R\cos\psi)^{\frac{3}{2}}},$$

所以

$$\begin{aligned}\frac{\partial G}{\partial n}\bigg|_{r=R}&=\frac{\partial}{\partial r}\left(\frac{1}{4\pi r_{M_0M}}\right)\bigg|_{r=R}-\frac{R}{r_0}\cdot\frac{\partial}{\partial r}\left(\frac{1}{4\pi r_{M_1M}}\right)\bigg|_{r=R}\\&=\frac{1}{4\pi}\left[-\frac{R-r_0\cos\psi}{(r_0^2+R^2-2r_0R\cos\psi)^{\frac{3}{2}}}+\frac{r_0}{R}\frac{r_0-R\cos\psi}{(r_0^2+R^2-2r_0R\cos\psi)^{\frac{3}{2}}}\right]\\&=-\frac{1}{4\pi}\frac{R^2-r_0^2}{R}\frac{1}{(r_0^2+R^2-2r_0R\cos\psi)^{\frac{3}{2}}}.\end{aligned}$$

将上式代入式(8.3.8)，可得定解问题(8.3.7)的解的公式

$$u(M_0)=\frac{1}{4\pi R}\oiint_S\frac{(R^2-r_0^2)f(\theta,\phi)}{(R^2+r_0^2-2Rr_0\cos\psi)^{\frac{3}{2}}}\mathrm{d}S. \tag{8.3.9}$$

进一步地，式(8.3.9)也可写成如下的球坐标形式

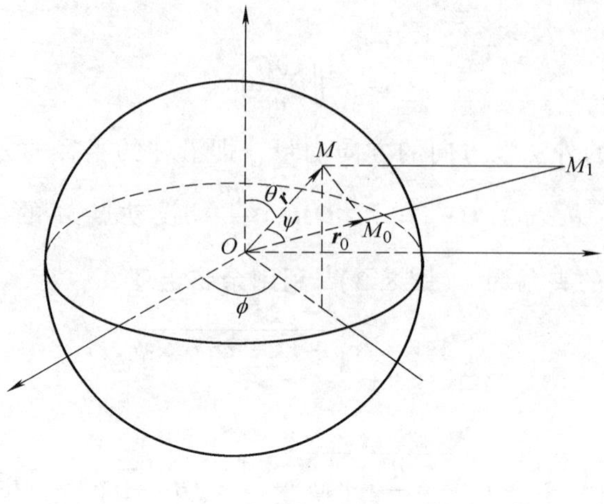

图 8.3　球域上的格林函数(2)

$$u(r,\theta,\phi) = \frac{R}{4\pi}\oiint_S f(\theta_0,\phi_0)\frac{R^2-r^2}{(R^2+r^2-2Rr\cos\psi)^{\frac{3}{2}}}\sin\theta_0\mathrm{d}\theta_0\mathrm{d}\phi_0, \quad (8.3.10)$$

其中 $M(r, \theta, \phi)$ 为球内一点，$N(R, \theta_0, \phi_0)$ 为球面 S 上的点，ψ 是 OM 与 ON 之间的夹角．用初等的方法可推得

$$\cos\psi = \cos\theta\cos\theta_0 + \sin\theta\sin\theta_0\cos(\phi-\phi_0). \quad (8.3.11)$$

公式(8.3.9)或公式(8.3.10)称为球的泊松公式．

8.4　平面特殊区域的格林函数

8.4.1　基本解

与三维的情形类似，二维泊松方程的形式仍为

$$\Delta u = f, \quad (8.4.1)$$

此处 $f=f(x, y)$ 为已知函数，而 $\Delta = \frac{\partial^2}{\partial x^2}+\frac{\partial^2}{\partial y^2}$ 为二维拉普拉斯算符．其对应的齐次方程为拉普拉斯方程

$$\Delta u = 0. \quad (8.4.2)$$

利用二维拉普拉斯算符的极坐标形式

$$\frac{\partial^2}{\partial r^2}+\frac{1}{r}\frac{\partial}{\partial r}+\frac{1}{r^2}\frac{\partial^2}{\partial\theta^2}$$

可证明函数

$$G(x,y) = -\frac{1}{2\pi}\ln r \quad (8.4.3)$$

为二维拉普拉斯方程的基本解，此处

$$r = \sqrt{x^2 + y^2}.$$

同时容易证明卷积

$$G * f(x,y) = \int_{-\infty}^{+\infty}\int_{-\infty}^{+\infty} G(x - x_0, y - y_0) f(x_0, y_0)\,\mathrm{d}x_0\mathrm{d}y_0 \tag{8.4.4}$$

给出了泊松方程(8.4.1)的解．

8.4.2　格林公式

二维区域曲线积分的格林公式为

$$\oint_C A(x,y)\,\mathrm{d}x + B(x,y)\,\mathrm{d}y = \iint_D \left(\frac{\partial B}{\partial x} - \frac{\partial A}{\partial y}\right)\mathrm{d}\sigma, \tag{8.4.5}$$

此处 D 是平面有界连通区域，C 是 D 的正向光滑边界，A 及 B 在 $D+C$ 上连续，在 D 内有一阶连续偏导数．经过适当变形，式(8.4.5)可化为

$$\iint_D \left(\frac{\partial P}{\partial x} + \frac{\partial Q}{\partial y}\right)\mathrm{d}x\mathrm{d}y = \oint_C [P\cos\langle n,x\rangle + Q\cos\langle n,y\rangle]\,\mathrm{d}\tau, \tag{8.4.6}$$

其中 $\boldsymbol{n}$ 是封闭曲线 C 的外法线方向的方向向量．与式(8.4.5)比较可知，此处

$$p = B,\ Q = -A.$$

类似于三维的情形，从式(8.4.6)出发，可得到平面区域上的第二格林公式：

$$\iint_D (u\Delta v - v\Delta u)\,\mathrm{d}\sigma = \oint_C \left(u\frac{\partial v}{\partial n} - v\frac{\partial u}{\partial n}\right)\mathrm{d}\tau. \tag{8.4.7}$$

8.4.3　格林函数

对于二维区域 D 上的泊松方程的第一边值问题

$$\begin{cases} \Delta u = -\phi & (\text{在 } D \text{ 内}), \\ u|_C = f & (\text{在 } C \text{ 上}), \end{cases} \tag{8.4.8}$$

其中 C 为区域 D 的边界．其格林函数 $G(x, y)$ 应该满足定解问题

$$\begin{cases} \Delta G = -\delta(\boldsymbol{r} - \boldsymbol{r}_0), \\ G|_C = 0, \end{cases} \tag{8.4.9}$$

其中 $M_0(\boldsymbol{r}_0)$ 是二维区域 D 中一个任意固定的点．假设已经求出 G，那么定解问题(8.4.9)的解为

$$u = -\oint_C f\frac{\partial G}{\partial n}\mathrm{d}\tau + \iint_D G\phi\,\mathrm{d}\sigma. \tag{8.4.10}$$

对于拉普拉斯第一边值问题

$$\begin{cases} \Delta u = 0 & (\text{在 } D \text{ 内}), \\ u|_C = f & (\text{在 } C \text{ 上}), \end{cases} \tag{8.4.11}$$

其解可简单写为

$$u = -\oint_C f \frac{\partial G}{\partial n} \mathrm{d}\tau. \tag{8.4.12}$$

8.4.4 特殊平面区域上的格林函数

1. 半平面上的格林函数

在上半平面区域上的格林函数满足下面的定解问题

$$\begin{cases} \Delta G = -\delta(\boldsymbol{r} - \boldsymbol{r}_0) \quad (y > 0), \\ G|_{y=0} = 0. \end{cases} \tag{8.4.13}$$

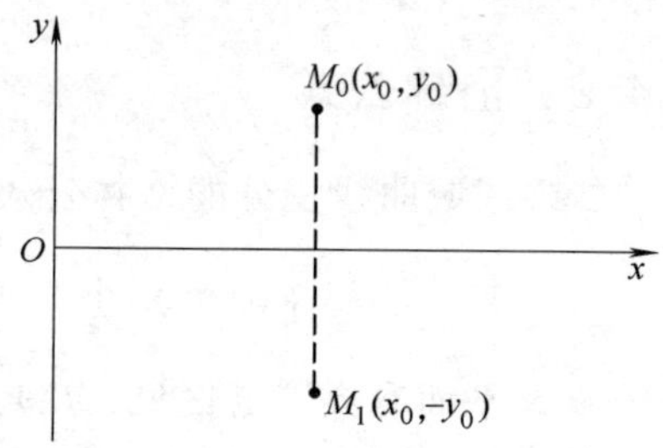

图 8.4 半平面上的格林函数

在半平面 $y > 0$ 上取一点 $M_0(x_0, y_0)$，令 $r_0 = \sqrt{x_0^2 + y_0^2}$ 表示自原点到该点的距离，并在该点放置一个 ε_0 单位正电荷，在点 M_0 关于直线 $y = 0$ 的对称点 $M_1(x_0, -y_0)$ 处放置一个 ε_0 单位负电荷(图 8.4)，使得这两个电荷所形成的电位在直线 $y = 0$ 上相互抵消．这两个电荷所形成的静电场在 M 点的电位的代数和，也就是要求的格林函数为

$$G(M_0, M) = -\frac{1}{2\pi} \ln r_{M_0 M} + \frac{1}{2\pi} \ln r_{M_1 M}, \tag{8.4.14}$$

或者

$$G(M_0, M) = -\frac{1}{4\pi} \ln[(x - x_0)^2 + (y - y_0)^2] + \frac{1}{4\pi} \ln[(x - x_0)^2 + (y + y_0)^2]. \tag{8.4.15}$$

这样拉普拉斯第一边值问题

$$\begin{cases} \Delta u = 0 \quad (y > 0), \\ u|_{y=0} = f(x). \end{cases} \tag{8.4.16}$$

的解可由公式(8.4.12)给出：

$$u(x_0, y_0) = -\oint_C f \frac{\partial G}{\partial n} \mathrm{d}\tau = \int_{-\infty}^{+\infty} f(x) \frac{\partial G}{\partial y} \mathrm{d}x,$$

或者

$$u(x, y) = \frac{y}{\pi} \int_{-\infty}^{+\infty} \frac{f(\xi)\,\mathrm{d}\xi}{(x - \xi)^2 + y^2}. \tag{8.4.17}$$

2. 圆域上的格林函数

在圆域 D 上的格林函数应满足下面的定解问题

$$\begin{cases}\Delta G = -\delta(\boldsymbol{r}-\boldsymbol{r}_0) \quad (r<R), \\ G|_{r=R} = 0.\end{cases} \tag{8.4.18}$$

这里 D 是半径为 R 的圆域，圆周曲线为 C. 不妨设圆心为坐标原点 O，与球的问题类似，在圆内取一点 $M_0(x_0, y_0)$，将 OM_0 的连线延长至 $M_1(x_1, y_1)$，使得 $r_{OM_0}\cdot r_{OM_1}=R^2$，称点 M_1 为点 M_0 关于圆周 C 的对称点或反演点(图 8.5). 在 M_0 点放置一个 ε_0 单位的正电荷，同时在点 M_1 放置$\frac{R\varepsilon_0}{r_0}$单位的负电荷. 它们所产生电位的代数和为

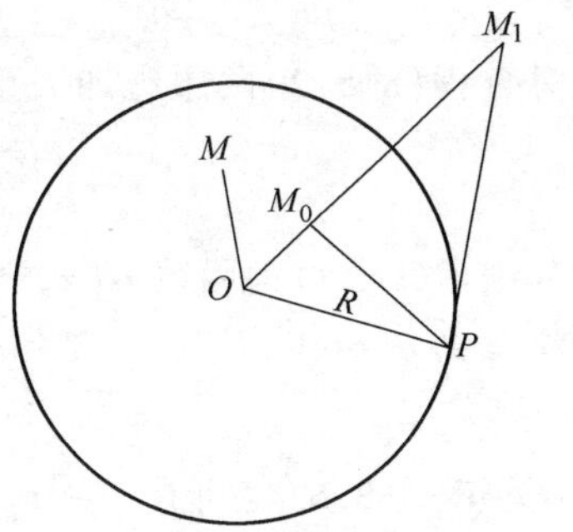

图 8.5　圆域上的格林函数

$$-\frac{1}{2\pi}\ln r_{M_0M}+\frac{1}{2\pi}\ln\frac{r_0}{R}r_{M_1M}. \tag{8.4.19}$$

当点 M 在圆域的边界上时，$r_{M_1M}=\frac{R}{r_0}r_{M_0M}$，边界条件

$$\left[-\frac{1}{2\pi}\ln r_{M_0M}+\frac{1}{2\pi}\ln\frac{r_0}{R}r_{M_1M}\right]_{r=R}=0,$$

所以可得到圆域上的格林函数为

$$G(M_0,M)=-\frac{1}{2\pi}\ln r_{M_0M}+\frac{1}{2\pi}\ln r_{M_1M}+\frac{1}{2\pi}\ln\frac{r_0}{R}. \tag{8.4.20}$$

这样拉普拉斯第一边值问题

$$\begin{cases}\Delta u = 0 \quad (r<R), \\ u|_{r=R} = f(\theta)\end{cases} \tag{8.4.21}$$

的解可由公式(8.4.12)给出：

$$u=-\oint_C f\frac{\partial G}{\partial n}\mathrm{d}\tau, \tag{8.4.22}$$

或

$$u(r,\theta)=\frac{1}{2\pi}\int_0^{2\pi}f(\phi)\frac{R^2-r^2}{R^2-2Rr\cos(\theta-\phi)+r^2}\mathrm{d}\phi \quad (r<R). \tag{8.4.23}$$

这就是圆域内的泊松公式.

8.5　热传导方程初值问题的格林函数法

8.5.1　一维热传导方程的基本解

一维热传导方程

$$\frac{\partial u}{\partial t}=a^2\frac{\partial^2 u}{\partial x^2}+f(x,t) \quad (a>0, t>0, -\infty<x<+\infty) \tag{8.5.1}$$

的基本解 G 满足的方程为

$$\frac{\partial G}{\partial t}-a^2\frac{\partial^2 G}{\partial x^2}=\delta(x)\delta(t)\quad(a>0,t>0,-\infty<x<+\infty)\tag{8.5.2}$$

对方程(8.5.2)两边施加关于空间变量 x 的傅里叶变换，得到

$$\frac{\partial\overline{G}(\omega,t)}{\partial t}+a^2\omega^2\overline{G}(\omega,t)=\delta(t),\tag{8.5.3}$$

其中 $\overline{G}(\omega,\ t)$为函数 $G(x,\ t)$的傅里叶变换．在式(8.5.3)的两边同乘以 $e^{a^2\omega^2t}$，并注意到 $\delta(t)$作为广义函数有

$$e^{a^2\omega^2t}\delta(t)=\delta(t)\tag{8.5.4}$$

(关于式(8.5.4)可在广义函数意义下理解，即对于任意连续函数 $f(t)$，有

$$\int_{-\infty}^{+\infty}f(t)e^{a^2\omega^2t}\delta(t)\,dt=f(0)=\int_{-\infty}^{+\infty}f(t)\delta(t)\,dt,$$

因此式(8.5.4)成立)．因此，式(8.5.3)可改写为

$$\frac{\partial}{\partial t}\left[\overline{G}(\omega,t)e^{a^2\omega^2t}\right]=\delta(t).\tag{8.5.5}$$

由海维赛德函数 $h(t)$与 $\delta(t)$的关系：$h'(t)=\delta(t)$，得到式(8.5.5)的一个广义解

$$\overline{G}(\omega,t)e^{a^2\omega^2t}=h(t),$$

或

$$\overline{G}(\omega,t)=h(t)e^{-a^2\omega^2t}.\tag{8.5.6}$$

再作式(8.5.6)的傅里叶逆变换，可得到热传导方程(8.5.1)的一个基本解

$$\begin{aligned}G(x,t)&=F^{-1}\left[\overline{G}(\omega,t)\right]=F^{-1}\left[h(t)e^{-a^2\omega^2t}\right]\\&=h(t)F^{-1}\left[e^{-a^2\omega^2t}\right]=\frac{1}{2a\sqrt{\pi t}}e^{-\frac{x^2}{4a^2t}}h(t).\end{aligned}\tag{8.5.7}$$

或者我们可将式(8.5.7)写为

$$G(x,t)=\frac{1}{2a\sqrt{\pi t}}e^{-\frac{x^2}{4a^2t}}\quad(t>0).\tag{8.5.8}$$

下面考虑一维热传导齐次方程初值问题

$$\begin{cases}\dfrac{\partial u}{\partial t}=a^2\dfrac{\partial^2 u}{\partial x^2}\quad(a>0,t>0,-\infty<x<+\infty),\\u(x,0)=\phi(x).\end{cases}\tag{8.5.9}$$

称

$$\begin{cases}\dfrac{\partial G}{\partial t}=a^2\dfrac{\partial^2 G}{\partial x^2}\quad(a>0,t>0,-\infty<x<+\infty),\\G(x,0)=\delta(x).\end{cases}\tag{8.5.10}$$

的广义解为一维热传导方程柯西问题(8.5.9)对应的基本解．利用积分变换法可得式(8.5.10)的解为

$$G(x,t) = \frac{1}{2a\sqrt{\pi t}}\mathrm{e}^{-\frac{x^2}{4a^2t}} \qquad (t>0).$$

8.5.2　初值问题的格林函数法

从基本解出发，与求解拉普拉斯边值问题类似，可构造热传导方程柯西问题的解．例如，对于定解问题(8.5.9)，可证明其解就是函数 $\phi(x)$ 与 $G(x,\ t)$ 的“卷积”(如果该卷积存在的话)：

$$u(x,t) = \phi(x) * G(x,t) = \int_{-\infty}^{+\infty}\phi(\xi)G(x-\xi,t)\mathrm{d}\xi. \tag{8.5.11}$$

实际上，由 $\delta(x)$ 的性质，易见函数 $u(x,\ t)$ 满足定解问题(8.5.9)中的初始条件．要证明它也满足泛定方程，只需将表达式代入，可得

$$\frac{\partial u}{\partial t} = \int_{-\infty}^{+\infty}\phi(\xi)\frac{\partial G}{\partial t}\mathrm{d}\xi = \int_{-\infty}^{+\infty}\phi(\xi)\left(a^2\frac{\partial^2 G}{\partial x^2}\right)\mathrm{d}\xi = a^2\frac{\partial^2 u}{\partial x^2}.$$

因此，由式(8.5.8)可得定解问题(8.5.9)的解的形式：

$$u(x,t) = \frac{1}{2a\sqrt{\pi t}}\int_{-\infty}^{+\infty}\phi(\xi)\mathrm{e}^{-\frac{(x-\xi)^2}{4a^2t}}\mathrm{d}\xi. \tag{8.5.12}$$

这与用积分变换法求得的结果完全一致．

关于非齐次方程的柯西问题

$$\begin{cases}\dfrac{\partial u}{\partial t} = a^2\dfrac{\partial^2 u}{\partial x^2} + f(x,t) \quad (a>0, t>0,\ -\infty<x<+\infty), \\ u(x,0) = \phi(x),\end{cases} \tag{8.5.13}$$

其解为

$$\begin{aligned}u(x,t) &= \phi(x) * G(x,t) + \int_0^t f(x,\tau) * G(x,t-\tau)\mathrm{d}\tau \\ &= \int_{-\infty}^{+\infty}\phi(\xi)G(x-\xi,t)\mathrm{d}\xi + \int_0^t\mathrm{d}\tau\int_{-\infty}^{+\infty}f(\xi,\tau)G(x-\xi,t-\tau)\mathrm{d}\xi.\end{aligned} \tag{8.5.14}$$

其中，$G(x,\ t)$ 为问题(8.5.9)的基本解．利用此公式可得定解问题(8.5.13)解的形式为

$$\begin{aligned}u(x,t) = &\frac{1}{2a\sqrt{\pi t}}\int_{-\infty}^{+\infty}\phi(\xi)\mathrm{e}^{-\frac{(x-\xi)^2}{4a^2t}}\mathrm{d}\xi + \\ &\frac{1}{2a\sqrt{\pi}}\int_0^t\mathrm{d}\tau\int_{-\infty}^{+\infty}f(\xi,\tau)\cdot\frac{1}{\sqrt{(t-\tau)}}\mathrm{e}^{-\frac{(x-\xi)^2}{4a^2(t-\tau)}}\mathrm{d}\xi.\end{aligned} \tag{8.5.15}$$

式(8.5.15)的证明留给读者作为练习．

式(8.5.11)及式(8.5.14)也可称为求解热传导方程柯西问题的格林函数法.

习题 8

1. 根据格林第二公式证明调和函数的法向导数沿区域边界面的积分为零.
2. 证明泊松方程第一边值问题的格林函数是对称的.
3. 试写出右半空间 $y>0$ 的格林函数形式.
4. 试写出第一卦限 $x>0$, $y>0$, $z>0$ 的格林函数形式.
5. 试写出上半单位球域内的格林函数形式.
6. 证明函数 $G(x, y) = -\frac{1}{2\pi}\ln r$ 满足二维泊松方程 $\Delta u = -\delta(x, y)$, 此处 $r = \sqrt{x^2+y^2}$, 因此它是二维泊松方程的一个基本解.
7. 试写出第二象限 $x>0$, $y<0$ 的格林函数形式.
8. 试推导单位圆域上的格林函数形式.

*第 9 章 定解问题的适定性

在本章中我们将要研究定解问题的适定性. 首先介绍一下定解问题适定性的概念. 一般说来, 它是指定解问题解的存在性、唯一性和稳定性. 如果一个定解问题存在稳定的唯一解, 就称该定解问题是**适定的**, 否则就称它为**不适定的**. 在前面的章节中已详细介绍了定解问题的各种解法. 如果对泛定方程及定解条件中出现的已知函数附加适当的光滑性条件, 那么它们实际上给出了对应的定解问题解的存在性的证明, 在本章中我们将以三类重要的定解问题为例来重点讨论定解问题解的唯一性和稳定性.

9.1 一维波动方程定解问题的适定性

在本节中我们以一维波动方程定解问题为例来考察一维波动方程定解问题的适定性, 它又分为初值问题(无界弦的振动)及混合问题(有界弦的振动)两部分. 首先考虑该定解问题的初值问题, 它又可称为柯西问题.

9.1.1 有界弦自由振动问题的适定性

两端固定的有界弦的自由振动满足如下的一维波动方程混合问题

$$\begin{cases}\dfrac{\partial^2 u}{\partial t^2} = a^2 \dfrac{\partial^2 u}{\partial x^2} & (a > 0, t > 0, 0 < x < l),\\ u(0,t) = 0, u(l,t) = 0, & \\ u(x,0) = \varphi(x), u_t(x,0) = \psi(x). &\end{cases} \tag{9.1.1}$$

利用第 3 章的分离变量法可求出该定解问题的傅里叶级数的形式解为

$$u(x,t) = \sum_{n=1}^{\infty} u_n(x,t) = \sum_{n=1}^{\infty}\left(A_n \cos\frac{n\pi a}{l}t + B_n \sin\frac{n\pi a}{l}t\right)\sin\frac{n\pi}{l}x, \tag{9.1.2}$$

其中

$$A_n = \frac{2}{l}\int_0^l \varphi(x)\sin\frac{n\pi}{l}x\mathrm{d}x, \tag{9.1.3}$$

$$B_n = \frac{2}{n\pi a}\int_0^l \psi(x)\sin\frac{n\pi}{l}x\mathrm{d}x. \tag{9.1.4}$$

利用傅里叶级数理论可以证明，若 $\varphi(x)$ 在 $[0, l]$ 上有二阶连续微商，$\psi(x)$ 在 $[0, l]$ 上有一阶连续微商，则式(9.1.2)恰好给出了定解问题(9.1.1)的解 $u(x, t)$ 的表达式，即原一维波动方程的混合问题(9.1.1)的解是存在的．

下面考虑该混合问题解的唯一性．为此，先介绍能量积分的概念．下面的定理给出了能量积分的表达式．

定理 设函数 $u(x, t)$ 及其二阶偏导数在区域 $0\leqslant x\leqslant l$，$t\geqslant 0$ 上连续，且满足以下定解问题

$$\begin{cases} \dfrac{\partial^2 u}{\partial t^2} = a^2\dfrac{\partial^2 u}{\partial x^2} \qquad (a>0, t>0, 0<x<l), \\ u(0,t)=0, u(l,t)=0. \end{cases} \tag{9.1.5}$$

则积分

$$E(t) = \int_0^l\left[\frac{\rho}{2}\left(\frac{\partial u}{\partial t}\right)^2 + \frac{T}{2}\left(\frac{\partial u}{\partial x}\right)^2\right]\mathrm{d}x = C, \tag{9.1.6}$$

其中 C 为与 t 无关的常数．

证 对上述表达式 $E(t)$ 求导，由假设条件可知，求导次序与积分次序可交换，因此有

$$\begin{aligned} E'(t) &= \frac{\mathrm{d}}{\mathrm{d}t}\int_0^l\left[\frac{\rho}{2}\left(\frac{\partial u}{\partial t}\right)^2 + \frac{T}{2}\left(\frac{\partial u}{\partial x}\right)^2\right]\mathrm{d}x = \int_0^l \frac{\mathrm{d}}{\mathrm{d}t}\left[\frac{\rho}{2}\left(\frac{\partial u}{\partial t}\right)^2 + \frac{T}{2}\left(\frac{\partial u}{\partial x}\right)^2\right]\mathrm{d}x \\ &= \int_0^l\left[\rho\frac{\partial u}{\partial t}\frac{\partial^2 u}{\partial t^2} + T\frac{\partial u}{\partial x}\frac{\partial^2 u}{\partial x\partial t}\right]\mathrm{d}x. \end{aligned}$$

对第二项进行分部积分，注意到 $a=\sqrt{\dfrac{T}{\rho}}$，且由定解问题(9.1.5)的方程与边界条件有

$$\begin{aligned} E'(t) &= \rho\left[a^2\frac{\partial u}{\partial t}\frac{\partial u}{\partial x}\bigg|_{x=0}^{x=l} + 2\int_0^l\frac{\partial u}{\partial t}\left(\frac{\partial^2 u}{\partial t^2} - a^2\frac{\partial u}{\partial x}\right)\mathrm{d}x\right] \\ &= \rho a^2\frac{\partial u}{\partial t}\frac{\partial u}{\partial x}\bigg|_{x=0}^{x=l} = 0. \end{aligned}$$

那么由 t 的任意性可得

$$E(t) = C,$$

其中 C 为与 t 无关的常数．因此定理得证．

说明：式(9.1.6)具有具体的物理意义．在研究没有损耗力的力学问题中，能量守恒起着重要的作用．对于弦振动问题，总能量由动能和势能两部分组成，它们的和就称为**能量积分**．由第 1 章不受外力的自由弦振动方程的推导过程可知积分

$$K(t) = \int_0^l \frac{\rho}{2}\left(\frac{\partial u}{\partial t}\right)^2 \mathrm{d}x$$

表示弦在任意时刻 t 时所具有的动能，而积分

$$U(t) = \int_0^l \frac{T}{2}\left(\frac{\partial u}{\partial x}\right)^2 \mathrm{d}x$$

表示弦在任意时刻 t 时所具有的势能，它们的和恰好是式(9.1.6)，也就是**能量积分**.

使用能量积分法可以证明定解问题(9.1.1)解的唯一性．下面考虑更一般的定解问题

$$\begin{cases}\dfrac{\partial^2 u}{\partial t^2} = a^2\dfrac{\partial^2 u}{\partial x^2} + f(x,t) & (a>0,\ t>0,\ 0<x<l),\\ u(0,t) = g_1(t),\ u(l,t) = g_2(t), & \\ u(x,0) = \varphi(x),\ u_t(x,0) = \psi(x). & \end{cases} \tag{9.1.7}$$

式(9.1.7)所描述的是有界弦的受迫振动．如果定解问题(9.1.7)存在两个不同的解 $u_1(x,t)$ 及 $u_2(x,t)$，由解的线性叠加原理，其差 $v(x,t) = u_1(x,t) - u_2(x,t)$ 应该满足如下的定解问题

$$\begin{cases}\dfrac{\partial^2 v}{\partial t^2} = a^2\dfrac{\partial^2 v}{\partial x^2} & (a>0,\ t>0,\ 0<x<l),\\ v(0,t) = 0,\ v(l,t) = 0, & \\ v(x,0) = 0,\ v_t(x,0) = 0. & \end{cases} \tag{9.1.8}$$

注意式(9.1.8)中的泛定方程和定解条件全部都是齐次的，现在只需证明问题(9.1.8)仅存在零解即可．对于函数 $v(x,t)$ 而言，由于 $v(x,0) = 0$，$v_x(x,0) = 0$，又 $v_t(x,0) = 0$，故有

$$E(0) = \int_0^l \left[\frac{\rho}{2}\left(\frac{\partial v(x,0)}{\partial t}\right)^2 + \frac{T}{2}\left(\frac{\partial v(x,0)}{\partial x}\right)^2\right]\mathrm{d}x = 0,$$

故对任意时间 t，由 $E(0) = 0$ 和能量积分公式(9.1.6)可得

$$E(t) = \int_0^l \left[\frac{\rho}{2}\left(\frac{\partial v}{\partial t}\right)^2 + \frac{T}{2}\left(\frac{\partial v}{\partial x}\right)^2\right]\mathrm{d}x = 0. \tag{9.1.9}$$

由于 ρ 及 T 均为正的常数，因此有

$$\frac{\partial v}{\partial t}\equiv 0 \quad 及 \quad \frac{\partial v}{\partial x}\equiv 0.$$

根据 x, t 的任意性，这表明 $v(x,\ t)$ 为一个常数．但是由于 $v(x,\ 0)=0$，所以 $v(x,\ t)\equiv 0$，即 $u_1(x,\ t)\equiv u_2(x,\ t)$，从而唯一性得到了证明．

对于一维波动方程混合问题(9.1.1)的解的稳定性也可利用能量不等式来证明，鉴于内容所限，具体证明过程省略．

本节的证明对于第二和第三边值问题都是适用的，并且以上的证明还可以推广到二维和三维波动方程定解问题适定性的研究上去．

9.1.2 无界弦自由振动问题的适定性

无界弦的自由振动满足如下的一维波动方程柯西问题

$$\begin{cases}\dfrac{\partial^2 u}{\partial t^2}=a^2\dfrac{\partial^2 u}{\partial x^2} & (a>0,t>0,-\infty<x<+\infty),\\ u(x,0)=\varphi(x),u_t(x,0)=\psi(x),\end{cases}\tag{9.1.10}$$

其中 $\varphi(x)$ 有二阶连续微商，$\psi(x)$ 有一阶连续微商．

在第 7 章中利用行波法可得到问题(9.1.10)的解(或称为达朗贝尔公式)为

$$u(x,t)=\frac{1}{2}[\varphi(x+at)+\varphi(x-at)]+\frac{1}{2a}\int_{x-at}^{x+at}\psi(s)\,\mathrm{d}s.\tag{9.1.11}$$

将式(9.1.11)代入式(9.1.10)，可直接验证函数 $u(x,\ t)$ 同时满足定解问题(9.1.10)的泛定方程和定解条件，因此达朗贝尔公式(9.1.11)确实给出了无界弦自由振动问题(9.1.10)的解(或称为古典解)，也就是说，定解问题(9.1.10)的解是存在的．

另外，在使用行波法推导达朗贝尔公式(9.1.11)时，我们并未附加任何额外的条件，这表示，定解问题(9.1.10)的一切解都应具有式(9.1.11)的形式．这样就直接证明了定解问题(9.1.10)解的唯一性．

最后考虑柯西问题(9.1.10)解的稳定性．由定解问题解的稳定性的定义，假设柯西问题(9.1.10)的定解条件有了一个微小的扰动，即

$$\tilde{\varphi}(x)=\varphi(x)+\xi(x),\quad \tilde{\psi}(x)=\psi(x)+\eta(x).\tag{9.1.12}$$

并假设

$$|\xi(x)|<\delta,\quad |\eta(x)|<\delta,\tag{9.1.13}$$

其中 δ 为某一正实数，相应的定解问题变化为

$$\begin{cases}\dfrac{\partial^2 \tilde{u}}{\partial t^2}=a^2\dfrac{\partial^2 \tilde{u}}{\partial x^2} & (a>0,t>0,-\infty<x<+\infty),\\ \tilde{u}(x,0)=\tilde{\varphi}(x),\tilde{u}_t(x,0)=\tilde{\psi}(x).\end{cases}\tag{9.1.14}$$

由解的线性叠加原理可知,$v(x,t)=\tilde{u}(x,t)-u(x,t)$应该满足如下的定解问题

$$\begin{cases}\dfrac{\partial^2 v}{\partial t^2}=a^2\dfrac{\partial^2 v}{\partial x^2} & (a>0,t>0,-\infty<x<+\infty),\\ v(x,0)=\xi(x),\ v_t(x,0)=\eta(x).\end{cases}\tag{9.1.15}$$

再由达朗贝尔公式可得

$$\begin{aligned}|v(x,t)|&=|\tilde{u}(x,t)-u(x,t)|\\&=\left|\frac{1}{2}[\xi(x+at)+\xi(x-at)]+\frac{1}{2a}\int_{x-at}^{x+at}\eta(s)\,\mathrm{d}s\right|\\&\leqslant\frac{1}{2}|\xi(x+at)|+\frac{1}{2}|\xi(x-at)|+\frac{1}{2a}\int_{x-at}^{x+at}|\eta(s)|\,\mathrm{d}s\\&\leqslant\frac{1}{2}\delta+\frac{1}{2}\delta+\frac{1}{2a}\delta\cdot 2at=\delta(1+t).\end{aligned}\tag{9.1.16}$$

如果假设定解条件的扰动充分小,即对任何有限的时间段 $0\leqslant t\leqslant t_0$(此处 t_0 为一正的常数)及任意预先给定的小正数 ε,可取

$$\delta\leqslant\frac{\varepsilon}{1+t_0},\tag{9.1.17}$$

那么

$$|v(x,t)|=|\tilde{u}(x,t)-u(x,t)|\leqslant\varepsilon\tag{9.1.18}$$

成立. 式(9.1.18)表明,对于时间段 $0\leqslant t\leqslant t_0$ 中的任何时间 t 及任何 x, 只要初始条件的改变充分小,则解的改变也可以充分小,即证明了定解问题(9.1.10)解的稳定性.

综上所述,无界弦自由振动定解问题是适定的,即该定解问题的适定性得证.

9.2　热传导方程定解问题的适定性

在这一节我们主要考虑一维热传导方程混合问题的适定性,即有界杆上的热传导问题,对应的定解问题为

$$\begin{cases}\dfrac{\partial u}{\partial t}=a^2\dfrac{\partial^2 u}{\partial x^2}+f(x,t) & (a>0,\ t>0,\ 0<x<l),\\ u(0,t)=g_1(t),\ u(l,t)=g_2(t),\\ u(x,0)=\varphi(x).\end{cases}\tag{9.2.1}$$

为了研究它的适定性, 先介绍一个与之有关的极值原理. 极值原理是描述扩散、传

导等现象的热传导方程的重要特性．以热传导方程为例，如果物体的边界温度及其初始温度都不超过某值 M，而且物体内部没有热源，则此物体内的温度就不能大于 M.

9.2.1 极值原理

定理 1(极值原理) 设函数 $u(x,\ t)$ 在闭矩形区域 D：$0\leqslant x\leqslant l,\ 0\leqslant t\leqslant T$ 上连续，在 D 的内部及上底：$0<x<l,\ t=T$ 满足齐次热传导方程

$$\frac{\partial u}{\partial t}=a^2\frac{\partial^2 u}{\partial x^2},\tag{9.2.2}$$

则它在矩形的两个侧边 Γ_1：$x=0,\ x=l,\ 0\leqslant t\leqslant T$ 或底边 Γ_2：$0\leqslant x\leqslant l,\ t=0$ 上取得它在 D 上的最大值和最小值．换句话说，如果用 $\Gamma_1\cup\Gamma_2$ 表示 D 的两侧边及底边所组成的边界曲线(通常称为**抛物边界**)，那么就有

$$\max_D u(x,t)=\max_{\Gamma_1\cup\Gamma_2}u(x,t),\quad \min_D u(x,t)=\min_{\Gamma_1\cup\Gamma_2}u(x,t).$$

证 若 $u(x,\ t)$ 满足式(9.2.2)并在某点 $(x,\ t)$ 取到最小值，则 $-u(x,\ t)$ 也满足式(9.2.2)并在该点取到最大值，因此我们只需讨论最大值的情形就可以了．

以下用反证法进行证明，首先我们知道在闭区域上连续的函数必有最大值 M，即 $M=\max\limits_D u(x,\ t)$，设 $N=\max\limits_{\Gamma_1或\Gamma_2}u(x,\ t)$．如果定理不成立，则有 $\varepsilon=M-N>0$，且在区域 $D-(\Gamma_1\cup\Gamma_2)$ 上的某点 $(x_0,\ t_0)$ 处达到最大值 M，即有

$$u(x_0,t_0)=M=N+\varepsilon.$$

现在作一个辅助函数

$$v(x,t)=u(x,t)-k(t-t_0),\tag{9.2.3}$$

其中 $k=\dfrac{\varepsilon}{2T}$. 那么

$$v(x_0,t_0)=u(x_0,t_0)=M.$$

又在 $\Gamma_1\cup\Gamma_2$ 上

$$v(x,t)\leqslant u(x,t)+kT\leqslant N+\frac{\varepsilon}{2}<v(x_0,t_0).$$

因此，函数 $v(x,\ t)$ 和 $u(x,\ t)$ 一样，不会在 $\Gamma_1\cup\Gamma_2$ 上取到最大值．设 $v(x,\ t)$ 在 $D-(\Gamma_1\cup\Gamma_2)$ 上某点 $(x_1,\ t_1)$ 处取到最大值 M，即当 $x=x_1\ (0<x_1<l)$ 时函数 $v(x,\ t_1)$ 在 $[0,\ l]$ 上取到最大值 M，因此在点 $(x_1,\ t_1)$ 处有 $\dfrac{\partial^2 u(x_1,t_1)}{\partial x^2}\leqslant 0$；同理，当 $t=t_1\ (0<t_1\leqslant T)$ 时函数 $v(x_1,\ t)$ 在 $[0,\ T]$ 取到最大值 M. 因此在点 $(x_1,\ t_1)$ 处有 $\dfrac{\partial v(x_1,t_1)}{\partial t}\geqslant 0$ $\left(当 0<t_1<T 时，有\dfrac{\partial v(x_1,t_1)}{\partial t}=0；而当 t_1=T 时，有\dfrac{\partial v(x_1,t_1)}{\partial t}\geqslant 0\right)$.

由式(9.2.3)知在点(x_1, t_1)处有

$$\frac{\partial u}{\partial t} - a^2 \frac{\partial^2 u}{\partial x^2} = \frac{\partial v}{\partial t} - a^2 \frac{\partial^2 v}{\partial x^2} + k \geqslant k > 0.$$

这与函数 $u(x, t)$在整个区域 D 上满足齐次热传导方程(9.2.2)相矛盾，定理得证.

9.2.2 一维热传导方程混合问题解的唯一性和稳定性

利用极值原理可以方便地证明一维热传导方程混合问题解的唯一性和稳定性.

定理 2 一维热传导方程混合问题(9.2.1)的解是稳定的，并且是唯一的.

证 设定解问题(9.2.1)的定解条件有了一个微小的扰动，即

$$\tilde{\varphi}(x) = \varphi(x) + \xi(x), \quad \tilde{g}_1(t) = g_1(t) + \eta_1(t), \quad \tilde{g}_2(t) = g_2(t) + \eta_2(t). \tag{9.2.4}$$

并假设

$$|\xi(x)| < \delta, \quad |\eta_1(t)| < \delta, \quad |\eta_2(t)| < \delta, \tag{9.2.5}$$

其中 δ 为某一正实数，对应的定解问题变为

$$\begin{cases} \dfrac{\partial \tilde{u}}{\partial t} = a^2 \dfrac{\partial^2 \tilde{u}}{\partial x^2} + f(x,t) & (a > 0, t > 0, 0 < x < l), \\ \tilde{u}(0,t) = \tilde{g}_1(t), \tilde{u}(l,t) = \tilde{g}_2(t), \\ \tilde{u}(x,0) = \tilde{\varphi}(x). \end{cases} \tag{9.2.6}$$

由解的线性叠加原理可知，函数 $v(x, t) = \tilde{u}(x, t) - u(x, t)$满足如下的定解问题

$$\begin{cases} \dfrac{\partial v}{\partial t} = a^2 \dfrac{\partial^2 v}{\partial x^2} & (a > 0, t > 0, 0 < x < l), \\ v(0,t) = \eta_1(t), v(l,t) = \eta_2(t), \\ v(x,0) = \xi(x). \end{cases} \tag{9.2.7}$$

因为函数 $v(x, t)$满足定理 1(即极值原理)的条件，即满足式(9.2.7)中的泛定方程，所以它应在闭矩形区域 D 的两个侧边 Γ_1: $x=0$, $x=l$, $0 \leqslant t \leqslant T$ 或底边 Γ_2: $0 \leqslant x \leqslant l$, $t=0$上取得它的最大值 M 及最小值 N，但是我们有 $|M|$, $|N| < \delta$，因此函数 $v(x, t)$在整个区域 D 上应该满足:

$$|v(x,t)| = |\tilde{u}(x,t) - u(x,t)| < \delta.$$

上式表明，对于任意的 $\varepsilon > 0$，可取 $\delta = \varepsilon$，则 $|v(x, t)| < \varepsilon$. 这也就说明，只要定

解条件的改动充分小，则解的改变也可以充分小，即说明了定解问题(9.2.1)解的稳定性.

如果在上面的证明中取 $\delta=0$，则可得 $\varepsilon=0$，即若有两个函数 $u(x,\ t)$ 及 $\tilde{u}(x,\ t)$，它们均满足定解问题(9.2.1)，则 $v(x,\ t)=\tilde{u}(x,\ t)-u(x,\ t)\equiv 0$，即解的唯一性也得到了证明.

值得注意的是，定理1中所证明的极值原理还不能直接应用于热传导方程的第二类或第三类边界条件的初边值问题，对于此类问题的讨论在此从略.

9.3 拉普拉斯方程边值问题的适定性

具有关于变量 x 和 y 的二阶连续偏导数并且满足拉普拉斯方程或称调和方程的连续函数称为调和函数. 由于二维调和函数具有与三维调和函数完全类似的性质，在本节我们仅以三维调和函数为例，讨论拉普拉斯方程第一边值问题解的唯一性和稳定性. 为了研究它的适定性，与热传导问题类似，先介绍一个与调和函数有关的**极值原理**.

9.3.1 极值原理

定理1(极值原理) 设调和函数 $u(x,\ y,\ z)$ 在有界连通闭区域 D(包括其边界曲面 S)上连续，则它必在区域 D 的边界曲面 S 上取到它的最大值和最小值.

证 若调和函数 $u(x,\ y,\ z)$ 在某点 $(x,\ y,\ z)$ 取到最小值，则 $-u(x,\ y,\ z)$ 也是调和函数并在该点取到最大值，因此我们只需讨论最大值的情形就可以了.

以下用反证法进行证明，首先我们知道在闭区域上连续的函数必有最大值 M，即 $M=\max\limits_{D} u(x,\ y,\ z)$. 若它在区域 D 的边界曲面 S 上未取到它的最大值，而在区域 D 内某点 P 处达到最大值 M，即有 $u(P)=M$.

现在以点 P 为球心，以一个适当的正数 R 为半径作一个球域 Ω，使该球完全包含于区域 D 内，设 Ω 的边界曲面为球面 S_0，由平均值公式可知

$$u(P)=\frac{1}{4\pi R^2}\oiint_{S_0} u(Q)\,\mathrm{d}S, \qquad (9.3.1)$$

即调和函数 u 在球心 P 处的值应该等于它在球面上取值的平均. 那么它在球面上任意一点处的值也必定取到最大值 M. 否则，设它在球面 S_0 上某一点 Q 处取值小于 M，由于函数 u 在球面 S_0 上连续，则在 S_0 上存在点 P 的一个小邻域 S_1，其上所有的点处 u 的值均小于 M，在球面 S_0 的其余部分函数 u 的取值不大于 M，则式(9.3.1)右端积分后的平均值必小于 M，而其左端的值为 M，这样就形成了矛盾.

过该球体内任意一点处均可作一个以点 P 为中心的球面，使其完全包含于区

域 D 内，从以上的证明可推得，函数 u 在该点的取值也必为 M. 即函数 u 在球体 Ω 内为一常数.

现在令球体 Ω 的半径 R 逐渐增大，直至它碰到区域 D 的边界 S 为止，设点 Q_0 为其接触点，由以上证明可知，调和函数 u 在点 Q_0 取值应为 M. 即它在区域 D 的边界曲面 S 上取到最大值. 从而定理 1 得到证明.

9.3.2　拉普拉斯方程第一边值问题解的唯一性和稳定性

由第 8 章可知泊松方程第一边值(区域内)问题为

$$\begin{cases}\Delta u = -\varphi,\ (x,y,z) \in D,\\ u|_S = f.\end{cases} \tag{9.3.2}$$

特别地，当 $f\equiv 0$ 时，上述定解问题变为下面的拉普拉斯第一边值(区域内)问题

$$\begin{cases}\Delta u = 0,\ (x,y,z) \in D,\\ u|_S = f.\end{cases} \tag{9.3.3}$$

现在利用定理 1 讨论定解问题(9.3.3)解的唯一性及稳定性.

设定解问题(9.3.3)的定解条件有了一个微小的扰动，即

$$\tilde{f}(x,y,z) = f(x,y,z) + \xi(x,y,z). \tag{9.3.4}$$

并假设

$$|\xi(x,y,z)| < \delta, \tag{9.3.5}$$

此处 δ 为某一正实数. 相应的定解问题变化为

$$\begin{cases}\Delta \tilde{u} = 0,\ (x,y,z) \in D,\\ \tilde{u}|_S = \tilde{f}.\end{cases} \tag{9.3.6}$$

由解的线性叠加原理可知，$v(x,\ y,\ z) = \tilde{u}(x,\ y,\ z) - u(x,\ y,\ z)$ 应该满足如下的定解问题

$$\begin{cases}\Delta v = 0,\ (x,y,z) \in D,\\ v|_S = \xi.\end{cases} \tag{9.3.7}$$

由于 $v(x,\ y,\ z)$ 满足式(9.3.7)中的调和方程，它是一个调和函数，因此满足前面极值原理的条件，则它应在闭区域 D 的边界 S 上取到它的最大值 M 及最小值 N. 但是我们有 $|M|$，$|N|<\delta$，因此函数 $v(x,\ y,\ z)$ 在整个区域 D 上应该满足：

$$|v(x,y,z)| = |\tilde{u}(x,y,z) - u(x,y,z)| < \delta.$$

上式表明，对于任意的 $\varepsilon>0$，可取 $\delta=\varepsilon$，$|v(x, y, z)|<\varepsilon$，即只要定解条件的改动充分小，则解的改变也可以充分小，这说明了定解问题(9.3.3)解的稳定性.

关于解的唯一性，与热传导问题解的唯一性的证明完全类似，这里从略.

以上我们证明了拉普拉斯方程第一边值(区域内)问题解的唯一性和稳定性，对于区域外边值问题，即区域是在边界曲面 S 的外部，只要对未知函数 $u(x, y, z)$ 在无穷远点的性态附加以适当的条件，可得到与泊松方程第一边值(区域内)问题解的唯一性和稳定性的完全类似的结论，具体证明从略.

如果调和函数 $u(x, y, z)$ 不是常数函数，我们有加强的极值原理：

定理 2(调和函数的极值原理) 设调和函数 $u(x, y, z)$ 在有界连通区域 D 内及其边界曲面 S 上连续，且它不为常数，则它只能在区域 D 的边界曲面 S 上取到它的最大值和最小值.

证 仍然使用反证法，并仅以最大值为例进行证明. 假设调和函数 $u(x, y, z)$ 在区域 D 的边界曲面 S 上未取到它的最大值，而在区域 D 内某点 P 处达到最大值 M，即 $u(P)=M$，且函数 u 不为常数，即在区域 D 内另一点 Q 处取值小于 M. 由于有界区域 D 是连通的，故可用完全含于区域 D 内的有限长折线段 l 连接点 P 与点 Q. 设折线段 l 与边界曲面 S 的最小距离为 d，现在以点 P 为中心，以 $\frac{d}{2}$ 为半径作一球体 Ω_1，其边界曲面为球面 S_1，根据定理 1，在该球体上函数 u 为一常数函数，即其上任意点处函数 u 取值均为 M，设 P_1 为球面 S_1 与折线段 l 在 PQ 方向上的一个交点，则有 $u(P_1)=u(P)=M$；再以点 P_1 为中心，以 $\frac{d}{2}$ 为半径作一球体 Ω_2，其边界曲面为球面 S_2，设 P_2 为球面 S_2 与折线段 l 在 PQ 方向上的一个交点，则有 $u(P_2)=u(P)=M$；…. 这样，经过有限次(如 n 次)步骤以后，点 Q 可包含于以某点 P_n 为中心，以 $\frac{d}{2}$ 为半径的球体 Ω_n 之内，于是有 $u(Q)=u(P)=M$，由于 Q 为区域 D 内任意一点，并且函数 $u(x, y, z)$ 在 D 内及 S 上连续，故它在区域 D 内及其边界曲面 S 上保持为一常数值 M，与假设矛盾，从而定理 2 得到证明.

调和函数极值原理有着明晰的物理意义，如果一个导热体内部没有热源，外部介质的热状态已经达到稳定，且假设导热体内部温度场也已达到定常状态，虽然它与外部介质仍然可以有热交换，但是温度的最高值及最低值只能在物体的表面取到，而不会在物体内部某点达到. 否则，热量就会从温度较高的地方流向温度较低的地方，导热体内部的温度场不可能维持定常状态.

习题 9

1. 用能量积分法证明有界弦振动方程第二和第三边值问题解的唯一性.

2. 试从热传导混合问题的极值原理证明：若其泛定方程的两个解 $u_1(x,\ t)$ 及 $u_2(x,\ t)$ 满足条件

$$\begin{cases} u_1(x,0) \leqslant u_2(x,0), \\ u_1(0,t) \leqslant u_2(0,t), \\ u_1(l,t) \leqslant u_2(l,t), \end{cases}$$

那么对于区域 Ω：$0 \leqslant x \leqslant l$，$0 \leqslant t \leqslant T$ 内一切点都有

$$u_1(x,t) \leqslant u_2(x,t).$$

3. 证明齐次热传导方程的混合问题

$$\begin{cases} \dfrac{\partial u}{\partial t} = a^2 \dfrac{\partial^2 u}{\partial x^2} \qquad (a > 0, t > 0, 0 < x < l), \\ u(0,t) = u(l,t) = 0, \\ u(x,0) = \varphi(x) \end{cases}$$

的解的存在性，其中 $\varphi(x) \in C^1$，且 $\varphi(0) = \varphi(l) = 0$.

4. 根据格林第一公式证明泊松方程第一边值问题

$$\begin{cases} \Delta u = 0 \qquad (在\ \Omega\ 内), \\ u\big|_S = f \qquad (在\ S\ 上) \end{cases}$$

解的唯一性.

5. 证明拉普拉斯方程第三边值(洛平)内问题解的唯一性.

6. 证明拉普拉斯方程第二边值(诺依曼)外问题解的稳定性.

7. 证明对于方程 $\dfrac{\partial^2 u}{\partial x^2} + \dfrac{\partial^2 u}{\partial y^2} - cu = 0\ (c > 0)$ 成立的极值原理. 即如果 u 在区域 Ω 内满足上述方程，且在闭区域 $\overline{\Omega}$ 上连续，则 u 不会在区域 Ω 的内部取到正的最大值或负的最小值.

第 10 章 摄动和渐近方法

科学和工程领域所遇到的许多数学物理问题，例如其方程可能是非线性的、边界条件可能是非线性的或是变系数的，能够求出精确解的情形是很少见的，于是人们只能寻求该问题的近似解．所用的数学方法可以是分析方法，也可以是数值方法，还可以是分析方法与数值方法的结合．要求出该问题的近似解，需要对问题作出适当的简化．这就要求根据问题的特征，将所涉及的物理量与问题中某些特征尺度比较，对数学物理方程中各个不同项的量级进行分析，找出问题的主要因素和次要因素，分析解与某些参数的依赖关系．通过这种量纲分析进行无量纲化，得到含有一个或几个参数的数学物理问题．人们常常对于一个或几个参数取值很大或很小的情形分析求解．一般来说，一个含有小参数或大参数的数学问题称为摄动问题，这个小参数或大参数称为摄动参数．解决摄动问题的方法称为摄动或渐近方法．摄动或渐近方法能够提供问题的近似解析解．通常只需取摄动展开解的前几项，尽管这种近似解可能是发散的，但是作为解的定量表示，它往往比一致且绝对收敛的展开式更有效，因而易于在理论上对问题作进一步的分析与研究，甚至还能启示一条改善模型或者数值解的途径．本章我们以具体的例子对摄动和渐近方法作简单介绍，重点介绍多重尺度法及匹配渐近展开法．

10.1 量纲分析和摄动问题

在建立一个数学物理问题模型后，需要将物理量在问题中组成的各项与某些特征尺度比较，分析它们的量级，以决定这些项的近似、取舍等处理，这个过程称为**量纲分析**．量纲分析占有特别重要的位置．用摄动和渐近方法求解数学物理问题，在进行任何近似取舍之前总是要作量纲分析，引进无量纲的变量进行无量纲化，得到无量纲的数学物理问题．

把一个已知方程(组)简化之后，就有可能避免大量机械运算和繁重的分析工作，仍能得到有用的答案．简化后的方程(组)的解答不仅要求足够精确，而且它的特点比精确解更加明显．强有力的简化方法可使我们很快地求解方程，并立即判定出思路是否正确．量纲分析的基本步骤为：

第一步，设法将比较小的项辨认出来．在实践中所谓某项是否小，一般是指在同一方程中的其他项作比较而言的．

第二步，删去比较小的项，从而得到简化的问题．

第三步，检验自洽性．利用所得的近似解去估算被忽略的那些项，以确保它们确实是比较小的．

下面我们通过具体例子说明无量纲化过程．

例 1(抛射问题)　把一个具有不变质量 m 的物体从地球表面以初速度 V 径向上抛，若以 $x^*(t^*)$ 表示时刻 t^* 时物体与地面的径向距离．我们用带星号表示有量纲量，不带星号表示无量纲量．若忽略空气阻力，则位移 $x^*(t^*)$ 的基本方程和初始条件为

$$\frac{\mathrm{d}^2x^*}{\mathrm{d}t^{*2}}=-\frac{gR^2}{(x^*+R)^2},\quad x^*(0)=0,\quad \frac{\mathrm{d}x^*(0)}{\mathrm{d}t^*}=V,\qquad(10.1.1)$$

其中 R 表示地球半径，g 表示重力加速度．

如果在某种意义上 V 比较小，那么位移 $x^*(t^*)$ 比表示地球半径的 R 要小，$\dfrac{R^2}{(x^*+R)^2}\approx 1$，于是问题(10.1.1)简化为

$$\frac{\mathrm{d}^2x^*}{\mathrm{d}t^{*2}}=-g,\quad x^*(0)=0,\quad \frac{\mathrm{d}x^*(0)}{\mathrm{d}t^*}=V.$$

其解为

$$\frac{\mathrm{d}x^*}{\mathrm{d}t^*}=-gt^*+V,\quad x^*=-\frac{1}{2}gt^{*2}+Vt^*.$$

在 $T=\dfrac{V}{g}$时，物体运动速度为零，这时位移 $x^*(t^*)$达到最大值$\dfrac{V^2}{2g}$，从而比值$\dfrac{x^*}{R}$最多等于$\dfrac{V^2}{2gR}$，因此，当 V^2 比 gR 小时，上述所作的简化是合理的．

由上面的分析，我们要把问题(10.1.1)化成无量纲形式．下面分三个步骤作量纲分析．

第一步，列出所有的参数和变量以及它们的量纲，并用基本量写出，见表10-1.

第二步，因为 R 与 x^* 的量纲相同，引入无量纲变量 z，并利用上面所得的 $T=$

$\dfrac{V}{g}$作为时间的特征长度，选择无量纲的时间变量 τ，

$$z=\frac{x^*}{R},\quad \tau=\frac{t^*}{\frac{V}{g}}. \tag{10.1.2}$$

由于

$$\frac{dx^*}{dt^*}=\frac{d(zR)}{dt^*}=R\frac{dz}{d\tau}\frac{d\tau}{dt^*}=\frac{gR}{V}\frac{dz}{d\tau},$$

$$\frac{d^2x^*}{dt^{*2}}=\frac{d^2(zR)}{dt^{*2}}=R\frac{d}{dt^*}\left(\frac{dz}{d\tau}\frac{d\tau}{dt^*}\right)=\frac{gR}{V}\frac{d}{dt^*}\left(\frac{dz}{d\tau}\right)=\frac{g^2R}{V^2}\frac{d^2z}{d\tau^2},$$

问题(10.1.1)化为

$$\frac{d^2z}{d\tau^2}=-\frac{\varepsilon}{(z+1)^2}\quad z(0)=0\quad \frac{dz(0)}{d\tau}=\varepsilon, \tag{10.1.3}$$

其中 $\varepsilon=\dfrac{V^2}{gR}$. ε 的量纲为

$$\frac{(LT^{-1})^2}{(LT^{-2})L}=L^{2-2}T^{-2+2}=L^0T^0.$$

所以 ε 是无量纲的. 从前面分析可知，当 V^2 比 gR 小时，比值$\dfrac{V^2}{2gR}$很小，所以 ε 可选作为小参数. 含有小参数 ε 的问题(10.1.3)称为摄动问题，这个小参数 ε 称为摄动参数.

表 10-1

变量和参数	符　号	量　纲
自变量	t^*	T
因变量	x^*	L
加速度	g	LT^{-2}
初始速度	V	LT^{-1}
地球半径	R	L

无量纲的形式不止一种. 例如，因为 R 与 x^* 的量纲相同，$\dfrac{R}{V}$与 t 的量纲相同，引入无量纲变量 y 和 τ：

$$y=\frac{x^*}{R},\quad \tau=\frac{t^*}{RV^{-1}}. \tag{10.1.4}$$

由于

$$\frac{dx^*}{dt^*}=\frac{d(yR)}{dt^*}=R\frac{dy}{d\tau}\frac{d\tau}{dt^*}=V\frac{dy}{d\tau},$$

$$\frac{d^2x^*}{dt^{*2}}=\frac{d^2(yR)}{dt^{*2}}=R\frac{d}{dt^*}\left(\frac{dy}{d\tau}\frac{d\tau}{dt^*}\right)=V\frac{d}{dt^*}\left(\frac{dy}{d\tau}\right)=\frac{V^2}{R}\frac{d^2y}{d\tau^2},$$

所以，问题(10.1.1)变为

$$\varepsilon\frac{\mathrm{d}^2y}{\mathrm{d}\tau^2}=-\frac{1}{(y+1)^2}\quad y(0)=0,\quad \frac{\mathrm{d}y(0)}{\mathrm{d}\tau}=1,\tag{10.1.5}$$

其中 $\varepsilon=\frac{V^2}{gR}$. 含有小参数 ε 的问题(10.1.5)是一个摄动问题，小参数 ε 为摄动参数.

又如，考虑到当 $x^*<R$ 时，加速度与地球表面重力加速度 g 的量级相同. 前面已经算出 $\frac{\mathrm{d}^2x^*}{\mathrm{d}t^{*2}}=-g$, $x^*(0)=0$, $\frac{\mathrm{d}x^*(0)}{\mathrm{d}t^*}=V$ 的解为

$$\frac{\mathrm{d}x^*}{\mathrm{d}t^*}=-gt^*+V,\quad x^*=-\frac{1}{2}gt^{*2}+Vt^*$$

从上式看出，在 $t^*=\frac{V}{g}$ 时，速度为零. 在 $\frac{V}{g}$ 这段时间内，物体运动了 $\frac{V^2}{2g}$ 的距离. 因此，我们可以以 $\frac{V^2}{g}$ 来估算 x^* 的量级，以 g 估算加速度 $\frac{\mathrm{d}^2x^*}{\mathrm{d}t^{*2}}$ 的量级. 从而选择无量纲的位移 x 定义为

$$x=\frac{x^*}{\frac{V^2}{g}}\quad 或\quad x^*=\frac{V^2}{g}x,$$

在 $\frac{V^2}{g}x$ 项中的因子 $\frac{V^2}{g}$ 表示 x^* 的量级. 我们再以 g 估算加速度 $\frac{\mathrm{d}^2x^*}{\mathrm{d}t^{*2}}$ 的量级选择时间尺度 T，使当由 $t=\frac{t^*}{T}$ 定义无量纲时间 t 时，$\frac{\mathrm{d}^2x^*}{\mathrm{d}t^{*2}}$ 成为无量纲项和常数 g 的乘积，当 $T=\frac{V}{g}$ 时，

$$\frac{\mathrm{d}^2x^*}{\mathrm{d}t^{*2}}=\frac{V^2}{gT^2}\frac{\mathrm{d}^2x}{\mathrm{d}t^2}=g\frac{\mathrm{d}^2x}{\mathrm{d}t^2}.$$

当 $T=\frac{V}{g}$ 时，$\frac{V^2}{gT^2}=g$ 就是一个有量纲的常数因子. 现在我们选择

$$x=\frac{x^*}{\frac{V^2}{g}},\quad t=\frac{t^*}{\frac{V}{g}},\tag{10.1.6}$$

则有

$$g\frac{\mathrm{d}^2x}{\mathrm{d}t^2}=-\frac{R^2g}{\left(\frac{xV^2}{g+R}\right)^2},\quad x(0)=0,\quad \frac{\mathrm{d}x(0)}{\mathrm{d}t}=1.$$

令 $\varepsilon=\frac{V^2}{gR}$，它是一个无量纲因子，所以

$$\frac{d^2x}{dt^2}=-\frac{1}{(1+\varepsilon x)^2},\quad x(0)=0,\quad \frac{dx(0)}{dt}=1. \tag{10.1.7}$$

含有参数 ε 的问题(10.1.7)为摄动问题，参数 ε 为摄动参数．

从上述分析可见，选择不同的无量纲量会得到不同的摄动问题．

由此可见，无量纲化使得每一项的相对大小都由该项前的一个无量纲因子来标志．确切地说，在量纲分析过程中试图选择这样的内在参考量，它将使方程中的每一项都变成一个有量纲的常数因子(它能很好地估算出该项的量级)和量级为1的无量纲因子的乘积．例如$\frac{d^2x^*}{dt^{*2}}=g\frac{d^2x}{dt^2}$，有量纲的$\frac{d^2x^*}{dt^{*2}}$经过无量纲化变成有量纲的常数因子 g 和量级为1的无量纲因子$\frac{d^2x}{dt^2}$的乘积，视为$\frac{d^2x}{dt^2}=O(1)$.

例 2 平板的定常不可压缩绕流问题

$$\begin{cases}\dfrac{\partial u^*}{\partial x^*}+\dfrac{\partial v^*}{\partial y^*}=0,\\ u^*\dfrac{\partial u^*}{\partial x^*}+v^*\dfrac{\partial u^*}{\partial y^*}=-\dfrac{1}{\rho}\dfrac{\partial p^*}{\partial x^*}+\nu\left(\dfrac{\partial^2u^*}{\partial x^{*2}}+\dfrac{\partial^2u^*}{\partial y^{*2}}\right),\\ u^*\dfrac{\partial v^*}{\partial x^*}+v^*\dfrac{\partial v^*}{\partial y^*}=-\dfrac{1}{\rho}\dfrac{\partial p^*}{\partial y^*}+\nu\left(\dfrac{\partial^2v^*}{\partial x^{*2}}+\dfrac{\partial^2v^*}{\partial y^{*2}}\right),\\ u^*=v^*=0(\text{在 }y^*=0\text{ 处}),\\ u^*\to U_\infty,v^*\to 0(\text{当 }x^*\to-\infty\text{ 时}),\end{cases} \tag{10.1.8}$$

其中 u^*，v^*分别为 x^*，y^*方向上速度的分量，p^*为压力，ρ 为密度，ν 为运动粘度．

选取 L 作特征长度，U_∞ 为特征速度，ρU_∞^2 为特征压力，将方程无量纲化．令

$$u=\frac{u^*}{U_\infty},\quad v=\frac{v^*}{U_\infty},\quad p=\frac{p^*}{\rho U_\infty^2},\quad x=\frac{x^*}{L},\quad y=\frac{y^*}{L},$$

由于

$$\frac{\partial u^*}{\partial x^*}=\frac{U_\infty}{L}\frac{\partial u}{\partial x},\quad \frac{\partial u^*}{\partial y^*}=\frac{U_\infty}{L}\frac{\partial u}{\partial y},$$

$$\frac{\partial^2u^*}{\partial x^{*2}}=\frac{U_\infty}{L^2}\frac{\partial^2u}{\partial x^2},\quad \frac{\partial^2u^*}{\partial y^{*2}}=\frac{U_\infty}{L^2}\frac{\partial^2u}{\partial y^2},$$

$$\frac{\partial p^*}{\partial x^*}=\frac{\rho U_\infty^2}{L}\frac{\partial p}{\partial x},\quad \frac{\partial p^*}{\partial y^*}=\frac{\rho U_\infty^2}{L}\frac{\partial p}{\partial y},$$

代入方程,整理得到

$$\begin{cases}\dfrac{\partial u}{\partial x}+\dfrac{\partial v}{\partial y}=0,\\ u\dfrac{\partial u}{\partial x}+v\dfrac{\partial u}{\partial y}=-\dfrac{\partial p}{\partial x}+\dfrac{1}{\mathrm{Re}}\left(\dfrac{\partial^2 u}{\partial x^2}+\dfrac{\partial^2 u}{\partial y^2}\right),\\ u\dfrac{\partial v}{\partial x}+v\dfrac{\partial v}{\partial y}=-\dfrac{\partial p}{\partial y}+\dfrac{1}{\mathrm{Re}}\left(\dfrac{\partial^2 v}{\partial x^2}+\dfrac{\partial^2 v}{\partial y^2}\right),\\ u=0,v=0(\text{在 } y=0 \text{ 处}),\\ u\to 1,v\to 0(\text{在 } x\to -\infty),\end{cases} \tag{10.1.9}$$

其中 $\mathrm{Re}=\dfrac{U_\infty L}{\nu}$称为雷诺数(Reynolds number).

在这个问题中，对于粘性很小的情况，即 ν 与 $U_\infty L$ 相比很小的时候，Re 是一个大量，于是可以用它的倒数作为摄动参数．对于流速很慢的流体，即 $U_\infty L$ 与 ν 相比很小的时候，Re 是小量，于是可以用 Re 作为摄动参数．含有参数 Re 的问题(10.1.9)称为摄动问题，这个参数 Re 称为摄动参数．尽管非线性问题(10.1.8)一般无法求出精确的解析解，但是在 Re 为大参数或者小参数的特殊情形，我们可以把它化为摄动问题(10.1.9)，然后用摄动方法求出其近似解析解．

例3 考虑半径为 a 的固定圆板在均匀的径向载荷作用下的振动问题．设 u^* 是圆板的横向位移，圆板的横向振动方程为

$$D\,\nabla^{*4}u^*-p\,\nabla^{*2}u^*=\rho\frac{\partial^2 u^*}{\partial t^{*2}}. \tag{10.1.10}$$

圆板的边界条件为

$$u^*=0,\frac{\partial u^*}{\partial r^*}=0\text{ 在 } r^*=a \text{ 处};u^*<\infty \text{ 在 } r^*=0\text{ 处}, \tag{10.1.11}$$

其中 t^* 为时间，D 为圆板的抗弯刚度，p 是均匀径向载荷，ρ 是单位面积的板的质量，

$$\nabla^{*2}=\frac{\partial^2}{\partial r^{*2}}+\frac{1}{r^*}\frac{\partial}{\partial r^*}+\frac{1}{r^{*2}}\frac{\partial^2}{\partial\theta^2}.$$

在这个问题中，选取 a 作为特征长度．假设时间 t^* 的特征时间为 T，定义无量纲量

$$u=\frac{u^*}{a},\quad r=\frac{r^*}{a},\quad t=\frac{t^*}{T}, \tag{10.1.12}$$

因为

$$\frac{\partial u^*}{\partial r^*}=\frac{\partial u}{\partial r},\quad \frac{\partial^2 u^*}{\partial r^{*2}}=\frac{1}{a}\frac{\partial^2 u}{\partial r^2},$$

$$\frac{\partial u^*}{\partial\theta}=a\frac{\partial u}{\partial\theta},\quad \frac{\partial u^*}{\partial t^*}=\frac{a}{T}\frac{\partial u}{\partial t},$$

$$\frac{\partial^2 u^*}{\partial t^{*2}} = \frac{a}{T^2}\ \frac{\partial^2 u}{\partial t^2}, \qquad \nabla^{*2} = \frac{1}{a^2}\ \nabla^2,$$

方程(10.1.10)变为

$$\frac{D}{a^3}\left(\frac{\partial^2}{\partial r^2} + \frac{1}{r}\ \frac{\partial}{\partial r} + \frac{1}{r^2}\ \frac{\partial^2}{\partial \theta^2}\right)^2 u - \frac{p}{a}\left(\frac{\partial^2}{\partial r^2} + \frac{1}{r}\ \frac{\partial}{\partial r} + \frac{1}{r^2}\ \frac{\partial^2}{\partial \theta^2}\right)u - \frac{\rho a}{T^2}\ \frac{\partial^2 u}{\partial t^2} = 0,$$

或

$$\frac{D}{a^2 p}\ \nabla^4 u - \nabla^2 u = \frac{\rho a^2}{pT^2}\ \frac{\partial^2 u}{\partial t^2}. \tag{10.1.13}$$

在量纲分析过程中，方程中的每一项都变成一个有量纲的常数因子和量级为 1 的无量纲因子的乘积．在式(10.1.13)中选取$\frac{\partial^2 u}{\partial t^2}$的系数等于 1，得到 $T = a\sqrt{\frac{\rho}{p}}$，方程(10.1.13)变为

$$\varepsilon\ \nabla^4 u - \nabla^2 u = \frac{\partial u}{\partial t}, \tag{10.1.14}$$

其中 $\varepsilon = \frac{D}{a^2 p}$. 边界条件(10.1.11)变为

$$u = 0, \frac{\partial u}{\partial r} = 0, \text{在 } r = 1 \text{ 处}; u < \infty, \text{在 } r = 0 \text{ 处} \tag{10.1.15}$$

在这个实际问题中，$\varepsilon = \frac{D}{a^2 p}$是一个无量纲参数．如果径向载荷 p 与$\frac{D}{a^2}$相比大得多，那么 ε 是一个小量，可以作为摄动参数．

以上通过量纲分析过程将方程表示成无量纲形式，能得到反映某问题性质的重要的无量纲参数．对于一个定解问题来说，小参数 ε 可能出现在方程中，也可能出现在定解条件中，还会在方程及定解条件中同时出现，甚至还可以人为地引入小参数．

如果有关的无量纲变量 $u(x,\ \varepsilon)$(u 可以是标量，也可以是向量，x 是无量纲自变量，它可以是标量也可以是矢量或向量，ε 是一个无量纲参数)的数学问题在数学上可用微分方程

$$L(u, x, \varepsilon) = 0 \tag{10.1.16}$$

和边界条件

$$B(u, \varepsilon) = 0 \tag{10.1.17}$$

来表示，那么这个问题称为**摄动问题**．

一般说来，我们称一个含有小参数 ε(或某个大参数 λ)的数学问题为**摄动问题**．它可以是一个任何形式的问题，如代数、微分或积分问题等．由于一个任何大参数都可以表示成某一个小参数的倒数，今后说到摄动问题，我们指的是小参数摄动问题．

解决摄动问题的方法称为**摄动方法或渐近方法**．摄动方法可分为**正则摄动**与**奇异摄动**两大类．

在一般情况下，一个摄动问题无法求出其精确的解析解．于是，对于小的参数值 ε，我们可以寻求 $u(x,\ \varepsilon)$的近似解．例如，以

$$u(x,\varepsilon)=u_0(x)+\varepsilon u_1(x)+\varepsilon^2 u_2(x)+\cdots \tag{10.1.18}$$

形式的 ε 的幂级数来近似地表示 $u(x,\ \varepsilon)$，式中的 $u_n(x)$不依赖于 ε，$u_0(x)$是 $\varepsilon=0$ 时原问题的退化问题

$$L(u,x,0)=0,\quad B(u,0)=0 \tag{10.1.19}$$

的解，式(10.1.19)称为摄动问题即式(10.1.16)~式(10.1.17)的**退化方程**．

10.2　渐近分析的基本概念和理论

1. 标准函数

在摄动问题中，常常选取一些特定的函数作为标准，它们称为**标准函数**或**规范函数**．利用它们趋近于零或趋近于无穷大的速率确定函数的量级．最常用的标准函数系列为 ε 的整数幂函数序列：

$$1,\ \varepsilon,\ \cdots,\ \varepsilon^n,\ \cdots,$$

当 $|\varepsilon|$ 很小时，

$$1>>|\varepsilon|>>\cdots>>|\varepsilon^n|>>\cdots,$$

我们称当 **$\varepsilon\to 0$ 时，位于右边的项比位于左边的项趋于零的速度快**．

还有其他的规范函数序列，例如，

$$\cdots,\varepsilon^{-n},\cdots,\varepsilon^{-1},1,\varepsilon,\cdots,\varepsilon^n,\cdots,$$

$$\cdots,\varepsilon^{-n}\ln\varepsilon,\cdots,\varepsilon^{-1}\ln\varepsilon,\ln\varepsilon,\varepsilon\ln\varepsilon,\cdots,\varepsilon^n\ln\varepsilon,\cdots,$$

$$\cdots,\ln\varepsilon,\ln\ln\varepsilon,\ln\ln\ln\varepsilon,\cdots.$$

它们均具有与 ε 的整数幂函数系列类似的性质，即当 $\varepsilon\to 0$ 时，位于右边的项比位于左边的项趋于零的速度快，或当 $\varepsilon\to 0$ 时，位于左边的项比位于右边的项趋于无穷大的速度快．

2. 阶符大 O 及小 o

定义 1　对于两个函数 $f(\varepsilon)$与 $g(\varepsilon)$，如果存在与 ε 无关的常数 A，满足：

$$|f(\varepsilon)|\leqslant A|g(\varepsilon)|, \tag{10.2.1}$$

那么称当 $\varepsilon\to\varepsilon_0$ 时 $f(\varepsilon)$与 $g(\varepsilon)$**同阶**，记为

$$\text{当 }\varepsilon\to\varepsilon_0\text{ 时},f(\varepsilon)=O(g(\varepsilon)). \tag{10.2.2}$$

这个条件可用下式代替：对于所有的 ε，有

$$\lim_{\varepsilon\to\varepsilon_0}\left|\frac{f(\varepsilon)}{g(\varepsilon)}\right|<\infty.$$

定义 2 对于两个函数 $f(\varepsilon)$ 与 $g(\varepsilon)$，如果对于每一个与 ε 无关的任意正数 δ，满足：

$$|f(\varepsilon)| \leqslant \delta |g(\varepsilon)|, \tag{10.2.3}$$

那么称当 $\varepsilon \to \varepsilon_0$ 时 $f(\varepsilon)$ 比 $g(\varepsilon)$ 的**阶高**，记为

$$\text{当 } \varepsilon \to \varepsilon_0 \text{ 时}, f(\varepsilon) = o(g(\varepsilon)). \tag{10.2.4}$$

这个条件可用下式代替：对于所有的 ε，有

$$\lim_{\varepsilon \to \varepsilon_0} \left| \frac{f(\varepsilon)}{g(\varepsilon)} \right| = 0.$$

例如，因为 $\lim\limits_{\varepsilon \to 0} \dfrac{\sin \varepsilon}{\varepsilon} = 1$，称 $\sin \varepsilon$ 当 $\varepsilon \to 0$ 时与 ε 同阶，即 $\sin \varepsilon = O(\varepsilon)(\varepsilon \to 0)$. 因为 $\lim\limits_{\varepsilon \to 0} \dfrac{1 - \cos \varepsilon}{\varepsilon} = 0$，称 $1 - \cos \varepsilon$ 当 $\varepsilon \to 0$ 时为 ε 的高阶小量，即 $1 - \cos \varepsilon = o(\varepsilon)(\varepsilon \to 0)$.

有了阶符关系大 O 及小 o，就可以给出渐近序列的定义，它是渐近分析和摄动理论的基础.

定义 3 对于一个标准函数序列 $\{\phi_n(\varepsilon)\}(n = 1, 2, \cdots)$，若对于任意 n，当 $\varepsilon \to \varepsilon_0$ 时，均有 $\phi_n(\varepsilon) = o(\phi_{n-1}(\varepsilon))$，则称该函数序列 $\{\phi_n(\varepsilon)\}$ 为当 $\varepsilon \to \varepsilon_0$ 时的一个**渐近序列**.

渐近序列可以是一个有限的序列，也可以是一个无穷的序列.

若渐近序列是无穷的，且阶符关系式 $\phi_n(\varepsilon) = o(\phi_{n-1}(\varepsilon))$，当 $\varepsilon \to \varepsilon_0$ 时对于 n 一致成立，则序列 $\{\phi_n(\varepsilon)\}$ 称为当 $\varepsilon \to \varepsilon_0$ 时**对 n 一致有效的渐近序列**；若序列中的函数为 $\{\phi_n(\varepsilon, \mu)\}(n = 1, 2, \cdots)$，还与某一个参数 μ 有关，且 $\phi_n(\varepsilon, \mu) = o(\phi_{n-1}(\varepsilon, \mu))$ 当 $\varepsilon \to \varepsilon_0$ 时对于该参数 μ 一致成立，则称该渐近序列为当 $\varepsilon \to \varepsilon_0$ 时**对参数 μ 一致有效的渐近序列**.

利用渐近序列可以定义渐近级数.

定义 4 若序列 $\{\phi_n(\varepsilon)\}(\varepsilon \to \varepsilon_0)$ 是一个渐近序列，而 $a_n(n = 1, 2, \cdots)$ 为任意常数，N 为某一自然数或者无穷大，则称下列形式级数

$$a_1\phi_1 + a_2\phi_2 + \cdots + a_N\phi_N$$

为当 $\varepsilon \to \varepsilon_0$ 时的一个**渐近级数**，并把它在形式上写为

$$\sum_{n=1}^{N} a_n\phi_n = a_1\phi_1 + a_2\phi_2 + \cdots + a_N\phi_N. \tag{10.2.5}$$

若 N 为无穷大，则该级数的项数为无穷大，即

$$a_1\phi_1 + a_2\phi_2 + \cdots + a_N\phi_N + \cdots,$$

这时它是一个无穷渐近级数，若 N 为有限，则它就是一个有限项的级数. 通常我们以形式 $\sum a_n\phi_n$ 来表示它.

例如，当 $x\to5$ 时，$\sum\limits_{n=0}^{\infty}a_n(x-5)^n$（其中 a_n 为常数）是一个渐近级数．

上述定义 1 至定义 4 中的 $\varepsilon\to\varepsilon_0$ 可以换成 $\varepsilon\to0$，$\varepsilon\to\infty$，$\varepsilon\to+\infty$ 或者 $\varepsilon\to-\infty$．

例如，当 $x\to+\infty$ 时，$\sum\limits_{n=0}^{\infty}\dfrac{n!}{x^n}$ 是一个渐近级数．

定义 5　称形式级数

$$\sum_{n=0}^{\infty}a_n\varepsilon^n=a_0+a_1\varepsilon+a_2\varepsilon^2+\cdots+a_n\varepsilon^n+\cdots \tag{10.2.6}$$

（其中 a_n 为常数）为当 $\varepsilon\to0$ 时的**渐近幂级数**．

或者称形式级数

$$\sum_{n=0}^{\infty}a_n(\varepsilon-\varepsilon_0)^n=a_0+a_1(\varepsilon-\varepsilon_0)+a_2(\varepsilon-\varepsilon_0)^2+\cdots+a_n(\varepsilon-\varepsilon_0)^n+\cdots$$

为当 $\varepsilon\to\varepsilon_0$ 时的**渐近幂级数**．

例如，下列级数都是渐近幂级数：

(1) $\sum\limits_{n=1}^{\infty}(n-1)!\varepsilon^n,\ \varepsilon\to0$；　　(2) $\sum\limits_{n=0}^{\infty}\dfrac{1}{n!}\varepsilon^n,\ \varepsilon\to0$；

(3) $\sum\limits_{n=0}^{\infty}(-1)^n(x-3)^n,\ x\to3$.

注意，在上述级数中，(1)除了 $\varepsilon=0$ 外的任何值均是发散的；(2)对于任意的 ε 均收敛；(3)仅在 $2<x<4$ 内收敛．

定义 6　对于渐近级数

$$\sum_{n=1}^{\infty}a_n\phi_n=a_1\phi_1+a_2\phi_2+\cdots+a_n\phi_n+\cdots\quad(\varepsilon\to\varepsilon_0),$$

我们称和式

$$S_N=\sum_{n=1}^{N}a_n\phi_n=a_1\phi_1+a_2\phi_2+\cdots+a_N\phi_N \tag{10.2.7}$$

为该渐近级数的前 N 项**部分和**，称形式级数

$$R_N=\sum_{n=N+1}^{\infty}a_n\phi_n=a_{N+1}\phi_{N+1}+a_{N+2}\phi_{N+2}+\cdots$$

为该渐近级数取前 N 项的部分和后所剩的余项，简称为**余项**．

一个渐近级数的**部分和** S_N 及**余项** R_N 都是当 $\varepsilon\to\varepsilon_0$ 时的渐近级数，且

$$\sum_{n=1}^{\infty}a_n\phi_n=S_N+R_N. \tag{10.2.8}$$

3. 渐近与收敛比较

"渐近"与"收敛"是两个完全不同的数学概念，"渐近"与"收敛"的区别如下：

(1) "收敛"这个概念是指在 ε 固定，而项数 n 趋于无穷时，级数 $\sum a_n\phi_n(\varepsilon)$ 的部分和序列 $\{S_N\} = \{\sum_{n=1}^{N} a_n\phi_n\}$ 有极限．对于一个收敛的级数，当 n 足够大后，其部分和与级数的和的绝对误差任意小，其近似程度会随着 n 的增大而增加．

"渐近"这个概念是指当级数的项数 n 固定，而当 $\varepsilon\to\varepsilon_0$ 时，其"余项"与部分和有限项级数的末项相比是一个"高阶小量"，即相对误差任意小．对于一个渐近级数，若单纯增加部分和级数的项数，其绝对误差反而会增大．

(2) 对于一个渐近级数而言，当 ε 充分接近于 ε_0 时，其部分和与级数的和的相对误差会很小．对于一个收敛级数而言，当项数 n 足够大时，部分和与原级数的和的绝对误差很小．

(3) 由于一个渐近级数往往是发散的，其余项当 $\varepsilon\to\varepsilon_0$ 时而 n 达到某一数值后，其余项的绝对值 $|R_N|$ 往往随着 n 的增大而增大．

对于一个渐近级数的运用，往往只取它的前几项作为近似，就可以取得很好的效果．

从渐近序列的性质出发，可直接推导出渐近级数相应的代数性质与积分性质．

例 1 级数

$$\sum_{n=0}^{\infty}\frac{\varepsilon^n}{n!}$$

当 $\varepsilon\to 0$ 时是一个渐近级数，但是对于 ε 的其他情形，例如 $\varepsilon\to 3$，它都不是渐近级数．然而，不论 ε 取何值，它都是一个收敛级数．

例 2 级数

$$\sum_{n=0}^{\infty} n!\,\varepsilon^n$$

当 $\varepsilon\to 0$ 时是一个渐近级数，但若 $\varepsilon\neq 0$，则不论 ε 取何值，它都是一个发散级数．

例 3 函数 $\cos\dfrac{\varepsilon}{2}$ 在区间 $\varepsilon\in\left(-\dfrac{\pi}{2},\ \dfrac{\pi}{2}\right)$ 内具有如下展开形式：

$$\cos\frac{\varepsilon}{2} = \frac{2}{\pi} + \frac{4}{\pi}\sum_{n=1}^{\infty}\frac{(-1)^{n-1}}{4n^2-1}\cos n\varepsilon,$$

其右端的级数在区间 $\left(-\dfrac{\pi}{2},\ \dfrac{\pi}{2}\right)$ 内任意点处都是一个收敛的级数，然而级数在该区间内任意一点处均不是一个渐近级数.

以上几个例子说明，渐近与收敛是两个完全不同的数学概念，渐近级数在某些情况比考虑收敛意义的级数往往有明显的优点. 请看下面的例子.

例 4 方程 $x^2y' = y - x$ 满足初始条件 $y(0) = 0$ 的级数解为

$$y = \sum_{n=0}^{\infty} n!x^{n+1}$$

(注：利用级数解法可设 $y = \sum_{n=0} a_n x^n$，代入方程可得这个级数解. 也可从方程的解 $y = e^{-\frac{1}{x}}\int(-x)e^{\frac{1}{x}}dx$ 出发，经过分部积分演算可得). 当 $x\to 0$ 时这个级数是一个渐近级数，但它是一个发散级数. 不论 x 取何值，只要 $x\neq 0$，这个级数都是发散的. 对于一个收敛级数而言，取的项数越多，部分和与原级数的和的绝对误差很小. 对于渐近级数 $y = \sum_{n=0}^{\infty} n!x^{n+1}$ 而言，不是取的项数越多越好，取的项数越多，其绝对误差反而增大. 只要取这个渐近级数的前面几项，如 $y\approx x$ 或 $x + x^2$ 就可以达到很高的精确度.

4. 函数的渐近展开

类似于函数的泰勒级数展开，一个函数可以作渐近展开.

定义 7 设 $\{\phi_n\}$ $(\varepsilon\to\varepsilon_0)$ 为一个渐近序列，若函数 $f(\varepsilon)$ 能写成以下形式：

$$f(\varepsilon) = \sum_{n=1}^{N} a_n\phi_n(\varepsilon) + o(\phi_N) \quad (\varepsilon\to\varepsilon_0), \tag{10.2.9}$$

其中 N 为某一自然数，a_n $(n=1, 2, \cdots, N)$ 为常数，则称渐近级数 $\sum_{n=1}^{N} a_n\phi_n(\varepsilon)$ 为函数 $f(\varepsilon)$ 当 $\varepsilon\to\varepsilon_0$ 时关于渐近序列 $\{\phi_n\}$ 的**到第 N 项的渐近展开式**，并记为

$$f(\varepsilon) \sim \sum_{n=1}^{N} a_n\phi_n(\varepsilon) \quad (\varepsilon\to\varepsilon_0), \tag{10.2.10}$$

其中 a_n 称为渐近展开式的**系数**. 符号 ~ 表示“**渐近于**”，而 ≈ 表示“近似等于”.

若式(10.2.9)对于所有自然数 N 均成立，则将式(10.2.10)改写为

$$f(\varepsilon) \sim \sum_{n=1}^{\infty} a_n\phi_n(\varepsilon) \quad (\varepsilon\to\varepsilon_0), \tag{10.2.11}$$

并简称式(10.2.11)为函数 $f(\varepsilon)$ 的**渐近展开式**.

特别地，函数 $f(\varepsilon)$ 关于渐近序列 $\{\phi_n\}$ 的到第一项的渐近展开式为

$$f(\varepsilon) \sim a_1\phi_1(\varepsilon) \quad (\varepsilon\to\varepsilon_0), \tag{10.2.12}$$

并将式(10.2.12)右端称为函数 $f(\varepsilon)$ 在 R 上关于渐近序列 $\{\phi_n\}$ $(\varepsilon\to\varepsilon_0)$ 当 $\varepsilon\to\varepsilon_0$ 时

的渐近表达式．

给定函数$f(\varepsilon)$及一个渐近序列$\{\phi_n(\varepsilon)\}(\varepsilon\to\varepsilon_0)$，是否存在一个唯一的渐近级数$\sum_{n=1}^{\infty}a_n\phi_n(\varepsilon)$，使之成为函数$f(\varepsilon)$关于$\{\phi_n(\varepsilon)\}$的渐近展开．这里给出几个结论．

定理 1 给定函数$f(\varepsilon)$及一个渐近序列$\{\phi_n(\varepsilon)\}(\varepsilon\to\varepsilon_0)$，若可作出函数$f(\varepsilon)$关于$\{\phi_n(\varepsilon)\}$的渐近展开式，则此展开式是唯一的，且其系数$a_n$有如下的递推关系：

$$a_n=\lim_{\varepsilon\to\varepsilon_0}\frac{f(\varepsilon)-\sum_{k=1}^{n-1}a_k\phi_k(\varepsilon)}{\phi_n(\varepsilon)}\quad(n=1,2,\cdots,N),\qquad(10.2.13)$$

该定理可用数学归纳法证明．

根据定理1，函数的渐近展开式是唯一的．

定理 2 给定$N+1$个函数，$f(\varepsilon)$，$\phi_1(\varepsilon)$，…，$\phi_N(\varepsilon)$，若函数$f(\varepsilon)$可写成如下的形式：

$$f(\varepsilon)=\sum_{n=1}^{N}a_n\phi_n(\varepsilon)+o(\phi_N)\quad(\varepsilon\to\varepsilon_0),\qquad(10.2.14)$$

其中N为某一自然数，且对于所有的n，$n=1$，2，…，N，$a_n\neq0$，则$\{\phi_n(\varepsilon)\}(\varepsilon\to\varepsilon_0)$为一个渐近序列，且渐近级数$\sum_{n=1}^{N}a_n\phi_n(\varepsilon)$为函数$f(\varepsilon)$关于渐近序列$\{\phi_n(\varepsilon)\}(\varepsilon\to\varepsilon_0)$的到第$N$项的渐近展开式.

证 先证明$\{\phi_n(\varepsilon)\}$是一个渐近序列，即

$$\phi_{n+1}(\varepsilon)=o(\phi_n(\varepsilon))\quad(\varepsilon\to\varepsilon_0,n=1,2,\cdots,N-1).\qquad(10.2.15)$$

从式(10.2.14)有

$$f(\varepsilon)-\sum_{k=1}^{n}a_k\phi_k(\varepsilon)=o(\phi_n)\quad(\varepsilon\to\varepsilon_0,n=1,2,\cdots,N).\qquad(10.2.16)$$

在上式中将n换成$n+1$，有

$$f(\varepsilon)-\sum_{k=1}^{n+1}a_k\phi_k(\varepsilon)=o(\phi_{n+1})\quad(\varepsilon\to\varepsilon_0,n=1,2,\cdots,N-1).\qquad(10.2.17)$$

比较式(10.2.16)与式(10.2.17)有

$$[a_{n+1}+o(1)]\phi_{n+1}(\varepsilon)=o(\phi_n)\quad(\varepsilon\to\varepsilon_0,n=1,2,\cdots,N-1).\tag{10.2.18}$$

由于 $a_{n+1}\neq 0$，$n=1$，2，…，$N-1$，故存在 ε_0 的某一个邻域，使得在该邻域内，$a_{n+1}+o(1)\neq 0$，在式(10.2.18)两端同除以该系数，可得

$$\phi_{n+1}(\varepsilon)=o(\phi_n(\varepsilon))\quad(\varepsilon\to\varepsilon_0,n=1,2,\cdots,N-1),\tag{10.2.19}$$

因此，$\{\phi_n(\varepsilon)\}$ 当 $\varepsilon\to\varepsilon_0$ 时为一个渐近序列.

又在式(10.2.16)中取 $n=N$ 可得到渐近级数 $\sum_{n=1}^{N}a_n\phi_n(\varepsilon)$ 为函数 $f(\varepsilon)$ 关于渐近序列 $\{\phi_n\}$ 的到第 N 项的渐近展开式.

与渐近序列类似，渐近展开式也有相应的代数性质及积分性质. 但是渐近展开式一般不具备微分性质.

5. 渐近级数的和

定义 8　给定一个定义在某数集 K 上的渐近级数 $\sum a_n\phi_n(\varepsilon)(\varepsilon\to\varepsilon_0)$，称每个具有该渐近级数作为其渐近展开式的函数为该渐近级数的**和函数**，而称所有这样的函数全体的集合为该渐近级数的**和**，记为

$$S(\varepsilon)=\sum a_n\phi_n(\varepsilon).$$

一个渐近级数的和函数 $S(\varepsilon)$ 的形式是不唯一的. 从收敛的意义上来说，一个无穷级数不一定都有和，但是，对于渐近级数来说，我们有下面的结论.

定理 3　所有的渐近级数都有和或者和函数，即具有该渐近级数为其渐近展开式的函数全体的集合是一个非空集.

证　如果 $\sum a_n\phi_n(\varepsilon)$ 是一个有限项的渐近级数，则其通常意义下的和函数就是这样的一个函数. 以下仅考虑无穷级数的情形，为确定起见，可设其系数 a_n ($n=1$，2，…)均不为零.

设 U_0 为点 ε_0 的某一邻域，令 U_n 表示点 ε_0 这样的邻域：$U_n\supset U_{n+1}$，$n=1$，2，…，且对于 U_n 内的任意点 ε，都有不等式

$$|a_{n+1}\phi_{n+1}|\leqslant\frac{1}{2}|a_n\phi_n|\tag{10.2.20}$$

成立. 由于 $a_{n+1}\phi_{n+1}=o(a_n\phi_n)$，这样的一些邻域一定存在. 又对于每一个 n，构造 K 上具有以下性质的连续函数 $\mu_n(\varepsilon)$：

当 $\varepsilon\in U_n$ 且 $\varepsilon\notin U_{n+1}$ 时，$0\leqslant\mu_n(\varepsilon)\leqslant 1$；当 $\varepsilon\notin U_n$ 时，取 $\mu_n(\varepsilon)=0$；当 $\varepsilon\in U_{n+1}$ 时，取 $\mu_n(\varepsilon)=1$.

由于 U_{n+1} 的闭包包含于 U_n，故这样的连续函数 $\mu_n(\varepsilon)$ 是存在的. 这样当 $x\in U_n$ 时，有不等式

$$|a_{n+p}\mu_{n+p}(\varepsilon)\phi_{n+p}(\varepsilon)| \leqslant 2^{-p}|a_n\phi_n(\varepsilon)| \tag{10.2.21}$$

成立．令

$$f(\varepsilon) = \sum_{n=1}^{\infty} a_n\mu_n(\varepsilon)\phi_n(\varepsilon), \tag{10.2.22}$$

由于式(10.2.21)成立，由达朗贝尔判别法知式(10.2.22)右端的级数对于所有的 x 是收敛的，并且在数集 K 上定义了一个函数 $f(x)$(实际上，除了那些属于所有 U_n 的交集的 x 以外,式(10.2.22) 右端的级数都是有限的级数)．那么可证明，这样构造的函数 $f(x)$是渐近级数 $\sum a_n\phi_n(\varepsilon)$ 在数集 K 上当 $\varepsilon\to\varepsilon_0$ 时的一个和函数．

暂时固定 N，若 $\varepsilon\in U_{N+1}\cap K$，对于 $n=N+1$，$N+2$，…，有 $\mu_n(\varepsilon)=1$，那么由式(10.2.22)有

$$\left|f-\sum_{n=1}^{N} a_n\phi_n\right| \leqslant \sum_{n=N+1}^{\infty}\left|a_n\mu_n\phi_n\right| \leqslant \sum_{n=N+1}^{\infty} 2^{N+1-n}|a_{N+1}\phi_{N+1}|$$
$$\leqslant 2|a_{N+1}\phi_{N+1}| = o(\phi_N).$$

这也就是说，$\sum\limits_{n=1}^{N} a_n\phi_n(\varepsilon)$是函数 $f(\varepsilon)$关于渐近序列$\{\phi_n(\varepsilon)\}$的到第 N 项的渐近展开式．

由于 N 是任意的，因此渐近级数 $\sum\limits_{n=1}^{\infty} a_n\phi_n(\varepsilon)$ 也就是函数 $f(\varepsilon)$在数集 K 上当 $x\to x_0$ 时关于渐近序列$\{\phi_n(\varepsilon)\}$的渐近展开式．

因此，对于定义在数集 K 上的任意一个渐近级数，总可找到 K 上的一个函数作为它的和函数，而所有在数集 K 上与该函数关于这个渐近级数渐近等价的所有函数构成的集合就是这个渐近级数的和，它不是一个空集．

10.3 正则摄动方法

对于一个摄动问题

$$L(u,x,\varepsilon) = 0,\quad B(u,\varepsilon) = 0\quad(\varepsilon\to 0), \tag{10.3.1}$$

一般可采用以下的步骤去求它的渐近解：

(1) 选取一个适当的渐近序列$\{\phi_n(\varepsilon)\}$($\varepsilon\to 0$)，例如在 10.2 节中所介绍的 ε 的整数幂系列：

$$1,\varepsilon,\varepsilon^2,\cdots,\varepsilon^n,\cdots, \tag{10.3.2}$$

(2) 对未知函数 u_n 作关于渐近序列$\{\phi_n(\varepsilon)\}$的形式展开：

$$u = \sum_{n=1}^{\infty} u_n \phi_n(\varepsilon) \quad (\varepsilon \to 0). \tag{10.3.3}$$

(3) 将式(10.3.3)代入原摄动问题(10.3.1)并比较各个量级 $\phi_n(\varepsilon)$ 前的系数，得到关于渐近展开式首项 u_1 的相应的数学问题

$$F_0(u_1,\ 0) = 0,\ B(u_1,\ 0) = 0, \tag{10.3.4}$$

式(10.3.4)就是原摄动问题的退化问题；同时得到关于其余项 u_n 的数学问题

$$F(u_n) = G_n(u_1,\ u_2,\ \cdots,\ u_{n-1}),\ B(u_n) = H_n(u_1,\ u_2,\ \cdots,\ u_{n-1}). \tag{10.3.5}$$

(4) 设式(10.3.4)与式(10.3.5)中每一个问题都有解，从式(10.3.4)和式(10.3.5)中可逐次递推解出 u_n，从而得到原数学问题的渐近解(10.3.3)的具体形式.

(5) 验证渐近展开式(10.3.3)的一致有效性，并且检验其首项解 u_1 是否能作为原摄动问题(10.3.1)的精确解的近似(即判断它是否可作为原摄动问题当 $\varepsilon \to 0$ 时的渐近展开的首项)，然后进行余项估计. 如果对于每一个 n，都有

$$R_n(x,\ \varepsilon) = o(\phi_{n+1}(\varepsilon))(\varepsilon \to 0), \tag{10.3.6}$$

则问题(10.3.1)的解有如下形式：

$$u(x,\varepsilon) = \sum_{n=1}^{\infty} \phi_n(\varepsilon) u_n(x) \quad (\varepsilon \to 0). \tag{10.3.7}$$

如果对于每一个 x，式(10.3.6)恒成立，那么称式(10.3.7)为问题(10.3.1)的**解的一致有效展开式或一致有效的渐近解**. 若问题(10.3.1)的一致有效的渐近解存在，则称摄动问题(10.3.1)为**正则摄动问题**，相应地，称式(10.3.7)为问题(10.3.1)的正则摄动展开，否则称摄动问题(10.3.1)为**奇异摄动问题**.

例 1　求摄动初值问题

$$\begin{cases} \dfrac{dy}{dx} = 1 + (1+\varepsilon)y^2 \quad (0 < x < 1), \\ y(0) = 0 \end{cases} \tag{10.3.8}$$

$(0 < \varepsilon < 1)$ 的渐近解.

解　令

$$y(x) = y_0(x) + \varepsilon y_1(x) + \cdots, \tag{10.3.9}$$

代入摄动问题(10.3.8)中的方程及初始条件，并比较 ε 同次幂前的系数，依次可得

$$\begin{cases} \dfrac{dy_0}{dx} = 1 + y_0^2, \\ y_0(0) = 0, \end{cases} \tag{10.3.10}$$

$$\begin{cases} \dfrac{dy_1}{dx} = y_0^2 + 2y_0 y_1, \\ y_1(0) = 0, \end{cases} \tag{10.3.11}$$

$$\vdots$$

式(10.3.10)就是原初值问题的退化问题，它的解为

$$y_0(x)=\tan x, \tag{10.3.12}$$

将式(10.3.12)解 $y_0(x)$ 的形式代入式(10.3.11)可求得 $y_1(x)$：

$$y_1(x)=\frac{1}{2}x\sec^2 x-\frac{1}{2}\tan x, \tag{10.3.13}$$

再将 $y_0(x)$ 及 $y_1(x)$ 代入关于 $y_2(x)$ 的方程及初始条件，可求得 $y_2(x)$ 的具体形式，…，这样由递推关系可依次求得所有 $y_n(x)$ $(n=1,2,\cdots)$，若截止到 ε^2 的量级，则摄动问题(10.3.8)的渐近解具有以下形式：

$$y(x,\varepsilon)=\tan x+\varepsilon\left(\frac{1}{2}x\sec^2 x-\frac{1}{2}\tan x\right)+O(\varepsilon^2). \tag{10.3.14}$$

原摄动问题(10.3.8)的精确解为

$$y(x,\varepsilon)=(1+\varepsilon)^{-\frac{1}{2}}\tan[(1+\varepsilon)^{\frac{1}{2}}x].$$

将 $y(x,\varepsilon)$ 展开成 ε 的泰勒级数，得到

$$y(x,\varepsilon)=\tan x+\varepsilon\left(\frac{1}{2}x\sec^2 x-\frac{1}{2}\tan x\right)+O(\varepsilon^2).$$

它与用摄动法得到的结果(10.3.14)是一致的.

例 2 在单位圆 Ω 上考虑亥姆霍兹方程的定解问题

$$\begin{cases}\dfrac{1}{r}\dfrac{\partial}{\partial r}\left(r\dfrac{\partial u}{\partial r}\right)+\dfrac{1}{r^2}\dfrac{\partial^2 u}{\partial \theta^2}+\varepsilon u=0,\\ u(1,\theta)=1,\ |u(r,\theta)|<+\infty,\end{cases} \tag{10.3.15}$$

其中 ε 是一个正的小参数.

解 令

$$u(r,\theta)=\sum_{n=0}^{\infty}u_n(r,\theta)\varepsilon^n, \tag{10.3.16}$$

将式(10.3.16)代入问题(10.3.15)中，得到

$$\begin{cases}\dfrac{\partial^2 u_0}{\partial r^2}+\dfrac{1}{r}\dfrac{\partial u_0}{\partial r}+\dfrac{1}{r^2}\dfrac{\partial^2 u_0}{\partial \theta^2}=0,\\ u_0(1,\theta)=1,\ |u_0(r,\theta)|<+\infty.\end{cases} \tag{10.3.17}$$

$$\begin{cases}\dfrac{\partial^2 u_1}{\partial r^2}+\dfrac{1}{r}\dfrac{\partial u_1}{\partial r}+\dfrac{1}{r^2}\dfrac{\partial^2 u_1}{\partial \theta^2}=-u_0,\\ u_1(1,\theta)=0,\ |u_1(r,\theta)|_{r=0}<+\infty.\end{cases} \tag{10.3.18}$$

$$\vdots$$

从式(10.3.17)解得渐近展开的首项解

$$u_0=1. \tag{10.3.19}$$

将式(10.3.19)代入定解问题(10.3.18)中，得到关于 u_1 的解

$$u_1=\frac{1-r^2}{4}. \tag{10.3.20}$$

因此展开到 ε 量级的渐近解为

$$u=1+\frac{1-r^2}{4}\varepsilon+O(\varepsilon^2)\quad(\varepsilon\to 0). \tag{10.3.21}$$

10.4　奇异摄动方法

在这一节介绍最常用的奇异摄动方法：多重尺度法及匹配渐近展开法，以及它们在求解数学物理问题中的应用．先看一个例子．

例 1　试求杜芬(Duffing)方程初值问题

$$\frac{d^2y}{dt^2}+y+\varepsilon y^3=0,\ y(0)=a_0,\ y'(0)=0 \tag{10.4.1}$$

(其中 ε 是一个正的小参数)的渐近解.

解　从这个初值问题直接积分，得到

$$\left(\frac{dy}{dt}\right)^2+y^2+\frac{1}{2}\varepsilon y^4=a_0^2\left(1+\frac{1}{2}\varepsilon a_0^2\right).$$

这说明对于 $\varepsilon>0$ 和 $t\geqslant 0$，y 是有界的．设初值问题(10.4.1)有如下渐近展开的解

$$y(t)=\sum_{n=0}^{\infty}\varepsilon^n y_n(t), \tag{10.4.2}$$

将其代入到式(10.4.1)可得各阶方程及初始条件

$$\frac{d^2y_0}{dt^2}+y_0=0,\ y_0(0)=a_0,\ y_0'(0)=0. \tag{10.4.3}$$

$$\frac{d^2y_1}{dt^2}+y_1+y_0^3=0,\ y_1(0)=0,\ y_1'(0)=0. \tag{10.4.4}$$

$$\vdots$$

从式(10.4.3)解得

$$y_0(t)=a_0\cos t. \tag{10.4.5}$$

将式(10.4.5)代入定解问题(10.4.4)中，得到

$$\frac{d^2y_1}{dt^2}+y_1=-\frac{a^3}{4}(\cos 3t+3\cos t).$$

它满足初始条件的解为

$$y_1(t)=-\frac{3a_0^3}{8}t\sin t+\frac{a_0^3}{32}(\cos 3t-\cos t). \tag{10.4.6}$$

因此

$$y(t)=a_0\cos t+\varepsilon a_0^3\left[-\frac{3}{8}t\sin t+\frac{1}{32}(\cos 3t-\cos t)\right]+\cdots.$$

进一步可求得更高阶近似项．但是所求得的解不是一致有效的渐近解，因为由式(10.4.6)知，随着时间 $t\to\infty$，$y_1(t)$ 的极限不存在，且 $\lim\limits_{\substack{n\to\infty \\ \left(t=n\pi+\frac{\pi}{2}\right)}} ty_1(t)=\infty$．这样所得的解(10.4.2)的展开第二项 $\varepsilon y_1(t)$ 的量级大于第一项 y_0，称 $t\sin t$ 为**长期项**，这说明正则摄动方法不再适用．

造成正则摄动方法失效的原因很多，当问题的定义域是一个无界的区域时，由相应的正则摄动方法所得到的渐近展开式往往不是一致有效的．在原摄动问题中取 $\varepsilon=0$，所得到的退化问题无解．若问题的形态发生了奇异性的变化；例如从一个非线性方程变成了一个线性方程，方程的阶或维数发生了变化；或者从一个椭圆型方程变成了一个抛物型方程等，则该摄动问题常常是一个奇异摄动问题．

例 2　考虑缓慢辐射的热传导问题

$$\begin{cases} u_t=u_{xx}-\varepsilon u,\ t>0,\ -\infty<x<+\infty, \\ u(x,\ 0)=\phi(x), \qquad -\infty<x<+\infty, \end{cases} \tag{10.4.7}$$

此处 ε 为一个正的小参数，$0<\varepsilon\ll 1$.

首先让我们试用正则摄动法求定解问题(10.4.7)的近似解析解．为此，令

$$u(x,t)=\sum_{n=0}^{\infty}u_n(x,t)\varepsilon^n, \tag{10.4.8}$$

将式(10.4.8)代入式(10.4.7)，比较所得方程及定解条件两端 ε 同次幂前的系数，可分别得到式(10.4.8)右端各项的定解问题，当 $n=0$ 时得到原定解问题(10.4.7)的退化问题

$$\begin{cases} \dfrac{\partial u_0}{\partial t}-\dfrac{\partial^2 u_0}{\partial x^2}=0,t>0,-\infty<x<+\infty, \\ u_0(x,0)=\phi(x), \qquad -\infty<x<+\infty; \end{cases} \tag{10.4.9}$$

当 $n\geqslant 1$ 时有

$$\begin{cases} \dfrac{\partial u_n}{\partial t}-\dfrac{\partial^2 u_n}{\partial x^2}=-u_{n-1},t>0,-\infty<x<+\infty, \\ u_n(x,0)=0, \qquad -\infty<x<+\infty. \end{cases} \tag{10.4.10}$$

定解问题(10.4.9)的解为

$$u_0(x,t)=\frac{1}{2\sqrt{\pi t}}\int_{-\infty}^{+\infty}\phi(\xi)\mathrm{e}^{-\frac{(x-\xi)^2}{4t}}\mathrm{d}\xi. \tag{10.4.11}$$

用数学归纳法可证明，对于一切 $n(n=1,\ 2,\ \cdots)$，$u_n(x,\ t)$ 满足下列方程：

$$u_n(x,\ t)=\frac{(-t)^n}{n!}u_0(x,\ t)\quad (n\geqslant 0), \tag{10.4.12}$$

从而我们可得到原定解问题(10.4.7)的渐近解的形式：

$$u(x,t)=u_0(x,t)\sum_{n=0}^{\infty}\frac{(-\varepsilon t)^n}{n!}\quad (\varepsilon\to 0). \tag{10.4.13}$$

由指数函数 e^x 的泰勒展开公式可将式(10.4.8)改写为

$$u(x,\ t) = e^{-\varepsilon t} u_0(x,\ t) \quad (\varepsilon \to 0), \tag{10.4.14}$$

其中 $u_0(x,\ t)$ 由式(10.4.11)给出．经过直接验证，式(10.4.14)确实是原定解问题(10.4.7)的精确解.

虽然我们用正则摄动法得到了原摄动问题的精确解，但是运用摄动方法的目的是求得原定解问题的渐近形式的近似解，即用其渐近展开式的前几项来作为原定解问题的近似．例如，仅仅保留展开式(10.4.13)的前两项即有

$$u(x,\ t) = u_0(x,\ t) - \varepsilon t u_0(x,\ t) + O(\varepsilon^2) \quad (\varepsilon \to 0). \tag{10.4.15}$$

注意到式(10.4.15)第二项中含有因子 εt，如果 $\varepsilon t \ll 1$，式(10.4.15)就是一个很好的近似解．但是如果 $\varepsilon t = O(1)$，或 $t = O\left(\frac{1}{\varepsilon}\right)$，即当时间 t 充分大时，第二项与第一项就会具有相同的量级，εt 为**长期项**．这说明了式(10.4.15)不是一致有效的渐近展开式，即正则摄动法当 $t \geqslant O\left(\frac{1}{\varepsilon}\right)$时失效!

长期项的出现是导致正则摄动法对于摄动问题失效的根本原因，这是由于原定解问题对于时间 t 的定义域是无穷区域 $t \in [0,\ +\infty)$所造成的．为了避免长期项的出现，正确解决这一问题的摄动方法是多重尺度法，它是奇异摄动方法的一种．其方法是，对于时间 t 我们同时采用两个不同的尺度：t 与 $\tau = \varepsilon t$，而令 $u(x,\ t) = \tilde{u}(x,\ t,\ \tau)$．将它们代入到式(10.4.7)中去，其方程改写为

$$\frac{\partial \tilde{u}}{\partial t} = \frac{\partial^2 \tilde{u}}{\partial x^2} - \varepsilon\left(\frac{\partial \tilde{u}}{\partial \tau} + \tilde{u}\right), \tag{10.4.16}$$

而定解条件变为

$$\tilde{u}(x,0,0) = \phi(x). \tag{10.4.17}$$

对函数 $\tilde{u}(x,t,\tau)$ 作关于渐近序列 $\{\varepsilon^n\}(\varepsilon \to 0)$的渐近展开，即令

$$\tilde{u}(x,t,\tau) = \sum_{n=0}^{\infty} \tilde{u}_n(x,t,\tau)\varepsilon^n \quad (\varepsilon \to 0), \tag{10.4.18}$$

将式(10.4.18)代入式(10.4.16)及式(10.4.17)中，比较等式两端 ε^n 同次幂前的系数，当 $n=0$ 时得到关于 $\tilde{u}_0(x,t,\tau)$的定解问题

$$\begin{cases} \dfrac{\partial \tilde{u}_0}{\partial t} - \dfrac{\partial^2 \tilde{u}_0}{\partial x^2} = 0, \\ \tilde{u}_0(x,0,0) = \phi(x); \end{cases} \tag{10.4.19}$$

当 $n \geqslant 1$ 时有

$$\begin{cases} \dfrac{\partial \tilde{u}_n}{\partial t} - \dfrac{\partial^2 \tilde{u}_n}{\partial x^2} = -\left(\dfrac{\partial \tilde{u}_{n-1}}{\partial \tau} + \tilde{u}_{n-1}\right), \\ \tilde{u}_n(x,0,0) = 0. \end{cases} \tag{10.4.20}$$

定解问题(10.4.19)的解为

$$\tilde{u}_0(x,t,\tau)=c(\tau)u_0(x,t),\tag{10.4.21}$$

其中 $c(\tau)$ 为满足 $c(0)=1$ 的 τ 的任意函数．将式(10.4.21)代入式(10.4.20)中并取 $n=1$ 可得到关于 $\tilde{u}_1(x,t,\tau)$ 的定解问题

$$\begin{cases}\dfrac{\partial\tilde{u}_1}{\partial t}-\dfrac{\partial^2\tilde{u}_1}{\partial x^2}=-\left(\dfrac{\partial\tilde{u}_0}{\partial\tau}+\tilde{u}_0\right)=-\left[c'(\tau)+c(\tau)\right]u_0(x,t),\\ \tilde{u}_1(x,0,0)=0.\end{cases}\tag{10.4.22}$$

对于 x 与 t 而言，$c(\tau)$ 及 $c'(\tau)$ 为“常数”，而 $u_0(x,t)$ 为式(10.4.16)中泛定方程所对应的齐次方程的解，因此解 $\tilde{u}_1(x,t,\tau)$ 具有以下形式

$$\tilde{u}_1(x,t,\tau)=c_1(\tau)u_0(x,t)-t[c'(\tau)+c(\tau)]u_0(x,t)+d(\tau),\tag{10.4.23}$$

其中 $c_1(\tau)$ 的初始条件取 $c_1(0)=0$，并注意到为了避免长期项的出现而必须令

$$c'(\tau)+c(\tau)=0,\tag{10.4.24}$$

解之，由 $c(\tau)$ 的初始条件 $c(0)=1$，得

$$c(\tau)=\mathrm{e}^{-\tau}=\mathrm{e}^{-\varepsilon t}.\tag{10.4.25}$$

为避免在下一阶出现长期项，必须取式(10.4.23)中的 $d(\tau)=c_1(\tau)=0$，这样 $\tilde{u}_1(x,t,\tau)$ 的最后形式为

$$\tilde{u}_1(x,t,\tau)=0.\tag{10.4.26}$$

用数学归纳法易证对于所有的 $\tilde{u}_n(x,t,\tau)(n=1,2,\cdots)$，均有

$$\tilde{u}_n(x,t,\tau)=0,\tag{10.4.27}$$

从而我们得到原数学问题(10.4.7)的渐近解的具体形式为

$$u(x,t)=\tilde{u}_0(x,t,\tau)=\mathrm{e}^{-\varepsilon t}u_0(x,t),\tag{10.4.28}$$

其中 $u_0(x,t)$ 由式(10.4.11)给出．注意到式(10.4.28)也给出了原定解问题的精确解.

在用多重尺度法求解过程中我们对同一时间 t 用了两个不同的尺度：一个是较快的尺度 t，而另一个是较慢的尺度 εt，在解决一个更加复杂的问题时，有时可能要用到更多的不同尺度．我们还想说明的是，多重尺度法是一个极其有效的奇异摄动方法，它不仅能解决防止长期项出现的问题，对于一些别的摄动问题也是有效的.

例 3　在单位圆 Ω 上考虑亥姆霍兹方程的第一边值问题

$$\begin{cases}\varepsilon\left(\dfrac{\partial^2u}{\partial r^2}+\dfrac{1}{r}\cdot\dfrac{\partial u}{\partial r}\right)-u=f(r,\theta),\\ u(1,\theta)=0,\end{cases}\tag{10.4.29}$$

此处 ε 为一个正的小参数，$0<\varepsilon\ll1$.

解　令 $\varepsilon=0$，其退化问题为

$$\begin{cases}-u=f(r,\theta),\\ u(1,\theta)=0.\end{cases}\tag{10.4.30}$$

从式(10.4.30)中的方程解得

$$u=u_0=-f(r,\theta).\qquad(10.4.31)$$

但是它不满足式(10.4.30)中的边界条件，因此退化问题无解．正则摄动法失效．分析造成正则摄动法失效的原因是因为在式(10.4.29)中我们认为$\varepsilon\left(\frac{\partial^2 u}{\partial r^2}+\frac{1}{r}\cdot\frac{\partial u}{\partial r}\right)$很小而将它忽略，然而在边界$S$(或其部分边界)附近这一做法是不对的.

现在考虑用奇异摄动法求定解问题(10.4.29)的近似解析解．由于$0<\varepsilon<<1$，在边界S附近，$\frac{\partial^2 u}{\partial r^2}+\frac{1}{r}\cdot\frac{\partial u}{\partial r}$很大,呈现出边界层的特性．为此引进适用于边界层的内变量：

$$z=\frac{1-r}{\sqrt{\varepsilon}}.\qquad(10.4.32)$$

选取此尺度是为了使式(10.4.29)中的第一项$\varepsilon\frac{\partial^2 u}{\partial r^2}$与其余某一项(经过验证该项为$-u-\tilde{f}$)的量级匹配而使其余项的量级为相对的小量．将式(10.4.32)及未知函数的新形式：$\tilde{u}(z,\theta)=u(r,\theta)$代入式(10.4.29)而将其改写为

$$\begin{cases}\dfrac{\partial^2\tilde{u}}{\partial z^2}-\dfrac{\sqrt{\varepsilon}}{1-\sqrt{\varepsilon}z}\dfrac{\partial\tilde{u}}{\partial z}-\tilde{u}=\tilde{f},0<z<+\infty,\\ \tilde{u}(z,\theta)\mid_{z=0}=0,\end{cases}\qquad(10.4.33)$$

其中$\tilde{f}(z,\theta)=f(r,\theta)$．将内解$\tilde{u}(z,\theta)$作关于渐近序列$\{(\sqrt{\varepsilon})^n\}$的渐近展开：

$$\tilde{u}(z,\theta)=\sum_{n=0}^{\infty}\tilde{u}_n(z,\theta)(\sqrt{\varepsilon})^n,\qquad(10.4.34)$$

将式(10.4.34)代入式(10.4.33)，比较所得方程及定解条件两端ε同次幂前的系数，可分别得到式(10.4.29)右端各项的定解问题，当$n=0$时得到关于$\tilde{u}_0(z,\theta)$的定解问题

$$\begin{cases}\dfrac{\partial^2\tilde{u}_0}{\partial z^2}-\tilde{u}_0=\tilde{f},0<z<+\infty,\\ \tilde{u}_0(z,\theta)\mid_{z=0}=0,\end{cases}\qquad(10.4.35)$$

此方程的通解为

$$\tilde{u}_0(z,\theta)=c_1(\theta)\mathrm{e}^{z}+c_2(\theta)\mathrm{e}^{-z}-\tilde{f}.\qquad(10.4.36)$$

而式(10.4.31)可作为原定解问题(10.4.29)的外解首项，在式(10.4.32)中令$z\to+\infty$(这意味着在式(10.4.32)中$r\neq1$)，这个内解首项与外解首项$u_0=-f=-\tilde{f}$

当 $r\to 1$ 式的极限匹配，这就是所谓的**匹配原理**：

$$外解的内极限=内解的外极限,$$

即

$$\lim_{r\to 1}u_0=\lim_{z\to\infty}\tilde{u}_0(z,\theta).$$

由此我们得到一个匹配条件：

$$\lim_{z\to+\infty}\tilde{u}_0(z,\theta)=\lim_{z\to+\infty}\left[c_1(\theta)\mathrm{e}^{z}+c_2(\theta)\mathrm{e}^{-z}-\tilde{f}\right]=-\tilde{f}, \tag{10.4.37}$$

或者 $c_1(\theta)=0$，又由式(10.4.35)的边界条件可得：$c_2(\theta)=\tilde{f}(0,\theta)$，因此可得内解首项的具体形式：

$$\tilde{u}_0(z,\theta)=\tilde{f}(0,\theta)\mathrm{e}^{-z}-\tilde{f}(z,\theta). \tag{10.4.38}$$

得到了外解首项及内解首项的具体形式，我们就可以构造**合成解**：

$$\begin{aligned}\bar{u}_0&=u_0+\tilde{u}_0-\lim_{z\to+\infty}\tilde{u}_0=u_0+\tilde{u}_0-\lim_{r\to 1}u_0\\&=\tilde{f}(z,\theta)+(\tilde{f}(0,\theta)\mathrm{e}^{-z}-\tilde{f}(z,\theta))-(-\tilde{f}(z,\theta))\\&=\tilde{f}(0,\theta)\mathrm{e}^{-z}+\tilde{f}(z,\theta)\end{aligned} \tag{10.4.39}$$

从而得到原定解问题渐近解的渐近表示(即其渐近展开到首项的形式)：

$$\begin{aligned}u&=\bar{u}_0+O(\sqrt{\varepsilon})=\tilde{f}(0,\theta)\mathrm{e}^{-z}+\tilde{f}(z,\theta)+O(\sqrt{\varepsilon})\\&=\bar{f}(1,\theta)\mathrm{e}^{-\frac{1-r}{\sqrt{\varepsilon}}}+\bar{f}(r,\theta)+O(\sqrt{\varepsilon}).\end{aligned} \tag{10.4.40}$$

可以证明表达式(10.4.40)在整个区域 Ω 上是一致有效的渐近解.

10.5 在过冷熔体中的晶核生长

从这一节开始我们介绍摄动和渐近方法在材料科学和冶金中数学物理问题的某些应用.

金属凝固过程分为两个阶段：形核和长大．在凝固过程的最初阶段是晶体的形核．在一定的过冷凝固条件下，当熔体温度低于液相线温度的某临界值时，一些原子的活动能力下降，其动能减小到足以使这些原子固定在晶格点上，固相有析出倾向，由原子集团在液态金属中形成固相的晶核．随着这些结晶核心的长大，形成晶粒(或称球晶)从而实现从液相向固相的转变．通过建立金属凝固过程的晶核生长的数学物理模型，我们可以研究在液态金属中悬浮着的球状晶核生长的演化等规律.

1. 在过冷熔体中晶核生长数学模型

考虑在过冷熔体中球状晶核的对称生长问题．设想在液态金属中悬浮着一个初

始半径为 r_0 的球状晶核，假设在远离晶核的液态金属中温度为 T_∞，在一定的过冷条件下，T_∞ 小于平衡凝固温度 T_M，晶核不断地长大．如果我们用 T_L 和 T_S 分别表示液相和固相的温度，液相和固相之间由固液界面分开，用 $r=R(t)$ 表示不断长大的晶核界面．为简单起见，假定液相和固相内分别有相同的密度和比热容，即假设 $\rho_S=\rho_L=\rho$，$c_{pS}=c_{pL}=c_p$．考虑到晶核的对称性，在液相中热传导方程为

$$\frac{\partial T_L}{\partial t}=\kappa_L\cdot\nabla^2 T_L=\kappa_L\frac{1}{r^2}\frac{\partial}{\partial r}\left(r^2\frac{\partial T_L}{\partial r}\right)\quad(R(t)<r<\infty),\tag{10.5.1}$$

其中 κ_L 为液相热扩散系数，$\kappa_L=\dfrac{\kappa_L}{c_p\rho}$，$\kappa_L$ 为液相导热系数.

在固相中，热传导方程为

$$\frac{\partial T_S}{\partial t}=\kappa_S\frac{1}{r^2}\frac{\partial}{\partial r}\left(r^2\frac{\partial T_S}{\partial r}\right)\quad(0\leqslant r\leqslant R(t)),\tag{10.5.2}$$

其中 κ_S 为固相热扩散系数，$\kappa_S=\dfrac{\kappa_S}{c_p\rho}$，$\kappa_S$ 为固相导热系数.

在固液界面上，$r=R(t)$，晶核生长满足以下界面条件：

热平衡条件：

$$T_S=T_L=T_I,\tag{10.5.3}$$

其中 T_I 为界面温度.

吉布斯-汤姆森(Gibbs-Thomson)条件：

$$T_I=T_M\left(1-\frac{2\gamma K}{\Delta H}\right),\tag{10.5.4}$$

其中 T_M 为纯物质在平衡界面的凝固温度，γ 表示表面张力系数，K 为界面的平均曲率.

能量守恒条件：设 $\dfrac{\mathrm{d}R}{\mathrm{d}t}$ 为界面的生长速度，其方向为界面法向方向，在相变过程中熵是守恒的，所以满足能量守恒条件：

$$\Delta H\frac{\mathrm{d}R}{\mathrm{d}t}=k_S\frac{\partial T_S}{\partial r}-k_L\frac{\partial T_L}{\partial r}.\tag{10.5.5}$$

在远离晶核的液态金属中温度满足远场条件：当 $r\to\infty$ 时，

$$T_L\to T_\infty<T_M.\tag{10.5.6}$$

温度场的温度是有限的，在球内温度满足球内正则条件：当 $r\to 0$ 时，

$$T_S=O(1).\tag{10.5.7}$$

初始条件：当 $t=0$ 时，

$$R(0)=r_0,T_L(r,0)=T_L^*(r),T_S(r,0)=T_S^*(r).\tag{10.5.8}$$

由于晶核界面是不断移动的，所以这是一个自由边界问题．以下我们先对定解问题无量纲化，把定解问题转化为一个摄动问题，然后利用渐近方法求出它的近似

解析解.

选择晶核的初始半径 r_0 为长度尺度，界面特征速度 $V_p=\dfrac{k_L\Delta T}{\Delta H r_0}$为速度尺度，其中 $\Delta T=T_M-T_\infty>0$ 为过冷度，$\dfrac{r_0}{V_p}$为时间尺度，引入如下无量纲量

$$\bar{T}_L=\frac{T_L-T_M}{\Delta T},\bar{T}_S=\frac{T_S-T_M}{\Delta T},\bar{r}=\frac{r}{r_0},\bar{t}=\frac{t}{\frac{r_0}{V_p}},\tag{10.5.9}$$

得到无量纲化的方程：

$$\varepsilon\frac{\partial\bar{T}_L}{\partial\bar{t}}=\frac{1}{\bar{r}^2}\frac{\partial}{\partial\bar{r}}\left(\bar{r}^2\frac{\partial\bar{T}_L}{\partial\bar{r}}\right),\tag{10.5.10}$$

$$\varepsilon\frac{\partial\bar{T}_S}{\partial\bar{t}}=\kappa\frac{1}{\bar{r}^2}\frac{\partial}{\partial\bar{r}}\left(\bar{r}^2\frac{\partial\bar{T}_S}{\partial\bar{r}}\right),\tag{10.5.11}$$

其中

$$\varepsilon=\frac{\Delta T}{\frac{\Delta H}{c_p\rho}},\kappa=\frac{\kappa_S}{\kappa_L}.$$

无量纲化的边界条件为

界面条件：在界面 $\bar{r}=\bar{R}(\bar{t})$ 上，

$$\bar{T}_L=\bar{T}_S=\bar{T}_I,\tag{10.5.12}$$

$$\bar{T}_I=-\frac{2\Gamma}{\bar{R}},\tag{10.5.13}$$

$$\frac{d\bar{R}}{d\bar{t}}=k\frac{\partial\bar{T}_S}{\partial\bar{r}}-\frac{\partial\bar{T}_L}{\partial\bar{r}},\tag{10.5.14}$$

其中

$$\Gamma=\frac{\gamma}{r_0\Delta H}\frac{T_M}{\Delta T},k=\frac{k_S}{k_L}.$$

远场条件：当 $\bar{r}\to\infty$ 时，

$$\bar{T}_L\to-1.\tag{10.5.15}$$

球内正则条件：当 $\bar{r}\to 0$ 时，

$$\bar{T}_S=O(1).\tag{10.5.16}$$

初始条件：在 $\bar{t}=0$ 时，

$$\bar{R}(0)=1,\bar{T}_L(\bar{r},0)=\bar{T}_L^*(\bar{r}),\bar{T}_S(\bar{r},0)=\bar{T}_S^*(\bar{r}).\tag{10.5.17}$$

当过冷度 ΔT 不大时，过冷度参数 ε 总是个小量．表面张力参数 Γ 一般情况下

也是个很小量，但是如果晶核初始半径 r_0 很小，参数 Γ 可以是个一级量 $O(1)$.

为了书写方便,下面将省略掉无量纲量头上的“-”,寻找问题的渐近解.

2. 时间意义上的外解

选取 ε 为小参数，首先假设 $\dfrac{\partial}{\partial t}=O(1)$. 对于温度和界面作如下的渐近展开：

$$T=T_0+\varepsilon T_1+\cdots,\ R=R_0+\varepsilon R_1+\cdots. \tag{10.5.18}$$

将式(10.5.18)代入问题即式(10.5.10)~式(10.5.11)，得到在零级近似下，温度和界面满足方程

$$\frac{1}{r^2}\frac{\partial}{\partial r}\left(r^2\frac{\partial T_{L0}}{\partial r}\right)=0,\frac{1}{r^2}\frac{\partial}{\partial r}\left(r^2\frac{\partial T_{S0}}{\partial r}\right)=0, \tag{10.5.19}$$

其通解为

$$T_{L0}=a_0(t)+\frac{b_0(t)}{r},T_{S0}=a_{S0}(t)+\frac{b_{S0}(t)}{r}.$$

从边界条件即式(10.5.15)~式(10.5.16)推出：$a_0(t)=-1,b_{S0}(t)=0$. 从界面条件即式(10.5.12)~式(10.5.13)得到

$$b_0(t)=R_0(t)-2\Gamma.$$

从界面条件(10.5.14)，得到常微分方程

$$\frac{\mathrm{d}R_0}{\mathrm{d}t}=\frac{R_0-2\Gamma}{R_0^2}. \tag{10.5.20}$$

再由初始条件(10.5.17)，可知界面满足常微分方程初值问题

$$\frac{\mathrm{d}R_0}{\mathrm{d}t}=\frac{R_0-2\Gamma}{R_0^2},R_0(0)=1. \tag{10.5.21}$$

为讨论解的特性，考虑以下三种特殊情形：

(1) 如果忽略表面张力参数 $\Gamma=0$，从式(10.5.21)解得

$$R_0(t)=(1+2t)^{\frac{1}{2}}, \tag{10.5.22}$$

因此，当 $t\to\infty$ 时，$R_0(t)\to\infty$.

(2) 如果 $\Delta T\to 0$，那么 $\Gamma\gg 1$，从式(10.5.21)解得

$$R_0(t)=(1-6\Gamma t)^{\frac{1}{3}}. \tag{10.5.23}$$

由此可知当 $t\to\dfrac{1}{6\Gamma}<+\infty$ 时，$R_0(t)\to 0$. 这表明球形晶核随时间增加而收缩,并在有限时间内消失.

(3) 在一般情形下,方程(10.5.21)右边两项都需要保留，可以看出，当 $0<R_0<2\Gamma$ 时，$\dfrac{\mathrm{d}R_0}{\mathrm{d}t}<0$，这表明球形晶核随时间增加而收缩；当 $2\Gamma<R_0<+\infty$ 时，$\dfrac{\mathrm{d}R_0}{\mathrm{d}t}>0$，这表明球形晶核随时间增加而长大. 方程(10.5.20)有一驻解 $R_0(t)\equiv 2\Gamma$，由临界

条件 $2\Gamma=1$ 得出球形晶核的临界半径

$$R^{*}=\frac{\gamma T_{\mathrm{M}}}{\Delta H\Delta T}.$$

对于典型金属而言，晶核的临界半径 $R^{*}\approx 2.0\times 10^{-7}\frac{T_{\mathrm{M}}}{\Delta T}(\mathrm{cm})$. 如果 $\frac{\Delta T}{T_{\mathrm{M}}}=0.1$，$R^{*}\approx 0.02\mu\mathrm{m}$. 过冷度越大，可以增长的晶核临界半径越小.

解常微分方程初值问题(10.5.21)可得界面首阶解的隐函数式

$$t=\frac{1}{2}(R_0^2-1)+2\Gamma(R_0-1)+4\Gamma^2\ln\frac{R_0-2\Gamma}{1-2\Gamma}. \tag{10.5.24}$$

因此我们求出了温度和界面的首阶近似解.

从上面所求的解，得到解的初始状态

$$T_L(r,0)=T_L^{*}(r)=-1+\frac{1-2\Gamma}{r},T_{\mathrm{S}}(r,0)=T_{\mathrm{S}}^{*}(r)=-2\Gamma. \tag{10.5.25}$$

显然，它不能满足预先设定的初始条件，因此在初始的瞬变阶段，我们必须引入时间内变量，求对时间而言的内解.

3. 时间意义上的内解

选取时间内变量

$$\hat{t}=\frac{\bar{t}}{\varepsilon},\hat{r}=\bar{r}, \tag{10.5.26}$$

这时温度和界面可写为

$$\hat{T}_{\mathrm{L}}(\hat{r},\hat{t})=\bar{T}_{\mathrm{L}}(\bar{r},\varepsilon\hat{t}),\hat{T}_{\mathrm{S}}(\hat{r},\hat{t})=\bar{T}_{\mathrm{S}}(\bar{r},\varepsilon\hat{t}),\hat{R}(\hat{t})=\bar{R}(\varepsilon\hat{t}).$$

方程(10.5.10)和方程(10.5.11)变为

$$\frac{\partial\hat{T}_{\mathrm{L}}}{\partial\hat{t}}=\nabla^2\hat{T}_{\mathrm{L}},\frac{\partial\hat{T}_{\mathrm{S}}}{\partial\hat{t}}=\kappa\nabla^2\hat{T}_{\mathrm{S}}. \tag{10.5.27}$$

界面条件即式(10.5.12)~式(10.5.14)变为

$$\hat{T}_{\mathrm{L}}=\hat{T}_{\mathrm{S}}=\hat{T}_{\mathrm{I}}, \tag{10.5.28}$$

$$\hat{T}_{\mathrm{I}}=-2\Gamma, \tag{10.5.29}$$

$$\frac{\mathrm{d}\hat{R}}{\mathrm{d}\hat{t}}=\varepsilon\left(k\frac{\partial\hat{T}_{\mathrm{S}}}{\partial\hat{r}}-\frac{\partial\hat{T}_{\mathrm{L}}}{\partial\hat{r}}\right). \tag{10.5.30}$$

仍选择 ε 作为小参数，对温度和界面作渐近展开：

$$\hat{T}_{\mathrm{L}}=\hat{T}_{\mathrm{L0}}+\varepsilon\hat{T}_{\mathrm{L1}}+\cdots, \tag{10.5.31}$$

$$\hat{T}_{\mathrm{S}}=\hat{T}_{\mathrm{S0}}+\varepsilon\hat{T}_{\mathrm{S1}}+\cdots, \tag{10.5.32}$$

$$\hat{R}=1+\varepsilon R_1+\cdots. \tag{10.5.33}$$

在零级近似下温度场满足方程

$$\frac{\partial \hat{T}_{L0}}{\partial \hat{t}} = \nabla^2 \hat{T}_{L0}, \tag{10.5.34}$$

$$\frac{\partial \hat{T}_{S0}}{\partial \hat{t}} = \kappa \nabla^2 \hat{T}_{S0}. \tag{10.5.35}$$

在界面上,

$$\hat{r} = \hat{R}_0 = 1,$$

$$\hat{T}_{S0} = \hat{T}_{L0} = T_I, \tag{10.5.36}$$

$$\hat{T}_I = -2\Gamma, \tag{10.5.37}$$

$$\frac{d\hat{R}_0}{d\hat{t}} = 0. \tag{10.5.38}$$

远场条件: 当 $\hat{r}\to\infty$ 时,

$$\hat{T}_{L0} \to -1. \tag{10.5.39}$$

球内正则条件: 当 $\hat{r}\to 0$ 时,

$$\hat{T}_{S0} = O(1). \tag{10.5.40}$$

初始条件: 当 $\hat{t}=0$ 时,

$$\hat{T}_{L0} = \hat{T}_L^*(\bar{r}), \hat{T}_{S0} = \hat{T}_S^*(\bar{r}). \tag{10.5.41}$$

这是一个抛物型方程初边值问题, 可以证明它存在唯一解(留作练习题). 当 $\hat{t}\to\infty$ 时, 解趋于解的初始状态(10.5.8).

10.6　晶核生长的界面稳定性

在晶核生长过程中界面的稳定性是界面微结构形态的一个重要问题. 将 10.5 节中所求的近似解作为温度和界面的解的基本态, 我们将会看到, 即使问题的基本态是球对称的, 其扰动态也可以是非球对称的. 在这一节中我们研究小过冷度情形一般非球对称的凝固过程中界面的稳定性.

1. 晶核生长的界面稳定性的定解问题

考虑一定的过冷条件下在液态金属中一个初始半径为 r_0 的晶核不断地长大. 假设在远离晶核的液态金属中温度为 T_∞, 而 T_∞ 小于平衡凝固温度 T_M, 如果用 T_L 和 T_S 分别表示液相和固相的温度, 液相和固相之间由固液界面分开, 用 $r = R(\theta, \varphi, t)$ 表示晶核界面. 为简单起见, 仍假定液相和固相内分别有相同的密度和比热容，即假设 $\rho_S=\rho_L=\rho$，$c_{pS}=c_{pL}=c_p$.

仍选择晶核初始半径 r_0 作为长度尺度，界面的特征速度 $V_p=\dfrac{k_L\Delta T}{\Delta H r_0}$作为速度尺度，时间尺度取为$\dfrac{r_0}{V_p}$. $\Delta T=T_M-T_\infty>0$ 为温度尺度．省略无量纲量头上的符号"－"，无量纲化的基本方程为

$$\varepsilon\frac{\partial T_L}{\partial t}=\nabla^2 T_L\quad(R<r<+\infty),\tag{10.6.1}$$

$$\varepsilon\frac{\partial T_S}{\partial t}=\kappa\nabla^2 T_S\quad(0<r<R).\tag{10.6.2}$$

无量纲化的边界条件为

界面条件：在界面 $r=R(\theta,\varphi,t)$ 上满足条件

$$T_L=T_S=T_I\tag{10.6.3}$$

$$T_I=2\Gamma K-E^{-1}MU_I,\tag{10.6.4}$$

$$U_I=k\nabla T_S\cdot\boldsymbol{n}-\nabla T_L\cdot\boldsymbol{n}.\tag{10.6.5}$$

远场条件：当 $r\to\infty$ 时，

$$T_L\to-1.\tag{10.6.6}$$

球内正则条件：当 $r\to 0$ 时，

$$T_S=O(1).\tag{10.6.7}$$

界面的初始条件：

$$R(\theta,\varphi,0)=1,\tag{10.6.8}$$

其中 $\boldsymbol{n}$ 为界面法线方向，且

$$\Gamma=\frac{\gamma T_M}{\Delta H\Delta T r_0},E=\frac{\Delta T}{T_M},M=\frac{V_p}{T_M\mu},$$

μ 称为界面动力学系数．这里说明一下，界面条件(10.6.4)中考虑了界面的动力学效应．界面的动力学效应产生温度过冷 $\Delta T_K=E^{-1}MU_I$.

2. 晶核生长的基态解

选取 ε 为小参数，首先假设 $\dfrac{\partial}{\partial t}=O(1)$ 以及$\dfrac{\partial}{\partial\theta}=\dfrac{\partial}{\partial\phi}=0$，我们对于温度和界面作如下的渐近展开：

$$T_{LB}=T_{LB0}+\varepsilon T_{LB1}+\cdots,T_{SB}=T_{SB0}+\varepsilon T_{SB1}+\cdots,R_B=R_{B0}(t)+\varepsilon R_{B1}+\cdots.\tag{10.6.9}$$

在零级近似下，得到方程

$$\frac{1}{r^2}\frac{\partial}{\partial r}\left(r^2\frac{\partial T_{LB0}}{\partial r}\right)=0,\tag{10.6.10}$$

$$\frac{1}{r^2}\frac{\partial}{\partial r}\left(r^2\frac{\partial T_{\mathrm{SB0}}}{\partial r}\right)=0. \tag{10.6.11}$$

和边界条件如下：

界面条件：当 $r=R_{\mathrm{B0}}(t)$ 时，

$$T_{\mathrm{LB0}}=T_{\mathrm{SB0}}, \tag{10.6.12}$$

$$T_{\mathrm{SB0}}=-\frac{2\Gamma}{R_{\mathrm{B0}}}-E^{-1}M\frac{\mathrm{d}R_{\mathrm{B0}}}{\mathrm{d}t}, \tag{10.6.13}$$

$$\frac{\mathrm{d}R_{\mathrm{B0}}}{\mathrm{d}t}=k\frac{\partial T_{\mathrm{SB0}}}{\partial r}-\frac{\partial T_{\mathrm{LB0}}}{\partial r}. \tag{10.6.14}$$

远场条件：当 $r\to\infty$ 时，

$$T_{\mathrm{LB0}}\to-1. \tag{10.6.15}$$

球内正则条件：当 $r\to0$ 时，

$$T_{\mathrm{SB0}}=O(1). \tag{10.6.16}$$

界面的初始条件：

$$R_{\mathrm{B0}}(0)=1. \tag{10.6.17}$$

类似于 10.5 节的讨论，得到首阶近似解

$$T_{\mathrm{LB0}}=-1+\left(R_{\mathrm{B0}}-2\Gamma-E^{-1}MR_{\mathrm{B0}}\frac{\mathrm{d}R_{\mathrm{B0}}}{\mathrm{d}t}\right)\frac{1}{r}, \tag{10.6.18}$$

$$T_{\mathrm{SB0}}=-\frac{2\Gamma}{R_{\mathrm{B0}}}-E^{-1}M\frac{\mathrm{d}R_{\mathrm{B0}}}{\mathrm{d}t}, \tag{10.6.19}$$

其中 R_{B0} 满足常微分方程初值问题

$$\frac{\mathrm{d}R_{\mathrm{B0}}}{\mathrm{d}t}=\frac{R_{\mathrm{B0}}-2\Gamma}{R_{\mathrm{B0}}(R_{\mathrm{B0}}+E^{-1}M)},R_{\mathrm{B0}}(0)=1. \tag{10.6.20}$$

解这常微分方程初值问题，得到隐函数解

$$t=\frac{1}{2}(R_{\mathrm{B0}}^2-1)+(2\Gamma+E^{-1}M)\left(R_{\mathrm{B0}}-1+2\Gamma\ln\frac{R_{\mathrm{B0}}-2\Gamma}{1-2\Gamma}\right). \tag{10.6.21}$$

因此，定解问题的基态解可近似地表示为

$$T_{\mathrm{LB}}=-1+\frac{b_0(t)}{r}+O(\varepsilon), \tag{10.6.22}$$

$$T_{\mathrm{SB}}=-1+\frac{b_0(t)}{R_{\mathrm{B0}}(t)}+O(\varepsilon), \tag{10.6.23}$$

$$R_{\mathrm{B}}=R_{\mathrm{B0}}(t)+O(\varepsilon). \tag{10.6.24}$$

3. 扰动态

假设在 $t=0$ 时，基态受到扰动

$$T_{\mathrm{L}}=T_{\mathrm{LB}}(r,\theta,\phi,t)+\widetilde{T}_{\mathrm{L}}(r,\theta,\phi,t), \tag{10.6.25}$$

$$T_{\mathrm{S}}=T_{\mathrm{SB}}(r,\theta,\phi,t)+\widetilde{T}_{\mathrm{S}}(r,\theta,\phi,t),\tag{10.6.26}$$

$$R=R_{\mathrm{B}}(\theta,\phi,t)+\widetilde{R}_{\mathrm{L}}(\theta,\phi,t).\tag{10.6.27}$$

对小扰动 $\tilde{q}\equiv\{\widetilde{T}_{\mathrm{L}},\widetilde{T}_{\mathrm{S}},\widetilde{R}\}$ 进行线性展开,可推出扰动方程

$$\varepsilon\frac{\partial\widetilde{T}_{\mathrm{L}}}{\partial t}=\nabla^{2}\widetilde{T}_{\mathrm{L}},\tag{10.6.28}$$

$$\varepsilon\frac{\partial\widetilde{T}_{\mathrm{S}}}{\partial t}=\kappa\ \nabla^{2}\widetilde{T}_{\mathrm{S}},\tag{10.6.29}$$

以及相应边界条件如下:

界面条件:在 $r=R_{\mathrm{B}}$ 时,

$$\widetilde{T}_{\mathrm{L}}=\widetilde{T}_{\mathrm{S}}-\Delta G_{1}\widetilde{R},\tag{10.6.30}$$

$$\widetilde{T}_{\mathrm{S}}=2\Gamma\widetilde{K}\{R_{\mathrm{B}}+\widetilde{R}\}-2\Gamma\widetilde{K}\{R_{\mathrm{B}}\}-\varepsilon E^{-1}M[\widetilde{U}_{\mathrm{I}}\{R_{\mathrm{B}}+\widetilde{R}\}-\widetilde{U}_{\mathrm{I}}\{R_{\mathrm{B}}\}],\tag{10.6.31}$$

$$\widetilde{U}_{\mathrm{I}}\{R_{\mathrm{B}}+\widetilde{R}\}-\widetilde{U}_{\mathrm{I}}\{R_{\mathrm{B}}\}=k\frac{\partial\widetilde{T}_{\mathrm{S}}}{\partial n}-\frac{\partial\widetilde{T}_{\mathrm{L}}}{\partial n}-\Delta G_{2}\widetilde{R}.\tag{10.6.32}$$

远场条件:当 $r\to\infty$ 时,

$$\widetilde{T}_{\mathrm{L}}\to0.\tag{10.6.33}$$

球内正则条件:当 $r\to0$ 时,

$$\widetilde{T}_{\mathrm{S}}=O(1).\tag{10.6.34}$$

这里利用了关系式

$$\boldsymbol{n}=\left(1,-\frac{1}{R}\frac{\partial R}{\partial\theta},-\frac{1}{R\sin\theta}\frac{\partial R}{\partial\varphi}\right)\left[1+\frac{1}{R^{2}}\left(\frac{\partial R}{\partial\theta}\right)^{2}+\frac{1}{R^{2}\sin^{2}\theta}\left(\frac{\partial R}{\partial\varphi}\right)^{2}\right]^{-\frac{1}{2}}.$$

设温度和界面的扰动有如下的渐近展开:

$$\widetilde{T}_{\mathrm{L}}=\widetilde{T}_{\mathrm{L0}}+\varepsilon\widetilde{T}_{\mathrm{L1}}+\cdots,\tag{10.6.35}$$

$$\widetilde{T}_{\mathrm{S}}=\widetilde{T}_{\mathrm{S0}}+\varepsilon\widetilde{T}_{\mathrm{S1}}+\cdots,\tag{10.6.36}$$

$$\widetilde{R}=\widetilde{R}_{0}+\varepsilon\widetilde{R}_{1}+\cdots,\tag{10.6.37}$$

由此得到界面曲率的渐近展开:

$$2\widetilde{K}\{R_{\mathrm{B}}+\widetilde{R}\}-2\widetilde{K}\{R_{\mathrm{B}}\}=\frac{1}{R_{\mathrm{B0}}^{2}}(\Lambda+2)\widetilde{R}_{0}+$$

$$\frac{\varepsilon}{R_{B0}^3}[R_{B0}(\Lambda+2)\widetilde{R}_1-2R_{B1}(\Lambda+1)\widetilde{R}_0-2\widetilde{R}_0(\Lambda+1)R_{B1}]+\cdots. \tag{10.6.38}$$

以及

$$\Delta G_1=\Delta G_{10}+\varepsilon\Delta G_{11}+\cdots,\Delta G_2=\Delta G_{20}+\varepsilon\Delta G_{21}+\cdots, \tag{10.6.39}$$

其中

$$\widetilde{U}_{\mathrm{I}}\{R_{\mathrm{B}}+\widetilde{R}\}-\widetilde{U}_{\mathrm{I}}\{R_{\mathrm{B}}\}=\frac{\partial\widetilde{R}_0}{\partial t}+O(\varepsilon),$$

$$\Delta G_{10}=\left(\frac{\partial T_{\mathrm{LB0}}}{\partial r}-\frac{\partial T_{\mathrm{SB0}}}{\partial r}\right)_{r=R_{\mathrm{B0}}},\Delta G_{20}=\left(\frac{\partial^2 T_{\mathrm{LB0}}}{\partial r^2}-k\frac{\partial^2 T_{\mathrm{SB0}}}{\partial r^2}\right)_{r=R_{\mathrm{B0}}},\cdots.$$

在零级近似下，得到方程

$$\nabla^2\widetilde{T}_{\mathrm{L0}}=0, \tag{10.6.40}$$

$$\nabla^2\widetilde{T}_{\mathrm{S0}}=0, \tag{10.6.41}$$

界面条件：在界面上，

$$r=R_{\mathrm{B0}}(t),$$

$$\widetilde{T}_{\mathrm{L0}}=\widetilde{T}_{\mathrm{S0}}-\Delta G_{10}\widetilde{R}_0, \tag{10.6.42}$$

$$\widetilde{T}_{\mathrm{S0}}=\frac{\Gamma}{R_{\mathrm{B0}}^2}(\Lambda+2)\widetilde{R}_0-E^{-1}M\frac{\partial\widetilde{R}_0}{\partial t}, \tag{10.6.43}$$

$$\frac{\partial\widetilde{R}_0}{\partial t}=k\frac{\partial\widetilde{T}_{\mathrm{S0}}}{\partial r}-\frac{\partial\widetilde{T}_{\mathrm{L0}}}{\partial r}-\Delta G_{20}\widetilde{R}_0. \tag{10.6.44}$$

远场条件：当 $r\to\infty$ 时，

$$\widetilde{T}_{\mathrm{L0}}\to 0. \tag{10.6.45}$$

球内正则条件：当 $r\to 0$ 时，

$$\widetilde{T}_{\mathrm{S0}}=O(1). \tag{10.6.46}$$

进一步地，令

$$\widetilde{T}(r,\theta,\varphi,t)=\widetilde{A}_0(t)f(r)Y_{l,m}(\theta,\varphi), \tag{10.6.47}$$

这里 $Y_{l,m}(\theta,\varphi)$ 是球函数，代入方程(10.6.40)，利用球函数性质

$$\Lambda\{Y_{l,m}(\theta,\varphi)\}=-l(l+1)Y_{l,m}(\theta,\varphi), \tag{10.6.48}$$

得到方程

$$f''(r)+\frac{2}{r}f'(r)-\frac{l(l+1)}{r^2}f(r)=0, \tag{10.6.49}$$

其中 $l=0,1,2,\cdots;m=0,\pm1,\cdots,\pm l$. 从方程(10.6.49)解得

$$f(r)=\{r^l,r^{-1(l+1)}\}.$$

于是，我们得到扰动解的形式

$$\widetilde{T}_{L0}=\widetilde{A}_{l,m}(t)\frac{1}{r^{l+1}}Y_{l,m}(\theta,\varphi),$$

由球内正则条件(10.6.46)可知，方程(10.6.41)扰动解的形式为

$$\widetilde{T}_{S0}=\widetilde{B}_{l,m}(t)r^lY_{l,m}(\theta,\varphi). \tag{10.6.50}$$

令

$$\widetilde{R}_0=\delta_{l,m}Y_{l,m}(\theta,\varphi). \tag{10.6.51}$$

界面条件即式(10.6.42)～式(10.6.44)可用来确定系数$\{\widetilde{A}_{l,m}(t),\widetilde{B}_{l,m}(t),\delta_{l,m}(t)\}$，于是

$$\frac{\widetilde{A}_{l,m}}{R_{B0}^{l+1}}-\widetilde{B}_{l,m}R_{B0}^l+I_1\delta_{l,m}=0, \tag{10.6.52}$$

$$\widetilde{B}_{l,m}R_{B0}^l+I_2\delta_{l,m}=0, \tag{10.6.53}$$

$$(l+1)\frac{\widetilde{A}_{l,m}}{R_{B0}^{l+2}}+l\,k\,\widetilde{B}_{l,m}R_{B0}^{l-1}+I_3\delta_{l,m}=0, \tag{10.6.54}$$

其中

$$I_1=-\frac{(R_{B0}-2\Gamma)}{R_{B0}^2},I_2=\frac{(l-1)(l+2)\Gamma}{R_{B0}^2}+E^{-1}M,I_3=-1-\Delta G_{20}.$$

要得到非零解，齐次线性方程组即式(10.6.52)～式(10.6.54)的系数行列式必须为零，即

$$I=\begin{vmatrix}\dfrac{1}{R_{B0}^{l+1}} & -R_{B0}^l & I_1\\ 0 & R_{B0}^l & I_2\\ \dfrac{(l+1)}{R_{B0}^{l+2}} & lkR_{B0}^{l-1} & I_3\end{vmatrix}=0.$$

因此得到常微分方程

$$\sigma_0=\delta'_{l,m}(t)/\delta_{l,m}(t)=\frac{(l-1)}{R_{B0}^2}\mathscr{R}(R_{B0},l), \tag{10.6.55}$$

其中

$$\mathscr{R}(R_{B0},l)=\left\{R_{B0}-[kl(l+2)+2+(l+1)(l+2)]\Gamma-\frac{E^{-1}M(R_{B0}-2\Gamma)}{R_{B0}+E^{-1}M}\right\}\times [R_{B0}+(lk+l+1)E^{-1}M]^{-1}. \tag{10.6.56}$$

方程(10.6.55)确定了扰动增长率 σ_0 与基态半径 R_{B0} 的关系，如图 10.1 所示.

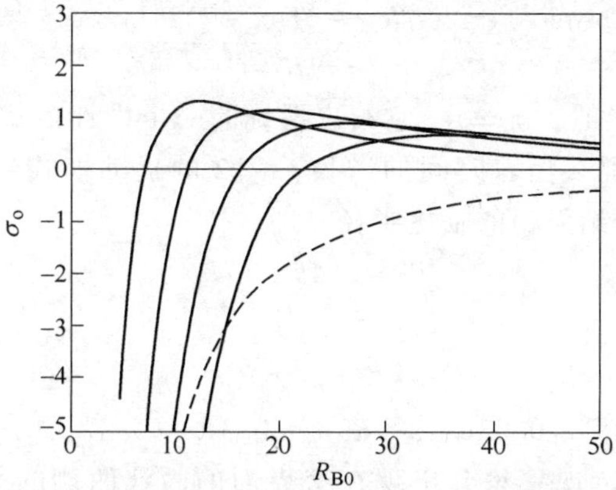

图 10.1　扰动增长率 σ_0 与基态半径 R_{B0} 的关系

注：图中虚线代表模式 $l=0$，水平线代表模式 $l=1$，从左到右依次代表模式 $l=2$，3，4，5.

在式(10.6.56)中右边的方括号内的动力学项使得分母减少，从而减小了扰动的生长率，界面动力学系数对于球状晶体的生长有强烈的稳定作用．在式(10.6.56)中右边的花括号内有三项．第一项为不稳定性的主要驱动力，当返回到有量纲量时，可知不稳定性的驱动力是由过冷度 ΔT 引起的；第二项总是负的，说明表面张力系数 γ 是界面扰动的稳定性因素；第三项是由界面动力学 μ 决定的．当界面生长时，界面动力学是扰动的稳定性因素，当界面收缩时，界面动力学是扰动的不稳定性因素．

对于任意一个沿 θ 方向的模式 l 的扰动，式(10.6.55)给出其振幅增长率 σ_0. 从式(10.6.56) 式看出：

(1) 如果模式 $l \gg 1(m=0,\ \pm 1,\ \cdots,\ \pm l)$，$\mathscr{R}(R_{B0},\ l)<0$，从而推出 $\sigma_0<0$. 这些模式为 l 的扰动是衰减的；

(2) 如果 $l=1(m=0,\ \pm 1)$，因子 $\sigma_0=0$，扰动是中性稳定的；

(3) 如果 $l=0$，$m=0$，这种扰动是球形对称的. 由式(10.6.55)推出

$$\sigma_0 \approx -\frac{R_{B0}-4\Gamma}{R_{B0}^3}.$$

注意到 $R_{B0}(0)=1$，$2\Gamma<1$，从而可推出：

当 $R_{B0}(t)>4\Gamma$ 时，$\sigma_0<0$，扰动指数衰减，生长过程稳定；

当 $R_{B0}(t)<4\Gamma$ 时，$\sigma_0>0$，扰动指数增长，生长过程不稳定．

当晶核初始半径 r_0 大于两倍的临界核半径 R^* 时，条件 $R_{B0}(t)>4\Gamma$ 总是满足的．当 $2\Gamma<R_{B0}<4\Gamma$ 时，球对称的扰动态是增长型的．但其增长速度小于基态解的增长速度，不会对基态解的生长造成本质的影响．

(4) 现在再看 $l=2$ 的情形. 由式(10.6.55)推出

$$\sigma_0 \approx \frac{R_{B0}-2(4k+7)\Gamma}{R_{B0}^3}, \tag{10.6.57}$$

故当 $R_{B0}=2(4k+7)\Gamma$ 时, $\sigma_0=0$, 它给出系统的一个中性模式. 如果在某一时刻 $t=t_0$, $R_{B0}(t_0)=R_c$, 那么随着时间的增长, $l=2$ 的扰动模式将呈指数增长, 因此, R_c 是球形晶体生长开始失稳的临界半径, 即

$$R_c=2(4k+7)\Gamma.$$

返回到有量纲, 得到

$$(R_c)_D=r_0R_c.$$

对于典型金属而言, $R^*\approx 0.02\mu\text{m}$, $(R_c)_D\approx 0.3\mu\text{m}$.

可以看出, 不稳定现象只会出现在交界面的固液两侧的平均温度梯度为负时 ($\overline{G}=(G_{1S}+G_{1L})/2<0$) 的凝固系统中, 即交界面由低温区向高温区移动. 所有 $l>2$ 的扰动模式在 $R_{B0}(t)$ 充分大时增长, 但在 $R_{B0}(t)$ 增长过程中, 非球对称的 $l=2$ 增长模式总是出现最早、增长最快. 由于这些不稳定的增长型扰动模式的出现, 在球形晶体的生长界面上就会出现凹凸不平的小丘, 可发展成雪花状的精细结构. 但是这种不稳定现象不会出现在 $\overline{G}>0$ 的凝固系统.

10.7 连铸二冷区的温度分布问题的渐近解

前面几章所考虑的介质的一些物性参数, 如密度、比热容及导热系数等均为常数. 一般说来, 它们不会是常数, 例如它们可以是温度的函数, 因此在热传导方程等方程中一般不再是线性方程, 而是非线性方程. 由于非线性方程不再满足线性叠加原理, 分离变量法等对线性方程求解行之有效的方法不再适用, 这给求解工作带来很大的困难. 对于非线性方程, 除了一些极特殊的方程以外, 一般无法求出精确的解析解, 只能求得其近似解析解或者借助于数值方法分析. 奇异摄动和渐近方法是求解这一类非线性数学物理问题近似解析解的有效方法. 在本节我们介绍渐近方法在求解冶金传热问题中连铸二冷区温度分布的应用.

1. 连铸二冷区的数学物理问题

如果仅考虑宽度及长度方向的传热, 不计沿厚度 z 方向传热, 并且忽略相变热, 那么连铸二冷区的温度满足下列二维热传导方程

$$\rho c\frac{\partial T}{\partial t}=\frac{\partial}{\partial x}\left(k\frac{\partial T}{\partial x}\right)+\frac{\partial}{\partial y}\left(k\frac{\partial T}{\partial y}\right), \tag{10.7.1}$$

其中 $T=T(x,y,t)$ 表示温度, t 表示时间, x 及 y 表示空间变量 ($0<t<t^*$, $0<x<w$, $0<y<l$), 且 w, l 和 t^* 为常数. 密度 ρ、比热容 c 和导热系数 k 都是温度 T 的函数, 即

$$\rho=\rho(T)=c_1-d_1T, c=c(T)=c_2+d_2T, k=k(T)=c_3+d_3T, \tag{10.7.2}$$

其中 $c_i, d_i (i=1,2,3)$ 是常数．其边界条件为

$$\left.\frac{\partial T}{\partial x}\right|_{x=0} = 0,\ -k(T)\left.\frac{\partial T}{\partial x}\right|_{x=w} = A - B\sqrt{t}, \tag{10.7.3}$$

$$\left.\frac{\partial T}{\partial y}\right|_{y=0} = 0,\ -k(T)\left.\frac{\partial T}{\partial y}\right|_{y=l} = A - B\sqrt{t}, \tag{10.7.4}$$

其中 A 和 B 为常数．

初始条件为

$$T(x,y,0) = T^*, \tag{10.7.5}$$

其中 T^* 为常数.

显然,方程(10.7.1)是温度 T 的非线性方程，一般无法求出精确的解析解．这里用奇异摄动和渐近分析来求它的近似解析解．首先对物理量作无量纲化，引入无量纲量

$$\bar{T} = \frac{T}{T^*},\quad \bar{t} = \frac{t}{t^*},\quad \bar{x} = \frac{x}{w},\quad 及\ \bar{y} = \frac{y}{l}, \tag{10.7.6}$$

这时,ρ, c 和 k 可以表示为

$$\begin{aligned} \rho &= \bar{\rho}(\bar{T}) = \rho_0[1+\alpha_1(1-\bar{T})], \\ c &= c(\bar{T}) = c_0[1+\alpha_2(1-\bar{T})], \\ k &= \bar{k}(\bar{T}) = k_0[1+\alpha_3(1-\bar{T})], \end{aligned} \tag{10.7.7}$$

其中 ρ_0, c_0 和 k_0 为常数,它们分别表示当温度 $T=T^*$ 时的密度、比热容及导热系数，而 α_1, α_2 和 α_3 为无量纲系数．于是,热传导方程(10.7.1)转化为如下无量纲形式的方程

$$\begin{aligned} &[1+\alpha_1(1-\bar{T})][1+\alpha_2(1-\bar{T})]\frac{\partial \bar{T}}{\partial \bar{t}} \\ &= \varepsilon\left[(1+\alpha_3)\left(\frac{\partial^2 \bar{T}}{\partial \bar{x}^2} + \left(\frac{w}{l}\right)^2 \frac{\partial^2 \bar{T}}{\partial \bar{y}^2}\right) - \alpha_3\left(\frac{\partial}{\partial \bar{x}}\left(\bar{T}\frac{\partial \bar{T}}{\partial \bar{x}}\right) + \left(\frac{w}{l}\right)^2 \frac{\partial}{\partial \bar{y}}\left(\bar{T}\frac{\partial \bar{T}}{\partial \bar{y}}\right)\right)\right], \end{aligned} \tag{10.7.8}$$

其中 $\varepsilon = \dfrac{k_0 t^*}{\rho_0 c_0 w^2}$, ε 为一个无量纲参数，而边界条件和初始条件分别化为

$$\left.\frac{\partial \bar{T}}{\partial \bar{x}}\right|_{\bar{x}=0} = 0,\quad \left.\frac{\partial \bar{T}}{\partial \bar{y}}\right|_{\bar{y}=0} = 0, \tag{10.7.9}$$

$$[1+\alpha_3(1-\bar{T})]\left.\frac{\partial \bar{T}}{\partial \bar{x}}\right|_{\bar{x}=1} = a_1 - b_1\sqrt{\bar{t}},$$

$$[1+\alpha_3(1-\bar{T})]\left.\frac{\partial \bar{T}}{\partial \bar{y}}\right|_{\bar{y}=1} = a_2 - b_2\sqrt{\bar{t}}. \tag{10.7.10}$$

$$\bar{T}\Big|_{\bar{t}=0}=1,\tag{10.7.11}$$

在实际问题中，通过计算可知参数 ε 是一个小参数，$\varepsilon \ll 1$，所以上述问题是一个含有小参数的摄动问题．进一步地，如果作为初步近似，忽略与 ε 有关的项，那么得到方程(10.7.8)的退化方程

$$[1+\alpha_1(1-\bar{T})][1+\alpha_2(1-\bar{T})]\frac{\partial \bar{T}}{\partial \bar{t}}=0.\tag{10.7.12}$$

可见，原来的二阶偏微分方程变为一阶"常"微分方程，方程性质发生了"奇异性"的变化，因此问题即式(10.7.8)~式(10.7.11)是一个奇异摄动问题．引进边界层的概念利用匹配渐近展开方法解决此问题．分析可知，在结晶器边缘，温度随变量 x 和 y 的变化很大，$\frac{\partial^2 \bar{T}}{\partial \bar{x}^2}$ 或 $\frac{\partial^2 \bar{T}}{\partial \bar{y}^2}$ 很大．可知在 $\bar{x}=1$ 及 $\bar{y}=1$ 处存在温度边界层．下面我们分别在边界层内和边界层外求出问题的渐近解.

首先求外解，对温度作渐近展开

$$\bar{T}=\bar{T}_0+\varepsilon\,\bar{T}_1+\cdots,\tag{10.7.13}$$

其中 $F(\varepsilon)$具体形式待定，$F(\varepsilon)\ll 1$．将式(10.7.13)代入方程(10.7.8)．由 $F(\varepsilon)\ll 1$，则首项 $\bar{T}_0$ 满足的方程及初始条件分别为

$$\begin{cases}[1+\alpha_1(1-\bar{T}_0)][1+\alpha_2(1-\bar{T}_0)]\dfrac{\partial \bar{T}_0}{\partial \bar{t}}=0,\\ \bar{T}_0\Big|_{\bar{t}=0}=1,\end{cases}\tag{10.7.14}$$

其解为 $\bar{T}_0=1$．这时边界条件(10.7.10)自动满足．注意因为对于外解而言，$\bar{y}\neq 1$，$\bar{x}\neq 1$，所以并不要求外解满足边界条件(10.7.10)．进一步地，我们可求出式(10.7.13)中其他阶项的解 $\bar{T}_1=0$，….

再求内解，考虑到问题关于 $\bar{x}$ 及 $\bar{y}$ 的对称性，先考虑在 $\bar{y}=1$ 处的边界层，对变量 $\bar{y}$ 引进在边界层处的内变量

$$\eta=\frac{1-\bar{y}}{\sqrt{\varepsilon}},\tag{10.7.15}$$

并取 $\tilde{T}(\bar{x},\ \eta,\ \bar{t})=\bar{T}(\bar{x},\ \bar{y},\ \bar{t})$，则问题即式(10.7.8)~式(10.7.11)转化为

$$[1+\alpha_1(1-\bar{T})][1+\alpha_2(1-\bar{T})]\frac{\partial \bar{T}}{\partial \bar{t}}$$

$$=(1+\alpha_3)\frac{\partial^2 \tilde{T}}{\partial \eta^2}-\alpha_3\left[\tilde{T}\frac{\partial^2 \tilde{T}}{\partial \eta^2}+\left(\frac{\partial \tilde{T}}{\partial \eta}\right)^2\right]+\varepsilon\left[(1+\alpha_3)\frac{\partial^2 \tilde{T}}{\partial \bar{x}^2}-\alpha_3\left[\tilde{T}\frac{\partial^2 \tilde{T}}{\partial \bar{x}^2}+\left(\frac{\partial \tilde{T}}{\partial \bar{x}}\right)^2\right]\right],$$

(10.7.16)

$$\left[1+\alpha_3(1-\tilde{T})\right]\left.\frac{\partial \tilde{T}}{\partial \eta}\right|_{\eta=0}=-\sqrt{\varepsilon}(a_2-b_2\sqrt{\tilde{t}}), \tag{10.7.17}$$

$$\left.\tilde{T}\right|_{\tilde{t}=0}=1, \tag{10.7.18}$$

同样，并不要求内解满足另外三个边界条件.

对温度作渐近展开：

$$\tilde{T}=\tilde{T}_0+\sqrt{\varepsilon}\tilde{T}_1+\cdots. \tag{10.7.19}$$

将式(10.7.19)代入方程(10.7.16)，因为$\sqrt{\varepsilon}\ll 1$，则首项 $\tilde{T}_0$ 所满足的微分方程、边界条件和初始条件分别为

$$\left[1+\alpha_1(1-\tilde{T}_0)\right]\left[1+\alpha_2(1-\tilde{T}_0)\right]\frac{\partial \tilde{T}_0}{\partial t}$$

$$=(1+\alpha_3)\frac{\partial^2 \tilde{T}_0}{\partial \eta^2}-\alpha_3\tilde{T}_0\frac{\partial^2 \tilde{T}_0}{\partial \eta^2}-\alpha_3\left(\frac{\partial \tilde{T}_0}{\partial \eta}\right)^2, \tag{10.7.20}$$

$$\left.\frac{\partial \tilde{T}_0}{\partial \eta}\right|_{\eta=0}=0,\left.\tilde{T}_0\right|_{\eta\to\infty}=1. \tag{10.7.21}$$

$$\left.\tilde{T}_0\right|_{\tilde{t}=0}=1. \tag{10.7.22}$$

根据匹配原理可知

$$\tilde{T}_0=\overline{T}_0=1. \tag{10.7.23}$$

2. 由内解(10.7.19)的展开形式，可知外解(10.7.13)的展开形式为

$$\overline{T}=\overline{T}_0+\sqrt{\varepsilon}\ \overline{T}_1\ \sqrt{\varepsilon}\ \overline{T}_2+\cdots, \tag{10.7.24}$$

进一步地可求出

$$\overline{T}_1=\overline{T}_2=\overline{T}_3=\cdots=0, \tag{10.7.25}$$

因此外解

$$\overline{T}=\overline{T}_0\equiv 1. \tag{10.7.26}$$

内解展开式(10.7.19)第二项 $\tilde{T}_1$ 所满足的方程、边界条件及初始条件分别为

$$\frac{\partial \tilde{T}_1}{\partial t}=\frac{\partial^2 \tilde{T}_1}{\partial \eta^2}. \tag{10.7.27}$$

$$\left.\frac{\partial \tilde{T}_1}{\partial \eta}\right|_{\eta=0}=a_2-b_2\sqrt{t},\left.\tilde{T}_1\right|_{\eta\to\infty}=0. \tag{10.7.28}$$

$$\left.\tilde{T}_1\right|_{\tilde{t}=0}=0. \tag{10.7.29}$$

用积分变换法求出问题即式(10.7.27)~式(10.7.29)的解

$$\widetilde{T}_1 = -\frac{1}{\sqrt{\pi}}\int_0^{\bar{t}} \frac{a_2 - b_2\sqrt{\tau}}{\sqrt{t-\tau}} \mathrm{e}^{-\frac{\eta^2}{4(\bar{t}-\tau)}} \mathrm{d}\tau, \tag{10.7.30}$$

又利用分部积分法可将 $\widetilde{T}_1$ 的形式改写为

$$\widetilde{T}_1 = -\left(a_2\sqrt{\bar{t}} + \frac{b_2\sqrt{\pi}\,\bar{t}u}{2}\right)\frac{2}{\sqrt{\pi}}\mathrm{e}^{-u^2} + \left[2a_2\sqrt{\bar{t}}u + b_2\sqrt{\pi}\bar{t}\left(u^2 + \frac{1}{2}\right)\right]\mathrm{erfc}(u), \tag{10.7.31}$$

其中 $u = \dfrac{\eta}{2\sqrt{\bar{t}}}$, erfc(u)为余误差函数,且

$$\mathrm{erfc}(u) = 1 - \mathrm{erf}(u), \mathrm{erf}(u) = \frac{2}{\sqrt{\pi}}\int_0^u \mathrm{e}^{-s^2}\mathrm{d}s. \tag{10.7.32}$$

(式(10.7.30)及式(10.7.31)的计算留作练习).

以上对于 $\bar{y}=1$ (或 $y=l$)处边界层的温度进行了计算. 类似地, 对于 $\bar{x}=1$ (或 $x=w$)处的边界层的温度进行计算. 如果用 $\hat{T}$ 表示该边界层内的温度, 设它有渐近展开形式:

$$\hat{T} = \hat{T}_0 + \sqrt{\varepsilon}\hat{T}_1 + \cdots. \tag{10.7.33}$$

类似地分析可得式(10.7.33)中各阶项的解

$$\hat{T}_0 = 1, \tag{10.7.34}$$

$$\hat{T}_1 = -\frac{1}{\sqrt{\pi}}\int_0^{\bar{t}} \frac{a_1 - b_1\sqrt{\tau}}{\sqrt{\bar{t}-\tau}} \mathrm{e}^{-\frac{\xi^2}{4(\bar{t}-\tau)}} \mathrm{d}\tau, \tag{10.7.35}$$

或

$$\hat{T}_1 = -\left(a_1\sqrt{\bar{t}} + \frac{b_1\sqrt{\pi}\,\bar{t}v}{2}\right)\frac{2}{\sqrt{\pi}}\mathrm{e}^{-v^2} + \left[2a_1\sqrt{\bar{t}}u + b_1\sqrt{\pi}\,\bar{t}\left(v^2 + \frac{1}{2}\right)\right]\mathrm{erfc}(v), \tag{10.7.36}$$

$$\vdots$$

其中 $v = \dfrac{\xi}{2\sqrt{\bar{t}}}$, ξ 是 $\bar{x}=1$ 在边界层处的内变量

$$\xi = \frac{1-\bar{x}}{\sqrt{\varepsilon}}. \tag{10.7.37}$$

最后, 利用渐近展开匹配原理可得定解问题的一致有效渐近解

$$\bar{T} = \widetilde{T} + \hat{T} + \bar{T}_0 - \lim_{\eta\to+\infty}\widetilde{T} - \lim_{\xi\to+\infty}\hat{T} = \widetilde{T}_0 + \widetilde{T}_1 + \hat{T}_1 + \cdots, \tag{10.7.38}$$

或

$$\overline{T}=1+\sqrt{\varepsilon}\widetilde{T}_1+\sqrt{\varepsilon}\hat{T}_1+\cdots, \tag{10.7.39}$$

其中 $\widetilde{T}_1$ 及 $\hat{T}_1$ 的具体形式由公式(10.7.31)和式(10.7.36)给出.

可以经过实际检验，由式(10.7.39)给出的温度计算与数值方法及实验数据吻合．这里需指出，在本问题的分析中，未能考虑“角点”$(\bar{x}, \bar{y})=(1, 1)$处的情形，在该点处两个边界层重叠，给问题的分析带来很大的困难．

本章我们对奇异摄动和渐近方法作了简要介绍．正则摄动法相对比较简单，主要是对有关函数和参数作直接展开，奇异摄动问题情形一般比较复杂．本章还对奇异摄动方法中多重尺度法和匹配渐近展开法作了介绍．除了这两种方法以外，奇异摄动法还包括其他一些重要方法，如 PLK 方法、平均法、重正化方法、WKB 方法等．这些方法在解决数学物理问题中发挥着重要的应用，有兴趣的读者可以参考书后参考文献中所列的书.

习题 10

1. 以 $x\to x_0$ 为例，证明阶符大 O 及小 o 的以下性质：

复合性质：$O[o(\phi)]=o[O(\phi)]=o[o(\phi)]=o(\phi)$；

加法性质：$O(\phi)+o(\phi)=o(\phi)+O(\phi)=O(\phi)$；

乘法性质：$O(\phi)\cdot o(\psi)=o(\phi)\cdot O(\psi)=o(\phi\psi)$.

2. 若 $\{\phi_n(x)\}$ 为一个当 $x\to b$ 时的渐近序列，$x\in(a, b)$，且积分

$$\psi_n(x)=\int_x^b|\phi_n(t)|\,\mathrm{d}t$$

收敛，证明 $\{\psi_n(x)\}$ 也是一个当 $x\to b$ 时的渐近序列.

3. 举例说明由一个渐近序列各项导数所构成的序列不一定是一个渐近序列.

4. 试判断以下级数是否是渐近级数，并说明其依据：

(1) $\sum\limits_{n=0}^{5}\dfrac{\varepsilon^n}{n!}, \varepsilon\to 0$；　(2) $\sum\limits_{n=0}^{\infty}(n+1)!(x-3)^n, x\to 3$；

(3) $\sum\limits_{n=1}^{\infty}\dfrac{1}{4n^2-1}\sin\dfrac{\varepsilon}{n}, \varepsilon\to 0$；　(4) $\sum\limits_{n=1}^{\infty}\dfrac{1}{4n^2-1}(\sin x)^n, x\to 0$；

(5) $\sum\limits_{n=0}^{\infty}\dfrac{\mathrm{e}^{nx}}{n!}, x\to 0$.

5. 将以下函数分别对渐近序列 $\{\varepsilon^n\}$ $(\varepsilon\to 0)$ 作渐近展开(取前三项)：

(1) $\cos\sqrt{1-\varepsilon t}$；　(2) $\sin(1+\varepsilon-\varepsilon^2)$；　(3) $\dfrac{1}{1+\varepsilon\cos t}$.

6. 用正则摄动法求解常微分方程的初值问题

$$\begin{cases}\dfrac{\mathrm{d}y}{\mathrm{d}x}+y=\varepsilon y^2,\\ y(0)=1.\end{cases}$$

7. 用正则摄动法求解偏微分方程的初值问题(取前三项)

$$\begin{cases} u_t = u_{xx} - \varepsilon u, \ 0 < t < 1, \ -\infty < x < +\infty, \\ u(x, 0) = \mathrm{e}^{-x^2}, \qquad -\infty < x < +\infty, \end{cases}$$

此处 ε 为一个正的小参数，$0 < \varepsilon \ll 1$. 并讨论当函数关于 t 的定义域改为 $0 < t < +\infty$ 时的情形.

8. 用正则摄动法求解偏微分方程的边值问题(取前两项)

$$\begin{cases} u_{xx} + u_{yy} = 0, \ 0 < x < a, \ \varepsilon x < y < b, \\ u(x, \varepsilon x) = \sin \dfrac{\pi x}{a}, \ u(x, b) = 0, \\ u(0, y) = 0, \ u(a, y) = 0, \end{cases}$$

此处 ε 为一个正的小参数，$0 < \varepsilon \ll 1$.

9. 引入两个不同尺度 t 和 $\tau = \varepsilon t$，用多重尺度法求解 10.4 节例 1.

10. 试用匹配渐近展开法求下列偏微分方程边值问题的一致有效渐近解(取到首项)：

$$\begin{cases} \varepsilon(u_{xx} + u_{yy}) + u_x - a u_y = 0, \ 0 < x < +\infty, \ 0 < y < b, \\ u(x, 0) = f(x), \ u(x, b) = h(x), \\ u(0, y) = g(y), \ u(x, y)\big|_{x \to +\infty} = 0. \end{cases}$$

其中 $\lim\limits_{x \to +\infty} f(x) = \lim\limits_{x \to +\infty} f(x) = 0$，$a$ 及 b 为正的常数，而 ε 为一个正的小参数，$0 < \varepsilon \ll 1$.

11. 求出 10.5 节中晶核生长时间意义上的内解.

附　　录

附录 A　傅里叶变换

1. 傅里叶变换的概念

设以 T 为周期的函数 $f_T(t)$ 在一个周期区间 $\left[-\frac{T}{2}, \frac{T}{2}\right]$ 上满足狄利克雷条件：

(1) 在 $\left[-\frac{T}{2}, \frac{T}{2}\right]$ 上连续或只有有限个第一类间断点；

(2) 只有有限个极值点，

则 $f_T(t)$ 在 $\left[-\frac{T}{2}, \frac{T}{2}\right]$ 上可展开为傅里叶级数．

$$f_T(t) = \frac{a_0}{2} + \sum_{n=1}^{\infty}(a_n\cos n\omega t + b_n\sin n\omega t), \tag{A.1}$$

其中

$$\omega = \frac{2\pi}{T},$$

$$a_0 = \frac{2}{T}\int_{-\frac{T}{2}}^{\frac{T}{2}} f_T(t)\,\mathrm{d}t,$$

$$a_n = \frac{2}{T}\int_{-\frac{T}{2}}^{\frac{T}{2}} f_T(t)\cos n\omega t\,\mathrm{d}t \quad (n = 1,2,3,\cdots),$$

$$b_n = \frac{2}{T}\int_{-\frac{T}{2}}^{\frac{T}{2}} f_T(t)\sin n\omega t\,\mathrm{d}t \quad (n = 1,2,3,\cdots).$$

把系数 a_0，a_n，b_n 的表达式代入式(A.1)，利用欧拉公式

$$\mathrm{e}^{\mathrm{i}\theta} = \cos\theta + \mathrm{i}\sin\theta,$$

则式(A.1)可化为复指数形式的傅里叶级数

$$f_T(t) = \frac{1}{T}\sum_{n=-\infty}^{+\infty}\int_{-\frac{T}{2}}^{\frac{T}{2}} f_T(\tau)\mathrm{e}^{-\mathrm{i}\omega_n\tau}\mathrm{d}\tau\,\mathrm{e}^{\mathrm{i}\omega_n t} \quad (\text{其中 } \omega_n = n\omega).$$

对于任何一个函数$f(t)$都可看成是由某个以T为周期的函数$f_T(t)$当$T\to+\infty$时转化而来的，即

$$\lim_{T\to+\infty} f_T(t) = f(t).$$

所以

$$f(t) = \lim_{T\to+\infty} \frac{1}{T}\sum_{n=-\infty}^{+\infty}\int_{-\frac{T}{2}}^{\frac{T}{2}} f_T(\tau)\mathrm{e}^{-\mathrm{i}\omega_n\tau}\mathrm{d}\tau\mathrm{e}^{-\mathrm{i}\omega_n t}. \tag{A.2}$$

当n取一切整数时，$\Delta\omega = \omega_{n+1}-\omega_n = \dfrac{2\pi}{T}$，所以$T = \dfrac{2\pi}{\Delta\omega_n}$. 式(A.2)变为

$$f(t) = \lim_{\Delta\omega_n\to 0} \frac{1}{2\pi}\sum_{n=-\infty}^{+\infty}\int_{-\frac{T}{2}}^{\frac{T}{2}} f_T(\tau)\mathrm{e}^{-\mathrm{i}\omega_n\tau}\mathrm{d}\tau\mathrm{e}^{-\mathrm{i}\omega_n t}\Delta\omega_n. \tag{A.3}$$

记

$$\Phi_T(\omega_n) = \frac{1}{2\pi}\int_{-\frac{T}{2}}^{\frac{T}{2}} f_T(\tau)\mathrm{e}^{-\mathrm{i}\omega_n\tau}\mathrm{d}\tau\mathrm{e}^{\mathrm{i}\omega_n t}, \tag{A.4}$$

当$\Delta\omega_n\to 0$时，$T\to+\infty$，则

$$\lim_{T\to\infty}\Phi_T(\omega_n) = \frac{1}{2\pi}\int_{-\infty}^{+\infty} f_T(\tau)\mathrm{e}^{-\mathrm{i}\omega_n\tau}\mathrm{d}\tau\mathrm{e}^{\mathrm{i}\omega_n t} = \Phi(\omega_n), \tag{A.5}$$

所以

$$f(t) = \lim_{\Delta\omega_n\to 0}\sum_{n=-\infty}^{+\infty}\Phi_T(\omega_n)\Delta\omega_n = \int_{-\infty}^{+\infty}\Phi(\omega_n)\mathrm{d}\omega_n, \tag{A.6}$$

即$f(t)$可视为$\Phi(\omega_n)$在$(-\infty,+\infty)$上的积分．所以，当$T\to+\infty$时，我们形式地得到

$$f(t) = \frac{1}{2\pi}\int_{-\infty}^{+\infty}\left(\int_{-\infty}^{+\infty} f(\tau)\mathrm{e}^{-\mathrm{i}\omega\tau}\mathrm{d}\tau\right)\mathrm{e}^{\mathrm{i}\omega t}\mathrm{d}\omega. \tag{A.7}$$

式(A.7)式称为**傅里叶积分**．

傅里叶积分定理 设$f(t)$在$(-\infty,+\infty)$上满足：

(1) $f(t)$在任意有限区间上满足狄利克雷条件；

(2) $f(t)$在无限区间$(-\infty,+\infty)$上绝对可积，即

$$\int_{-\infty}^{+\infty}|f(t)|\,\mathrm{d}t < +\infty,$$

则式(A.7)成立[⊖]，而左端$f(t)$在它的间断点t处，应以$\dfrac{f(t-0)+f(t+0)}{2}$代替．

若$f(t)$满足傅里叶积分定理的条件，则可定义$f(t)$的傅里叶变换为

$$F(\omega) = \int_{-\infty}^{+\infty} f(t)\mathrm{e}^{-\mathrm{i}\omega t}\mathrm{d}t = F[f(t)] \tag{A.8}$$

⊖ 式(A.7)中的广义积分是在主值意义下的，即$\int_{-\infty}^{+\infty} f(t)\,\mathrm{d}t = \lim\limits_{N\to+\infty}\int_{-N}^{+N} f(t)\,\mathrm{d}t$.

($F(\omega)$称为$f(t)$的象函数)，以及$F(\omega)$的傅里叶逆变换

$$f(t)=\frac{1}{2\pi}\int_{-\infty}^{+\infty}F(\omega)\mathrm{e}^{\mathrm{i}\omega t}\mathrm{d}\omega=F^{-1}[F(\omega)] \tag{A.9}$$

($f(t)$称为$F(\omega)$的象原函数).

在物理学中，$F(\omega)$称为频谱密度函数(简称频谱或连续频谱). $|F(\omega)|$ 称为振幅谱. 由于傅里叶变换的这种特殊的物理意义，因而在工程技术中得到了广泛的应用.

2. 傅里叶变换的性质

(1)线性性质

设$F(\omega)=F[f(t)]$，$G(\omega)=F[g(t)]$，α，β为常数，则

$$F[\alpha f(t)+\beta g(t)]=\alpha F[f(t)]+\beta F[g(t)]. \tag{A.10}$$

$$F^{-1}[\alpha F(\omega)+\beta G(\omega)]=\alpha F^{-1}[F(\omega)]+\beta F^{-1}[G(\omega)]=\alpha f(t)+\beta g(t). \tag{A.11}$$

(2) 位移性质

$$F[f(t-t_0)]=\mathrm{e}^{-\mathrm{i}\omega t_0}F(\omega)\quad(t_0\text{ 为常数}). \tag{A.12}$$

$$F^{-1}[F(\omega-\omega_0)]=\mathrm{e}^{\mathrm{i}\omega_0 t}f(t)\quad(\omega_0\text{ 为常数}). \tag{A.13}$$

(3) 相似性质

$$F[f(at)]=\frac{1}{|a|}F\left(\frac{\omega}{a}\right)\quad(a\text{ 为非零常数}). \tag{A.14}$$

(4) 微分性质

若$\lim\limits_{|t|\to+\infty}f(t)=0$，则

$$F[f'(t)]=\mathrm{i}\omega F[f(t)]. \tag{A.15}$$

一般地，若$\lim\limits_{|t|\to+\infty}f^{(k)}(t)=0(k=0, 1, 2, \cdots, n-1)$，则

$$F[f^{(n)}(t)]=(\mathrm{i}\omega)^nF[f(t)]. \tag{A.16}$$

以及

$$\frac{\mathrm{d}F(\omega)}{\mathrm{d}\omega}=F[-\mathrm{i}tf(t)], \tag{A.17}$$

$$\frac{\mathrm{d}^nF(\omega)}{\mathrm{d}\omega^n}=(-\mathrm{i})^nF[t^nf(t)]. \tag{A.18}$$

(5) 积分性质

设$g(t)=\int_{-\infty}^{t}f(t)\mathrm{d}t$，若$\lim\limits_{t\to+\infty}g(t)=0$，则

$$F[g(t)]=\frac{1}{\mathrm{i}\omega}F[f(t)]. \tag{A.19}$$

证　设$g'(t)=f(t)$，由微分性质可得

$$F[f(t)]=F[g'(t)]=\mathrm{i}\omega F[g(t)],$$

即

$$F[g(t)] = \frac{1}{\mathrm{i}\omega}F[f(t)].$$

(6) 卷积

设 $f(t)$ 和 $g(t)$ 在 $(-\infty, +\infty)$ 内有定义，$f(t)$ 和 $g(t)$ 的卷积定义为

$$f(t) * g(t) = \int_{-\infty}^{+\infty} f(\tau)g(t-\tau)\mathrm{d}\tau \tag{A.20}$$

(假如等式右端的积分对任何实数 t 收敛)，则

$$F[f(t) * g(t)] = F(\omega)\cdot G(\omega). \tag{A.21}$$

$$F[f(t)\cdot g(t)] = \frac{1}{2\pi}F(\omega) * G(\omega). \tag{A.22}$$

证 由卷积和傅里叶积分的定义，

$$\begin{aligned}
F[f(t) * g(t)] &= \int_{-\infty}^{+\infty} f(t) * g(t)\mathrm{e}^{-\mathrm{i}\omega t}\mathrm{d}t \\
&= \int_{-\infty}^{+\infty}\left(\int_{-\infty}^{+\infty} f(\tau)g(t-\tau)\mathrm{d}\tau\right)\mathrm{e}^{-\mathrm{i}\omega t}\mathrm{d}t \\
&= \int_{-\infty}^{+\infty} f(\tau)\left(\int_{-\infty}^{+\infty} g(t-\tau)\mathrm{e}^{-\mathrm{i}\omega t}\mathrm{d}t\right)\mathrm{d}\tau \\
&= \int_{-\infty}^{+\infty} f(\tau)\mathrm{e}^{-\mathrm{i}\omega\tau}\left(\int_{-\infty}^{+\infty} g(t-\tau)\mathrm{e}^{-\mathrm{i}\omega(t-\tau)}\mathrm{d}t\right)\mathrm{d}\tau \\
&= F(\omega)\cdot G(\omega).
\end{aligned}$$

同理可证式(A.22).

附录 B 拉普拉斯变换

拉普拉斯(Laplace)变换，简称拉氏变换，是应用广泛的一个数学工具．在物理、工程技术中，当处理以时间 t 为变量的函数时使用拉普拉斯变换往往比傅里叶变换方便．

1. 拉普拉斯变换的概念

对于定义在 $[0, +\infty)$ 上的实函数 $f(t)$，若对复参数 $s=\beta+\mathrm{i}\omega$ 积分 $F(s) = \int_0^{+\infty} f(t)\mathrm{e}^{-st}\mathrm{d}t$，在复平面的某一区域内收敛，则称 $F(s)$ 为函数 $f(t)$ 的拉普拉斯变换．记为 $F(s)=L[f(t)]$；右边的积分称为拉普拉斯积分，又称 $f(t)$ 为 $F(s)$ 的拉普拉斯逆变换，$F(s)$ 也称为 $f(t)$ 的**象函数**，$f(t)$ 为**象原函数**．

由 $L[f(t)]=F[f(t)u(t)\mathrm{e}^{-\beta t}]$ ($u(t)$ 为单位阶跃函数) 可知拉普拉斯变换与傅里叶变换的关系．

拉普拉斯变换存在定理 若 $f(t)$ 满足下列条件：

(1) $f(t)$在$0\leqslant t<+\infty$上的任意有限区间上分段连续；

(2) 存在常数$M>0$及$c\geqslant 0$使

$$|f(t)|\leqslant Me^{ct}\quad(0\leqslant t<+\infty),$$

而$f(t)$的增长速度不超过某一指数函数，则$f(t)$的拉普拉斯变换

$$F(s)=\int_0^{+\infty}f(t)\mathrm{e}^{-st}\mathrm{d}t=L[f(t)] \tag{B.1}$$

在半平面$\mathrm{Re}(s)>c$上一定存在，其中的积分绝对且一致收敛，$F(s)$为解析函数．

2. 拉普拉斯变换的性质

设$F(s)=L[f(t)]$，$G(s)=L[g(t)]$，则

(1) 线性性质

$$L[\alpha f(t)+\beta g(t)]=\alpha L[f(t)]+\beta L[g(t)]. \tag{B.2}$$

$$L^{-1}[\alpha L[f(t)]+\beta L[g(t)]]=\alpha f(t)+\beta g(t). \tag{B.3}$$

(2) 相似性质

对任何大于零的常数a，

$$L[f(at)]=\frac{1}{a}F\left(\frac{s}{a}\right). \tag{B.4}$$

(3) 微分性质

$$L[f'(t)]=sF(s)-f(0). \tag{B.5}$$

一般地，

$$L[f^{(n)}(t)]=s^nF(s)-s^{n-1}f(0)-s^{n-2}f'(0)-\cdots-f^{(n-1)}(0). \tag{B.6}$$

其中$f^{(k)}(0)=\lim\limits_{t\to0^+}f^{(k)}(t)$.

$$F'(s)=L[-tf(t)].$$

一般地，

$$F^{(n)}(s)=L[(-t)^nf(t)].$$

(4) 积分性质

$$L\left[\int_0^t f(t)\mathrm{d}t\right]=\frac{1}{s}F(s). \tag{B.7}$$

(5) 位移性质

$$L[\mathrm{e}^{at}f(t)]=F(s-a),\mathrm{Re}(s-a)>0. \tag{B.8}$$

(6) 延迟性质

$$L[f(t-\tau)]=\mathrm{e}^{-s\tau}F(s)\,(\tau\geqslant 0), \tag{B.9}$$

或

$$L^{-1}[\mathrm{e}^{-s\tau}F(s)]=f(t-\tau)u(t-\tau). \tag{B.10}$$

(7) 卷积性质

函数 $f(t)$ 和 $g(t)$ 的卷积

$$f(t) * g(t) = \int_0^t f(\tau) g(t-\tau) \mathrm{d}\tau. \tag{B.11}$$

满足:

$$L[f(t) * g(t)] = F(s) \cdot G(s). \tag{B.12}$$

证

$$\begin{aligned} L[f(t) * g(t)] &= \int_0^{+\infty} f(t) * g(t) \mathrm{e}^{-st} \mathrm{d}t \\ &= \int_0^{+\infty} \left(\int_0^t f(\tau) g(t-\tau) \mathrm{d}\tau \right) \mathrm{e}^{-st} \mathrm{d}t \\ &= \int_0^{+\infty} f(\tau) \left(\int_\tau^{+\infty} g(t-\tau) \mathrm{e}^{-st} \mathrm{d}t \right) \mathrm{d}\tau \\ &= \int_0^{+\infty} f(\tau) \left(\int_0^{+\infty} g(x) \mathrm{e}^{-sx} \mathrm{e}^{-s\tau} \mathrm{d}t \right) \mathrm{d}\tau \\ &= F(s) \cdot G(s). \end{aligned}$$

3. 拉普拉斯逆变换

函数 $F(s)$ 的拉普拉斯逆变换为

$$f(t) = \frac{1}{2\pi \mathrm{i}} \int_{\beta - \mathrm{i}\infty}^{\beta + \mathrm{i}\infty} F(s) \mathrm{e}^{st} \mathrm{d}s \quad (t > 0), \tag{B.13}$$

也称为由象函数 $F(s)$ 求象原函数 $f(t)$ 的一般**反演积分公式**. 我们可以通过查表(见附录 E)得到函数 $F(s)$ 的拉普拉斯逆变换. 在一般情况下, 我们需要利用留数方法直接用象函数 $F(s)$ 求出象原函数 $f(t)$.

附录 C　δ 函数简介

1. δ 函数的引入

为了把一个集中地起作用的物理量也看成是一种分布, 在数学上引入一个新的"函数", 叫做 δ 函数或**单位脉冲函数**. δ 函数最早由狄拉克(Dirac)在量子力学中引用. 因此, 也称为**狄拉克函数**. 它在经典物理中有广泛的应用. δ 函数可用下面的方法来定义, 即 δ 函数满足以下两个性质:

$$(1)\ \delta(x) = \begin{cases} 0, & x \neq 0, \\ \infty, & x = 0; \end{cases} \quad (2)\ \int_{-\infty}^{+\infty} \delta(x) \mathrm{d}x = 1. \tag{C.1}$$

式(C.1)可看成是 δ 函数的第一个定义, 也是它的一种最"直观"的定义. 从经典函数概念的角度来看, δ 函数并不属于通常所谓"函数"的范畴. 但是它确实可以描述许多客观的物理现象. 例如, 有一条无限长的细弦, 它的质量($m=1$)全部都集中在点 $x=0$ 附近一个很小的范围之内, 即集中在点 $x=0$ 处, 那么这条弦的密度

分布函数 $\rho(x)$ 就可以用 δ 函数来描述，即有 $\rho(x)=\delta(x)$.

δ 函数虽然不能看成一个普通的函数，但是可以用普通的函数来逼近它．例如，我们有

$$\lim_{\varepsilon\to 0}\phi_{\varepsilon}(x)=\delta(x), \tag{C.2}$$

此处

$$\phi_{\varepsilon}(x)=\begin{cases}0, & |x|>\varepsilon,\\ \dfrac{1}{2\varepsilon}, & |x|\leqslant\varepsilon.\end{cases} \tag{C.3}$$

从泛函分析的角度来看，上式是指函数 $\phi_{\varepsilon}(x)$ 在一种弱 * 收敛的意义下收敛到 δ 函数，而且 δ 函数是从属于一种所谓广义函数的范畴之中．广义函数可认为从某种函数空间到数集的一种映射，其基本理论由洛朗·施瓦兹（L. Schwartz）在 20 世纪 50 年代给出（他因此获得了菲尔兹（Fields）奖）.

2. δ 函数的性质

δ 函数的一个基本性质是对于任意连续函数 $f(x)$，有

$$\int_{-\infty}^{+\infty}f(x)\delta(x-x_0)\,\mathrm{d}x=f(x_0). \tag{C.4}$$

形式上我们可以这样来处理，即

$$\int_{-\infty}^{+\infty}f(x)\delta(x-x_0)\,\mathrm{d}x=\lim_{\varepsilon\to 0}\int_{-\infty}^{+\infty}f(x)\phi_{\varepsilon}(x-x_0)\,\mathrm{d}x. \tag{C.5}$$

因此

$$\int_{-\infty}^{+\infty}f(x)\delta(x-x_0)\,\mathrm{d}x=\lim_{\varepsilon\to 0}\int_{x_0-\varepsilon}^{x_0+\varepsilon}\frac{1}{2\varepsilon}f(x)\,\mathrm{d}x=\lim_{\varepsilon\to 0}\frac{1}{2\varepsilon}\int_{x_0-\varepsilon}^{x_0+\varepsilon}f(x)\,\mathrm{d}x.$$

根据积分学中值定理，上式为

$$\int_{-\infty}^{+\infty}f(x)\delta(x-x_0)\,\mathrm{d}x=\lim_{\varepsilon\to 0}\frac{1}{2\varepsilon}(f(\xi)2\varepsilon)=f(x_0),$$

其中 ξ 是区间 $[x_0-\varepsilon,\ x_0+\varepsilon]$ 内的某一点．也可用式（C.4）作为 δ 函数的第二个定义，即如果某个函数乘以任意的连续函数 $f(x)$ 后，再沿 $(-\infty,\ +\infty)$ 积分，其积分值为 $f(x_0)$，则该函数称为 δ 函数．与第一个定义比较，第二个定义更能反映 δ 函数的本质．应该说明，式（C.4）左端的积分仅仅是用来表示极限（C.5）的一种记号，即它并不满足一般分割、求和、取极限这种通常的积分程序．式（C.4）左端的积分从积分学的观点来看并不合理，主要原因是仅当函数连续或具有有限个第一类间断点时定积分才存在．$\delta(x-x_0)$ 在 x_0 点的跳跃度为无穷大，它不是第一类间断点，定积分不存在．

特别地对于 $x_0=0$ 的情况，式（C.4）为

$$\int_{-\infty}^{+\infty}f(x)\delta(x)\,\mathrm{d}x=f(0). \tag{C.6}$$

另外，式(C.4)还可改写为

$$\int_a^b f(x)\delta(x-x_0)\,\mathrm{d}x=\begin{cases}f(x_0), & x_0\in(a,b),\\ 0, & x_0\notin(a,b).\end{cases}\tag{C.7}$$

δ 函数可具有任意阶广义导数．例如，对于任意的一阶连续可导函数 $f(x)$，有

$$\int_{-\infty}^{+\infty} f(x)\delta'(x-x_0)\,\mathrm{d}x \xlongequal{\text{分部积分}} [f(x)\delta(x-x_0)]\Big|_{-\infty}^{+\infty} - \int_{-\infty}^{+\infty} f'(x)\delta(x-x_0)\,\mathrm{d}x=-f'(x_0).\tag{C.8}$$

一维 δ 函数的概念很容易推广到二维或三维上去，它们可以描述定义在平面或空间区域上的一些集中的物理量．例如，对于三维的 δ 函数可用来表示单位电荷集中于坐标原点的电荷密度函数．它的定义如下：

$$\delta(x,y,z)=\delta(x)\delta(y)\delta(z).\tag{C.9}$$

则有

$$(1)\ \delta(x,y,z)=\begin{cases}0, & x^2+y^2+z^2\neq 0,\\ \infty, & x^2+y^2+z^2=0;\end{cases}\quad (2)\ \iiint_{-\infty}^{+\infty}\delta(x,y,z)\,\mathrm{d}x\mathrm{d}y\mathrm{d}z=1.\tag{C.10}$$

三维函数 $\delta(z,\ y,\ z)$ 也有类似于一维 δ 函数的性质．例如，对于任意连续函数 $f(x,\ y,\ z)$，有

$$\iiint_{-\infty}^{+\infty} f(x,y,z)\delta(x-x_0,y-y_0,z-z_0)\,\mathrm{d}x\mathrm{d}y\mathrm{d}z=f(x_0,y_0,z_0).\tag{C.11}$$

若用 M 表示点 $(x,\ y,\ z)$，对任意空间区域 Ω，有

$$\iiint_\Omega f(M)\delta(M-M_0)\,\mathrm{d}\Omega=\begin{cases}f(M_0), & M_0\in\Omega,\\ 0, & M_0\notin\Omega.\end{cases}$$

3. δ 函数的积分变换

δ 函数的傅里叶积分变换为

$$F(\omega)=F[\delta(x)]=\int_{-\infty}^{+\infty}\delta(x)\mathrm{e}^{-\mathrm{i}\omega x}\mathrm{d}x=\mathrm{e}^{-\mathrm{i}\omega x}\Big|_{x=0}=1.\tag{C.12}$$

作傅里叶逆变换，应有

$$\delta(x)=F^{-1}[1]=\frac{1}{2\pi}\int_{-\infty}^{+\infty}1\cdot\mathrm{e}^{\mathrm{i}\omega x}\mathrm{d}x=\frac{1}{2\pi}\int_{-\infty}^{+\infty}\mathrm{e}^{\mathrm{i}\omega x}\mathrm{d}x,\tag{C.13}$$

δ 函数的傅里叶积分变换及逆变换也必须从广义函数的意义下去理解．

三维 δ 函数的广义傅里叶积分变换也为 1：

$$\begin{aligned}F[\delta(x,y,z)]&=\iiint_{-\infty}^{+\infty}\delta(x,y,z)\exp[-\mathrm{i}(\lambda x+\mu y+\nu z)]\,\mathrm{d}x\mathrm{d}y\mathrm{d}z\\&=\exp[-\mathrm{i}(\lambda 0+\mu 0+\nu 0)]=\mathrm{e}^0=1.\end{aligned}\tag{C.14}$$

利用 δ 函数的积分变换可得到性质：δ 函数是偶函数．

事实上，因为

$$\frac{1}{2\pi}\int_{-\infty}^{+\infty} e^{i\omega(x_0-x)}\,d\omega = \frac{1}{2\pi}\int_{-\infty}^{+\infty} e^{i\omega(x-x_0)}\,d\omega,$$

所以

$$\delta(x_0 - x) = \delta(x - x_0).$$

这就说明 δ 函数是偶函数．特别地当 $x_0=0$ 时，

$$\delta(-x) = \delta(x).$$

关于 δ 函数的拉普拉斯变换，需要将原拉普拉斯变换定义中的积分范围作一点小小的修改，即将原定义中的积分下限由 0 改为 0^-，显然，对于满足拉普拉斯积分变换存在定理的条件且在 $t=0$ 处有界的函数，这一改变并不影响其拉普拉斯变换，但是对于像 $\delta(t)$ 这样的广义函数，却有着确定性的意义．这样，δ 函数的拉普拉斯变换为

$$F(s) = L[\delta(t)] = \int_{0^-}^{+\infty} \delta(t)e^{-st}dt = e^{-st}\Big|_{t=0^-} = 1. \tag{C.15}$$

附录 D　广义函数简介

广义函数概念是函数概念的一种推广．由于物理学以及数学自身的发展，在对许多问题的认识和处理上，古典函数概念限制过多，例如附录 C 所提到的表示一个集中物理量的 δ 函数或单位脉冲函数，就不符合古典函数概念．为此需要提出新的概念及其相关的理论来满足更广泛的要求．这里我们将介绍在 20 世纪 30 年代建立的广义函数理论，使 δ 函数及其有关问题有一个坚实的基础．

1. 广义函数的概念

设 $x=(x_1, x_2, \cdots, x_n)$ 是 $\mathbf{R}^n$ 的一个变量，Ω 是 $\mathbf{R}^n$ 中的一个区域，$M(\Omega)$ 是定义在 Ω 上的某一类函数构成的一个函数空间，此空间是一个线性空间且有一定的极限关系：

$$\lim_{k\to\infty}\varphi_k(x) = \varphi(x),$$

其中 $\varphi_k(x)$，$\varphi(x)$ 都为 $M(\Omega)$ 中的函数．具有这种线性结构和极限关系的函数空间 $M(\Omega)$ 称为一个基本空间．许多具有某种性质的函数空间都可作为基本函数空间，例如，$\mathbf{R}^n$ 上无穷次连续可微函数的全体组成的函数空间，记为 $C^\infty(\mathbf{R}^n)$；$\mathbf{R}^n$ 上无穷次连续可微并且在 $|x| = \sqrt{x_1^2+x_2^2+\cdots+x_n^2}\to\infty$ 时快速趋于零的函数全体组成的函数空间，记为 $\varphi(\mathbf{R}^n)$；$\mathbf{R}^n$ 上无穷次连续可微且有界支集的函数全体组成的函数空间，记为 $C_0^\infty(\mathbf{R}^n)$；$\mathbf{R}^n$ 上连续函数全体组成的函数空间，记为 $C(\mathbf{R}^n)$；以上四个基本函数空间的关系为

$$C_0^\infty(\mathbf{R}^n) \subset \varphi(\mathbf{R}^n) \subset C^\infty(\mathbf{R}^n) \subset C(\mathbf{R}^n). \tag{D.1}$$

称定义在 $M(\Omega)$ 上的线性连续泛函 f 为一个广义函数，即 f 是一个从 $M(\Omega)$ 到实数 $\mathbf{R}$(或复数 $\mathbf{C}$)的映射：

$$f: M(\Omega) \to \mathbf{R}(\text{或 } \mathbf{C}),$$
$$\varphi(x) \to \langle f, \varphi\rangle,$$

并且对于 $M(\Omega)$ 中函数的线性组合 $\alpha_1\varphi_1+\alpha_2\varphi_2$，满足：

$$\langle f, \alpha_1\varphi_1 + \alpha_2\varphi_2\rangle = \alpha_1\langle f, \varphi_1\rangle + \alpha_2\langle f, \varphi_2\rangle,$$

以及当 $\lim\limits_{k\to\infty}\varphi_k(x)=\varphi(x)$ 时，$\lim\limits_{k\to\infty}\langle f, \varphi_k\rangle = \langle f, \varphi\rangle$. 这里 $\langle f, \varphi\rangle$ 称为一个配对，它表示泛函的值.

把泛函 f 也记为 $f(x)$，x 也称为广义函数的自变量．而形式上用积分的符号来表示配对的值，即

$$\langle f, \varphi\rangle = \int_\Omega f(x)\varphi(x)\,\mathrm{d}x, \forall \varphi(x) \in M(\Omega),$$

其中 $\mathrm{d}x=\mathrm{d}x_1\mathrm{d}x_2\cdots\mathrm{d}x_n$. 此时我们称广义函数 $f(x)=f(x_1, x_2, \cdots, x_n)$ 为 n 元广义函数.

在广义函数理论中，称 $\varphi(x)$ 为试验函数，以后常用 $\varphi(x)$，$\psi(x)$ 等表示．而用 $f(x)$，$g(x)$ 等表示广义函数．在广义函数中，虽然只是用积分的符号形式表示配对的值，但是它将给广义函数的各种运算和变换带来很大的方便．例如，在这种形式的记号下，泛函的线性相当于线性组合的积分等于积分的线性组合，泛函的连续性相当于积分号下求极限.

广义函数的全体也构成了一个广义函数空间，记为 $M'(\Omega)$，称为 $M(\Omega)$ 的对偶空间. $M'(\Omega)$ 也具有以下的线性关系：对任意的 $f_1(x)$，$f_2(x)\in M'(\Omega)$，则

$$\alpha_1 f_1(x) + \alpha_2 f_2(x) \in M'(\Omega),$$

且

$$\langle \alpha_1 f_1 + \alpha_2 f_2, \varphi\rangle = \langle \alpha_1 f_1, \varphi\rangle + \langle \alpha_2 f_2, \varphi\rangle, \forall \varphi(x) \in M'(\Omega).$$

另外它还满足如下的极限关系：设有广义函数列 $\{f_k(x)\}$ 和一广义函数 $f(x)$，如果有

$$\lim_{k\to\infty}\langle f_k, \varphi\rangle = \langle f, \varphi\rangle, \forall \varphi \in M(\Omega),$$

则称在 $M'(\Omega)$ 中有极限关系：

$$\lim_{k\to\infty} f_k = f.$$

这种极限也称为弱极限.

由于四个基本函数空间满足式(D.1)的包含关系，作为对偶空间的广义函数空间正好有相反的关系：

$$(C_0^\infty(\mathbf{R}^n))' \supset (\varphi(\mathbf{R}^n))' \supset (C^\infty(\mathbf{R}^n)) \supset (C(\mathbf{R}^n))', \tag{D.2}$$

这也就说明基本函数空间越小，与其对偶的广义函数空间越大．上述四个基本函数

空间中最广的是$(C_0^\infty(\mathbf{R}^n))'$，如果不加特别说明，以后说的广义函数$f(x)$都是此空间中的广义函数．

2. 广义函数的几个例子

例 1（正则广义函数）　若$f(x)$是在$\mathbf{R}$上局部可积的普通的一元函数，即$f(x)$在任意一个有界闭区间上绝对可积．这时，把它作为一元广义函数$f(x)$，与试验函数的配对就用经典意义下的积分来定义，即

$$\langle f,\varphi\rangle = \int_{-\infty}^{+\infty} f(x)\varphi(x)\,\mathrm{d}x,\ \forall\,\varphi(x)\in C_0^\infty(\mathbf{R}),$$

称此广义函数为正则广义函数，或者为积分型广义函数．非正则广义函数称为奇异广义函数．

例 2　狄拉克(Dirac)函数或单位脉冲函数$\delta(x)$，其配对定义为

$$\langle \delta(x),\varphi\rangle = \int_{-\infty}^{+\infty}\delta(x)\varphi(x)\,\mathrm{d}x = \varphi(0),\ \forall\,\varphi(x)\in C(\mathbf{R}).$$

与例 1 中的正则广义函数不同，它是奇异广义函数．

例 3　一元广义函数$\dfrac{1}{x}$，其配对的定义为

$$\langle \frac{1}{x},\varphi\rangle = \int_{-\infty}^{+\infty}\frac{1}{x}\varphi(x)\,\mathrm{d}x \overset{d}{=} \mathrm{P.\,V.}\int_{-\infty}^{+\infty}\frac{1}{x}\varphi(x)\,\mathrm{d}x,\ \forall\,\varphi(x)\in C_0^\infty(\mathbf{R}),$$

即用积分主值来定义配对的值，所以不难推出

$$\langle \frac{1}{x},\varphi\rangle = \mathrm{P.\,V.}\int_{-\infty}^{+\infty}\frac{1}{x}\varphi(x)\,\mathrm{d}x \overset{d}{=} -\int_{-\infty}^{+\infty}\ln|x|\,\varphi'(x)\,\mathrm{d}x.$$

3. 广义函数的某些简单运算

(1)广义函数的导数

若$f(x)$为一个一元广义函数，则$f'(x)$也是广义函数，其配对定义为

$$\langle f',\varphi\rangle \overset{d}{=} -\langle f,\varphi'\rangle.$$

若$f(x)$为一个n元广义函数，则$\dfrac{\partial f(x)}{\partial x_k}$也是广义函数，其配对定义为

$$\langle \frac{\partial f}{\partial x_k},\varphi\rangle \overset{d}{=} -\langle f,\frac{\partial\varphi}{\partial x_k}\rangle.$$

特别地，把连续可微函数看做广义函数时的导数与经典函数的导数是一致的．从积分形式来看，广义函数的导数相当于应用分部积分公式把求导运算转移到基本函数空间的求导运算．由于基本函数空间的求导运算是封闭的，即基本函数空间中函数的导数仍是基本函数空间的函数，所以广义函数的求导运算可以不断地进行．

例 4　海维赛德(Heaviside)函数$h(x)$为

$$h(x) = \begin{cases}1, & x\geqslant 0,\\ 0, & x<0,\end{cases}$$

该函数可作为一个正则广义函数. 它的导数 $h'(x)$ 为

$$\begin{aligned}\langle h',\varphi\rangle &= -\langle h,\varphi'\rangle = -\int_{-\infty}^{+\infty} h(x)\varphi(x)\,\mathrm{d}x = -\int_{0}^{+\infty} \varphi(x)\,\mathrm{d}x \\ &= \varphi(0) = \langle\delta,\varphi\rangle, \forall\varphi\in C_0^\infty(\mathbf{R}).\end{aligned}$$

所以

$$h'(x) = \delta(x).$$

(2)广义函数的傅里叶变换

在这一部分中所讨论的广义函数只限于$(\varphi(\mathbf{R}^n))'$中的广义函数(此类广义函数也称为缓增广义函数). 这种广义函数包含了很多的正则广义函数和奇异广义函数. 另外基本函数空间$\varphi(\mathbf{R}^n)$中的函数具有一个重要的性质: 对于傅里叶变换和傅里叶逆变换是封闭的.

若$f(x)$是$(\varphi(\mathbf{R}^n))'$中的广义函数, 则它的傅里叶变换定义为

$$\langle F(f),\varphi\rangle \overset{d}{=} \langle f,F(\varphi)\rangle.$$

相应地它的傅里叶逆变换定义为

$$\langle F^{-1}(f),\varphi\rangle \overset{d}{=} \langle f,F^{-1}(\varphi)\rangle.$$

上述变换还可形式地定义为

$$F[f(t)] = \int_{-\infty}^{+\infty} f(t)\mathrm{e}^{-\mathrm{i}\omega t}\mathrm{d}t,$$

以及

$$F^{-1}[F(\omega)] = \frac{1}{2\pi}\int_{-\infty}^{+\infty} F(\omega)\mathrm{e}^{\mathrm{i}\omega t}\mathrm{d}\omega.$$

当然广义函数的傅里叶变换的性质与经典函数的傅里叶变换的性质类似, 在此不再陈述.

例 5 $F(\delta)=1$, $F^{-1}(1)=\delta$. 由定义可知

$$\begin{aligned}\langle F(\delta),\varphi\rangle &= \langle\delta,F(\varphi)\rangle = \int_{-\infty}^{+\infty}\delta(x)F(\varphi(x))\,\mathrm{d}x = F(\varphi(0)) \\ &= \int_{-\infty}^{+\infty}\varphi(x)\,\mathrm{d}x = \langle 1,\varphi\rangle, \forall\varphi\in\varphi(\mathbf{R}).\end{aligned}$$

所以

$$F(\delta) = 1.$$

$$\begin{aligned}\langle F^{-1}(1),\varphi\rangle &= \langle 1,F^{-1}(\varphi)\rangle = \int_{-\infty}^{+\infty} F^{-1}(\varphi(x))\,\mathrm{d}x = FF^{-1}(\varphi(0)) \\ &= \varphi(0) = \langle\delta,\varphi\rangle, \forall\varphi\in\varphi(\mathbf{R}).\end{aligned}$$

广义函数的其他运算还有很多, 如卷积运算、乘子、直积等, 这里我们不再叙述. 感兴趣的读者可参考相关的教材.

附录 E 傅里叶变换表与拉普拉斯变换表

1. 傅里叶变换表

	$f(x)$	$F(\omega)$
1	$h(x)=\begin{cases}0, & x<0\\1, & x\geqslant 0\end{cases}$	$\frac{1}{\mathrm{i}\omega}+\pi\delta(\omega)$
2	$u(x)=\begin{cases}0, & x<-\tau,\ x>\tau\\1, & -\tau<x<\tau\end{cases}$	$2\frac{\sin\omega\tau}{\omega}$
3	$\delta(x)$	1
4	$\delta^{(n)}(x)$	$(\mathrm{i}\omega)^n$
5	1	$2\pi\delta(\omega)$
6	$\cos\alpha x$	$\pi[\delta(\omega+a)+\delta(\omega-a)]$
7	$\sin\alpha x$	$\mathrm{i}\pi[\delta(\omega+a)-\delta(\omega-a)]$
8	$h(x)\cos\alpha x$	$\frac{\mathrm{i}s}{\alpha^2-s^2}+\frac{\pi}{2}[\delta(s-a)+\delta(s+a)]$
9	$h(x)\sin\alpha x$	$\frac{\alpha}{\alpha^2-\omega^2}+\frac{2}{1+\omega^2}$
10	$\mathrm{e}^{-ax+\mathrm{i}bx}(x>0,\ a>0)$	$\frac{\mathrm{i}}{-\omega+b+\mathrm{i}a}$
11	$\operatorname{sgn} x$	$\frac{2}{\mathrm{i}\omega}$
12	$\frac{1}{2}\mathrm{e}^{-\lvert x\rvert}$	$\frac{1}{1+\omega^2}$
13	$\frac{1}{\lvert x\rvert}(x\neq 0)$	$\frac{\sqrt{2\pi}}{\lvert\omega\rvert}\quad(\omega\neq 0)$
14	$\frac{1}{\sqrt{\lvert x\rvert}}\quad(x\neq 0)$	$\frac{\sqrt{2\pi}}{\sqrt{\lvert\omega\rvert}}\quad(\omega\neq 0)$
15	$f(x)=\begin{cases}0, & x<0,\\ \mathrm{e}^{-\beta x}, & x\geqslant 0\end{cases}\quad(\beta>0)$	$\frac{1}{\beta+\mathrm{i}\omega}$
16	$\frac{1}{\sqrt{2\pi}\sigma}\mathrm{e}^{-\frac{x^2}{2\sigma^2}}$	$\mathrm{e}^{-\frac{\omega^2\sigma^2}{2}}$
17	$\frac{\mathrm{e}^{-a\lvert x\rvert}}{\sqrt{\lvert x\rvert}}\quad(x\neq 0,\ a>0)$	$\sqrt{2\pi}\frac{\sqrt{\sqrt{\omega^2+a^2}+a}}{\omega^2+a^2}$

（续）

	$f(x)$	$F(\omega)$
18	$\frac{1}{x^2+a^2}\quad (a>0)$	$\frac{\pi}{a}e^{-a\|\omega\|}$
19	$f(x)=\begin{cases}\frac{1}{\sqrt{a^2-x^2}}, & \|x\|<a \\ 0, & \|x\|>a\end{cases}$	$\pi J_0(a\|\omega\|)$
20	$\frac{\sin ax}{x}\quad (a>0)$	$F(\omega)=\begin{cases}\pi, & \|\omega\|<a \\ 0, & \|\omega\|>a\end{cases}$
21	$\sin ax^2\quad (a>0)$	$\sqrt{\frac{\pi}{a}}\cos\left(\frac{\omega^2}{4a}+\frac{\pi}{4}\right)$
22	$\cos ax^2\quad (a>0)$	$\sqrt{\frac{\pi}{a}}\sin\left(\frac{\omega^2}{4a}-\frac{\pi}{4}\right)$
23	$\frac{\sin ax}{\sqrt{\|x\|}}$	$i\sqrt{\frac{\pi}{2}}\left(\frac{1}{\sqrt{\|\omega+a\|}}-\frac{1}{\sqrt{\|\omega-a\|}}\right)$
24	$\frac{\cos ax}{\sqrt{\|x\|}}$	$\sqrt{\frac{\pi}{2}}\left(\frac{1}{\sqrt{\|\omega+a\|}}+\frac{1}{\sqrt{\|\omega-a\|}}\right)$
25	$\arctan\frac{x}{a}\quad (a>0)$	$i\pi\frac{e^{-a\|\omega\|}}{\omega}$

2. 拉普拉斯变换表

	$f(t)$	$F(s)$
1	1	$\frac{1}{s}$
2	$\delta(t)$	1
3	$\delta^{(n)}(t)$	s^n
4	e^{at}	$\frac{1}{s-a}$
5	$t^n\quad (n=0, 1, 2, \cdots)$	$\frac{n!}{s^{n+1}}$
6	$t^{\nu}(\mathrm{Re}\nu>-1)$	$\frac{\Gamma(\nu+1)}{s^{\nu+1}}$
7	$\sqrt{t}$	$\frac{\sqrt{\pi}}{2}\frac{1}{s^{\frac{3}{2}}}$
8	$\frac{1}{\sqrt{t}}$	$\sqrt{\frac{\pi}{s}}$
9	$\sin at$	$\frac{a}{s^2+a^2}$

（续）

	$f(t)$	$F(s)$
10	$\cos at$	$\dfrac{s}{s^2+a^2}$
11	$t\sin at$	$\dfrac{2as}{(s^2+a^2)^2}$
12	$t\cos at$	$\dfrac{s^2-a^2}{(s^2+a^2)^2}$
13	$t^n\sin at \quad (n>-1)$	$\dfrac{n!}{2\mathrm{i}(s^2+a^2)^{n+1}}[(s+\mathrm{i}a)^{n+1}-(s-\mathrm{i}a)^{n+1}]$
14	$t^n\cos at \quad (n>-1)$	$\dfrac{n!}{2(s^2+a^2)^{n+1}}[(s+\mathrm{i}a)^{n+1}-(s-\mathrm{i}a)^{n+1}]$
15	$\dfrac{\sin at}{\sqrt{t}}$	$\sqrt{\dfrac{\pi}{2}}\sqrt{\dfrac{\sqrt{s^2+a^2}-s}{s^2+a^2}} \quad (\mathrm{Re}(s)\geqslant \lvert\mathrm{Im}\,a\rvert)$
16	$\dfrac{\cos at}{\sqrt{t}}$	$\sqrt{\dfrac{\pi}{2}}\sqrt{\dfrac{\sqrt{s^2+a^2}+s}{s^2+a^2}} \quad (\mathrm{Re}(s)\geqslant \lvert\mathrm{Im}\,a\rvert)$
17	te^{at}	$\dfrac{1}{(s-a)^2}$
18	$t^n e^{at} \quad (n=0,1,2,\cdots)$	$\dfrac{n!}{(s-a)^{n+1}}$
19	$\dfrac{1}{\sqrt{t}}e^{at}$	$\sqrt{\dfrac{\pi}{s-a}} \quad (\mathrm{Re}(s)\geqslant\mathrm{Re}(a))$
20	$\cosh at$	$\dfrac{s}{s^2-a^2}$
21	$\sinh at$	$\dfrac{a}{s^2-a^2}$
22	$t\cdot\cosh at$	$\dfrac{s^2+a^2}{(s^2-a^2)^2}$
23	$t\cdot\sinh at$	$\dfrac{2as}{(s^2-a^2)^2}$
24	$e^{-bt}\sin at$	$\dfrac{a}{(s+b)^2+a^2}$
25	$e^{-bt}\cos at$	$\dfrac{s+b}{(s+b)^2+a^2}$
26	$\sin at\cdot\sin bt$	$\dfrac{2abs}{[s^2+(a+b)^2][s^2+(a-b)^2]}$
27	$\sin^2 t$	$\dfrac{1}{2}\left(\dfrac{1}{s}-\dfrac{s}{s^2+4}\right)$
28	$\cos^2 t$	$\dfrac{1}{2}\left(\dfrac{1}{s}+\dfrac{s}{s^2+4}\right)$
29	$\sin a\sqrt{t}$	$\dfrac{a}{2}\sqrt{\dfrac{\pi}{s^3}}e^{-\frac{a^2}{4s}}$

（续）

	$f(t)$	$F(s)$
30①	$\dfrac{\sin a\sqrt{t}}{t}$	$\pi\cdot\operatorname{erf}\left(\dfrac{a}{2\sqrt{s}}\right)$
31	$\dfrac{\sin at}{t}$	$\arctan\dfrac{a}{s}\quad(\operatorname{Re}(s)\geqslant\operatorname{Im}a)$
32②	$\mathrm{e}^{-\frac{t^2}{4a}}\quad(a>0)$	$\sqrt{\pi a}\,\mathrm{e}^{as^2}\operatorname{erfc}(\sqrt{a}s)$
33	$t\cdot\mathrm{e}^{-\frac{t^2}{4a}}\quad(a>0)$	$2a(1-\sqrt{\pi a}\,\mathrm{e}^{as^2}\operatorname{erfc}(\sqrt{a}s))$
34	$\sinh a\sqrt{t}$	$\dfrac{a}{2}\sqrt{\dfrac{\pi}{s^3}}\mathrm{e}^{\frac{a^2}{4s}}$
35	$\cosh a\sqrt{t}$	$\dfrac{1}{s}+\dfrac{a}{2}\sqrt{\dfrac{\pi}{s^3}}\mathrm{e}^{\frac{a^2}{4s}}\operatorname{erf}\left(\dfrac{a}{2\sqrt{s}}\right)$
36	$\dfrac{\sinh a\sqrt{t}}{t}$	$\sqrt{\dfrac{\pi}{s}}\mathrm{e}^{\frac{a^2}{4s}}\operatorname{erf}\left(\dfrac{a}{2\sqrt{s}}\right)$
37	$\dfrac{\cosh a\sqrt{t}}{t}$	$\sqrt{\dfrac{\pi}{s}}\mathrm{e}^{\frac{a^2}{4s}}$
38	$\operatorname{erf}\left(\dfrac{t}{2a}\right)\quad(a>0)$	$\dfrac{1}{s}\mathrm{e}^{a^2s^2}\operatorname{erfc}(as)$
39	$\operatorname{erfc}\left(\dfrac{a}{\sqrt{t}}\right)\quad(a>0)$	$\dfrac{1}{s}\mathrm{e}^{-2a\sqrt{s}}$
40	$\operatorname{erf}(a\sqrt{t})\quad(a>0)$	$\dfrac{a}{s\sqrt{a^2+s}}$
41	$\dfrac{1}{\sqrt{\pi t}}\mathrm{e}^{-2a\sqrt{t}}$	$\dfrac{1}{\sqrt{s}}\mathrm{e}^{\frac{a^2}{s}}\operatorname{erfc}\left(\dfrac{a}{\sqrt{s}}\right)$
42	$\operatorname{erfc}(a\sqrt{t})\quad(a>0)$	$\dfrac{\sqrt{a^2+s}-a}{s\sqrt{a^2+s}}$
43	$\operatorname{erf}\left(\dfrac{a}{\sqrt{t}}\right)\quad(a>0)$	$\dfrac{1}{s}(1-\mathrm{e}^{-2a\sqrt{s}})$
44	$\mathrm{e}^t\cdot\operatorname{erfc}(\sqrt{t})$	$\dfrac{1}{s+\sqrt{s}}$
45	$J_\nu(\omega t)\quad(\operatorname{Re}\omega>-1)$	$\dfrac{\omega^\nu}{\sqrt{s^2+\omega^2}(s+\sqrt{s^2+\omega^2})^\nu}\quad(\operatorname{Re}(s)\geqslant\|\operatorname{Im}\omega\|)$

① 误差函数：$\operatorname{erf}(t)=\dfrac{2}{\sqrt{\pi}}\displaystyle\int_0^t\mathrm{e}^{-s^2}\mathrm{d}s.$

② 余误差函数：$\operatorname{erfc}(t)=1-\operatorname{erf}(t)=\dfrac{2}{\sqrt{\pi}}\displaystyle\int_t^{+\infty}\mathrm{e}^{-s^2}\mathrm{d}s.$

附录 F　Γ 函数和 B 函数

1. 伽马(Gamma)函数

伽马函数的定义为

$$\Gamma(z)=\int_0^{+\infty}t^{z-1}\mathrm{e}^{-t}\mathrm{d}t,\tag{F.1}$$

其中参数 z 可以取复数 $z=x+\mathrm{i}y$.

将 $\Gamma(z)$ 分为两个积分

$$\Gamma(z)=\int_0^1 t^{z-1}\mathrm{e}^{-t}\mathrm{d}t+\int_1^{+\infty}t^{z-1}\mathrm{e}^{-t}\mathrm{d}t=I_1+I_2,$$

对于 I_1，因为 $t^{z-1}\mathrm{e}^{-t}\sim t^{z-1}(t\to 0)$，所以对于 $\mathrm{Re}\,z>0$，I_1 是收敛的；而 I_2 对任何 z 都是收敛的，所以 $\Gamma(z)$ 对于 $\mathrm{Re}\,z>0$ 是收敛的.

特别地，当 $z=x$(实数)时，$\Gamma(x)$ 的定义域为 $\{x\mid x>0\}$.

2. 伽马函数的有关公式

(1) 递推公式

$$\Gamma(z+1)=z\Gamma(z)\quad(\mathrm{Re}\,z=\sigma>0),\tag{F.2}$$

特别地，当 n 为正整数时，

$$\Gamma(n+1)=n!.$$

$$\Gamma(1)=\Gamma(2)=1.$$

(2)

$$\Gamma\left(\frac{1}{2}\right)=\sqrt{\pi}.\tag{F.3}$$

3. 贝塔(Beta)函数

贝塔函数的定义为

$$B(x,y)=\int_0^1 t^{x-1}(1-t)^{y-1}\mathrm{d}t\quad(x>0,y>0),\tag{F.4}$$

因为

$$t^{x-1}(1-t)^{y-1}\sim t^{x-1}\quad(t\to 0^+),$$

$$t^{x-1}(1-x)^{y-1}\sim(1-t)^{y-1}\quad(t\to 1^-),$$

所以这个积分对于 $x>0$，$y>0$ 是收敛的，它的定义域为 $x>0$，$y>0$.

贝塔函数的其他形式：令 $t=\sin^2\theta$，则贝塔函数式(F.4)变为

$$\mathrm{B}(x,y)=2\int_0^{\frac{\pi}{2}}\sin^{2x-1}\theta\cos^{2y-1}\theta\mathrm{d}\theta.\tag{F.5}$$

又令 $t=\dfrac{1}{1+s}$，则式(F.4)变为

$$\mathrm{B}(x,y)=\int_0^{+\infty}\frac{s^{y-1}}{(1+s)^{x+y}}\mathrm{d}s.\tag{F.6}$$

4. 贝塔函数的有关公式

(1) 对称性

$$\mathrm{B}(x,y)=\mathrm{B}(y,x).\tag{F.7}$$

这只要在式(F.4)中作变量代换 $t=1-s$ 即可证明.

(2) 递推公式

$$B(x+1,y+1)=\frac{xy}{(x+y+1)(x+y)}B(x,y)\quad(x,y>0)\tag{F.8}$$

证 经过分部积分运算

$$\begin{aligned}B(x+1,y+1)&=\int_0^1 t^x(1-t)^y\mathrm{d}t\\&=\frac{t^{x+1}(1-t)^y}{x+1}\bigg|_0^1+\frac{y}{x+1}\int_0^1 t^{x+1}(1-t)^{y-1}\mathrm{d}t\\&=\frac{y}{x+1}\int_0^1[t^x-t^x(1-t)](1-t)^{y-1}\mathrm{d}t\\&=\frac{y}{x+1}\left[\int_0^1 t^x(1-t)^{y-1}\mathrm{d}t-\int_0^1 t^x(1-t)^y\mathrm{d}t\right]\\&=\frac{y}{x+1}(B(x+1,y)-B(x+1,y+1)),\end{aligned}$$

所以

$$B(x+1,y+1)=\frac{y}{x+y+1}B(x+1,y).$$

利用对称性，又得

$$B(x+1,y+1)=\frac{x}{x+y+1}B(x,y+1),$$

所以

$$\begin{aligned}B(x+1,y+1)&=\frac{y}{x+y+1}B(x+1,(y-1)+1)\\&=\frac{y}{x+y+1}\,\frac{x}{x+(y-1)+1}B(x,y)\\&=\frac{xy}{(x+y+1)(x+y)}B(x,y).\end{aligned}$$

(3)
$$B(x,\ y)=\frac{\Gamma(x)\Gamma(y)}{\Gamma(x+y)}.\tag{F.9}$$

证 在代换 $u=tv$ 下，

$$\begin{aligned}\Gamma(y)&=\int_0^{+\infty}u^{y-1}\mathrm{e}^{-u}\mathrm{d}u\\&=\int_0^{+\infty}(tv)^{y-1}\mathrm{e}^{-tv}t\mathrm{d}v,\end{aligned}$$

即

$$\frac{\Gamma(y)}{t^y}=\int_0^{+\infty}v^{y-1}\mathrm{e}^{-tv}\mathrm{d}v.\tag{F.10}$$

把此式中的 y 写成 $x+y$，t 写成 $1+t$，得

$$\frac{\Gamma(x+y)}{(1+t)^{x+y}}=\int_0^{+\infty}v^{x+y-1}\mathrm{e}^{-(t+1)v}\mathrm{d}v,\tag{F.11}$$

以 t^{y-1} 乘等式(F.10)两端，并对 t 从 0 到 $+\infty$ 积分，得到

$$\begin{aligned}\Gamma(x+y)\int_0^{+\infty}\frac{t^{y-1}}{(1+t)^{x+y}}\mathrm{d}t &= \int_0^{+\infty} t^{y-1}\int_0^{+\infty} v^{x+y-1}\mathrm{e}^{-(t+1)v}\mathrm{d}v\mathrm{d}t \\ &= \int_0^{+\infty} t^{y-1}\mathrm{d}t\int_0^{+\infty} v^{x+y-1}\mathrm{e}^{-(t+1)v}\mathrm{d}v \\ &= \int_0^{+\infty} v^{x+y-1}\mathrm{e}^{-v}\mathrm{d}v\int_0^{+\infty} t^{y-1}\mathrm{e}^{-tv}\mathrm{d}t,\end{aligned}$$

由等式(F.11)得

$$\begin{aligned}\Gamma(x+y)\mathrm{B}(x,y) &= \int_0^{+\infty} v^{x+y-1}\mathrm{e}^{-v}\frac{\Gamma(y)}{v^y}\mathrm{d}v \\ &= \Gamma(x)\Gamma(y),\end{aligned}$$

从而得到式(F.9).

5. 有关伽马函数和贝塔函数的其他一些公式

$$\Gamma(z)\Gamma(1-z) = \frac{\pi}{\sin \pi z} \quad (\text{余元公式}). \tag{F.12}$$

$$\Gamma(2z) = \frac{2^{2z-1}}{\sqrt{\pi}}\Gamma(z)\Gamma\left(z+\frac{1}{2}\right) \quad (\text{倍元公式}). \tag{F.13}$$

$$\Gamma\left(n+\frac{1}{2}\right) = \frac{(2n-1)!!}{2^n}\sqrt{\pi} \quad (n=1,2,\cdots). \tag{F.14}$$

$$\Gamma\left(-n+\frac{1}{2}\right) = (-1)^n\frac{2^n\sqrt{\pi}}{(2n-1)!!} \quad (n=1,2,\cdots). \tag{F.15}$$

$$\Gamma(n+1) = n! \sim \left(\frac{n}{\mathrm{e}}\right)^n\sqrt{2\pi n} \quad (n\to\infty). \tag{F.16}$$

$$\mathrm{B}(x,y) = \mathrm{B}(x+1,y) + \mathrm{B}(x,y+1). \tag{F.17}$$

$$\mathrm{B}(x,x) = 2^{1-2x}\mathrm{B}\left(x,\frac{1}{2}\right). \tag{F.18}$$

利用 $\Gamma(z)=\frac{\Gamma(z+1)}{z}$ 也可以将 $\Gamma(z)$ 的定义域拓展到左半平面，这时 $\Gamma(z)$ 成为一个除以 $z=-n(n=0,\ 1,\ 2,\ \cdots)$ 为一级极点外的解析函数．利用贝塔函数与伽马函数之间的关系式(F.9)也可以把贝塔函数的定义域类似地拓展到复平面上去．

部分习题参考答案

第 1 章

习题1

1. $\dfrac{\partial^2 u}{\partial t^2}=a^2\dfrac{\partial^2 u}{\partial x^2}-g$.

2. $\dfrac{\partial u}{\partial t}=a^2\left(\dfrac{\partial^2 u}{\partial x^2}+\dfrac{\partial^2 u}{\partial y^2}\right)\quad(a^2=D)$.

3. $\Delta u=-\rho(x,y,z)$.

4. $u(0,t)=0,u_x(l,t)=\dfrac{A}{ES}\sin\omega t$,其中 E 为弹性模量.

5. $u_x(0,t)=-\dfrac{q_1}{k},u_x(l,t)=\dfrac{q_2}{k}$.

6. 在球坐标系中,坐标原点在球心,z 轴方向指向正上方的太阳. 边界条件为

$$(ku_r+\alpha u)\big|_{r=a}=\begin{cases}M\cos\theta & 0\leqslant\theta\leqslant\dfrac{\pi}{2},\\ 0 & \dfrac{\pi}{2}\leqslant\theta\leqslant\pi,\end{cases}$$ 其中 α 为热交换系数.

第 2 章

习题2

3. (1) 方程为椭圆型. 变换为 $\xi=2x-y,\eta=x$,

标准方程为 $u_{\xi\xi}+u_{\eta\eta}+u_{\xi}+u_{\eta}=0$.

(2) 方程为双曲型. 变换为 $\xi=y-3x,\eta=x+y$,

标准方程为 $u_{\xi\eta}-\dfrac{1}{2}u_{\eta}=0$.

也可令变换为 $\alpha=y-x,\beta=-2x$,标准方程为 $u_{\alpha\alpha}-u_{\beta\beta}=u_{\alpha}-u_{\beta}$.

(3) 方程为椭圆型．变换为 $\xi=\ln(x+\sqrt{1+x^2})$，$\eta=\ln(y+\sqrt{1+y^2})$，

标准方程为 $u_{\xi\xi}+u_{\eta\eta}=0$.

(4) 当 $y<0$ 时，方程为双曲型．变换为 $\xi=x+2\sqrt{-y}$，$\eta=x-2\sqrt{-y}$，

标准方程为 $u_{\xi\eta}+\dfrac{1}{2(\xi-\eta)}(u_\xi-u_\eta)=0$.

当 $y=0$ 时，方程为抛物型．

当 $y>0$ 时，方程为椭圆型．变换为 $\xi=x$，$\eta=2\sqrt{y}$，

标准方程为 $u_{\xi\xi}+u_{\eta\eta}-\dfrac{1}{\eta}u_\eta=0$.

第 3 章

习题3

1. (1) $u(x,t)=\sum_{n=1}^{\infty}\dfrac{4kl^2(1-(-1)^n)}{n^3\pi^3}\cos\dfrac{n\pi at}{l}\sin\dfrac{n\pi x}{l}\quad(0<x<l,t>0)$;

(2) $u(x,t)=\dfrac{16l^2}{\pi^3 a}\sum_{n=0}^{\infty}(-1)^n\dfrac{1}{(2n+1)^3}\sin\dfrac{(2n+1)\pi at}{2l}\sin\dfrac{(2n+1)\pi x}{2l}(0<x<l,t>0)$.

3. (1) $u(x,t)=\dfrac{4Al^2}{\pi^3}\sum_{n=1}^{\infty}\dfrac{1-(-1)^n}{n^3}e^{-\left(\frac{n\pi a}{l}\right)^2 t}\sin\dfrac{n\pi x}{l}$;

(2) $u(x,t)=\dfrac{4V_0}{\pi}\sum_{n=0}^{\infty}\dfrac{(-1)^n}{(2n+1)}e^{-\left[\frac{(2n+1)\pi a}{2l}\right]^2 t}\cos\dfrac{(2n+1)\pi x}{2l}$;

(3) $u(r,\theta)=-\dfrac{1}{2h}+\dfrac{r^2}{2a(2-ha)}\cos 2\theta$.

4. (1) $u=\dfrac{A}{\omega}(1-\cos\omega t)$;

(2) $u(r,\varphi)=\sum_{k=0}^{\infty}\dfrac{4u_0}{\pi}\dfrac{1}{(2k+1)}\left(\dfrac{r}{R}\right)^{2k+1}\sin(2k+1)\varphi$;

(3) $u(r,\theta)=C+\dfrac{a}{4}(r^2-R^2)+\dfrac{b}{12}r^2(r^2-R^2)\cos 2\theta$;

(4) $u=\dfrac{x}{l}T_2+\left(1-\dfrac{x}{l}\right)T_1e^{-\beta t}+\sum_{n=1}^{\infty}\dfrac{2}{n\pi}((-1)^nT_2-T_2)e^{-\left(\frac{n\pi a}{l}\right)^2 t}\sin\dfrac{n\pi}{l}x+$

$$\sum_{n=1}^{\infty}\frac{2\beta T_1}{n\pi}\frac{l^2}{(n\pi a)^2-\beta l^2}(\mathrm{e}^{-\beta t}-\mathrm{e}^{-(\frac{n\pi a}{l})^2 t})\sin\frac{n\pi}{l}x;$$

(5) $u=\frac{1}{2}+\frac{1}{2}\cos\frac{\pi at}{l}\cos\frac{\pi x}{l}+$

$$\frac{Al}{\pi a}\frac{l^2}{l^2\omega^2-\pi^2a^2}\left(\omega\sin\frac{\pi at}{l}-\frac{\pi a}{l}\sin\omega t\right)\cos\frac{\pi x}{l}.$$

5. $u(r,\theta)=\sum_{n=1}^{\infty}\frac{2}{\alpha}\left(\frac{r}{R}\right)^{\frac{n\pi}{\alpha}}\int_0^{\alpha}f(\theta)\sin\frac{n\pi\theta}{\alpha}\mathrm{d}\theta\sin\frac{n\pi\theta}{\alpha}.$

6. $u(r,t)=\frac{v(r,t)}{r}=\frac{2}{rR}\sum_{n=1}^{\infty}\int_0^R rf(r)\sin\frac{n\pi r}{R}\mathrm{d}r\mathrm{e}^{-(\frac{n\pi a}{R})t}\sin\frac{n\pi r}{R}.$

7. $u(r,\theta)=\frac{u_1b-u_2a}{b-a}+\frac{2(u_2-u_1)}{b-a}+\frac{A}{4}r^2+\frac{C_0}{2}\ln r+\frac{C_1}{2},$

其中

$$C_0=\frac{\frac{A}{2}(a^2-b^2)+2(u_2-u_1)}{\ln b-\ln a},$$

$$C_1=-C_0\ln a-\frac{A}{2}a^2-\frac{u_1-u_2}{b-a}\cdot 2a.$$

8. $u=\frac{16Aa^2b^2}{\pi^6}\sum_{n=1}^{\infty}\frac{(1-(-1)^m)(1-(-1)^n)}{m^3n^3}\sin\frac{n\pi x}{a}\cdot\sin\frac{m\pi y}{b}\cdot$

$\cos\frac{\pi\sqrt{a^2m^2+b^2n^2}\cdot t}{ab}.$

第 4 章

习题 4

5. (1) $(x^3-4x)\mathrm{J}_1(x)+2x^2\mathrm{J}_0(x)$； (2) $\mathrm{J}_0(1)-4\mathrm{J}_1(1)+1$.

7. $f(x)=\sum_{n=1}^{\infty}\frac{\mathrm{J}_1(\omega_n)}{2\omega_n\mathrm{J}_1^2(2\omega_n)}\mathrm{J}_0(\omega_n x).$

8. $f(x)=\sum_{n=1}^{\infty}\frac{-2}{\omega_n\mathrm{J}_0(\omega_n)}\mathrm{J}_1(\omega_n x).$

9. $u=u_0-2u_0\sum_{n=1}^{\infty}\frac{1}{R\omega_n\mathrm{J}_1(R\omega_n)}\mathrm{J}_0(\omega_n r)\mathrm{e}^{-(\omega_n a)^2 t}$,其中 ω_n 是 $\mathrm{J}_0(Rx)=0$ 的正根.

第 5 章

习题5

3. $$I=\begin{cases}\dfrac{2n}{4n^2-1}, & m=n-1,\\ \dfrac{2(n+1)}{(2n+3)(2n+1)}, & m=n+1,\\ 0, & m-n\neq\pm 1.\end{cases}$$

4. $f(x)=\dfrac{1}{4}\mathrm{P}_0(x)+\dfrac{1}{2}\mathrm{P}_1(x)+\sum\limits_{n=1}^{\infty}\dfrac{(-1)^{n-1}(4n+1)(2n-2)!}{2^{2n+1}(n-1)!(n+1)!}\mathrm{P}_{2n}(x)$.

5. $f(x)=\dfrac{1}{2}(1-\alpha)+\dfrac{1}{2}\sum\limits_{n=1}^{\infty}[\mathrm{P}_{n-1}(\alpha)-\mathrm{P}_{n+1}(\alpha)]\mathrm{P}_n(x)$.

6. $u=\dfrac{1}{3}+\dfrac{3}{5}\dfrac{r}{R}\cos\theta+\dfrac{2}{3}\left(\dfrac{r}{R}\right)^2\mathrm{P}_2(\cos\theta)+\dfrac{2}{5}\left(\dfrac{r}{R}\right)^3\mathrm{P}_3(\cos\theta)$.

7. $u=-\dfrac{R}{2}\left(\dfrac{R}{r}\right)^2\cos\theta$.

8. $u=u_0\sum\limits_{k=0}^{\infty}(-1)^k(4k+3)\dfrac{(2k-1)!!}{(2k+2)!!}\left(\dfrac{r}{R}\right)^{2k+1}\mathrm{P}_{2k+1}(\cos\theta)$.

第 6 章

习题6

2. $x^4+x^2=\dfrac{5}{4}\mathrm{H}_0(x)+\mathrm{H}_1(x)+\dfrac{1}{16}\mathrm{H}_4(x)$.

第 7 章

习题7

1. $u(x,t)=2a^2t+x^2+1$.

2. $u(x,t)=\dfrac{1}{2a\sqrt{\pi t}}\mathrm{e}^{-\frac{x^2}{4a^2t}}$.

3. $u(x,t)=\sin x\cos t+xt^2$.

4. $u(x,t)=\sin x\cos at$.

5. $u(x,t)=\dfrac{2A}{\sqrt{\pi}}\int_{\frac{x}{2a\sqrt{t}}}^{+\infty}\mathrm{e}^{-\left(\frac{x^2}{4a^2\xi^2}+\xi^2\right)}\mathrm{d}\xi$.

6. $u(x,t)=-2a\int_{\frac{x}{2a\sqrt{t}}}^{+\infty}\mathrm{e}^{-s^2}\mathrm{d}s$.

7. $u(x,t)=xy+yz+zx+(x^2+yz)t+\dfrac{a^2t^3}{3}$.

8. $u(x,t)=x^2(x+y)+(3x+y)a^2t^2$.

第 8 章

习题 8

3. $G(M_0,M)=\dfrac{1}{4\pi}\cdot\dfrac{1}{\sqrt{(x-x_0)^2+(y-y_0)^2+(z-z_0)^2}}-\dfrac{1}{4\pi}\cdot\dfrac{1}{\sqrt{(x-x_0)^2+(y+y_0)^2+(z-z_0)^2}}$,其中 $M_0(x_0,y_0,z_0)$ 是右半空间 $y>0$ 内一点.

4. $$G(M_0,M)=\frac{1}{4\pi}\frac{1}{\sqrt{(x-x_0)^2+(y-y_0)^2+(z-z_0)^2}}-\frac{1}{4\pi}\frac{1}{\sqrt{(x-x_0)^2+(y-y_0)^2+(z+z_0)^2}}+\frac{1}{4\pi}\frac{1}{\sqrt{(x-x_0)^2+(y+y_0)^2+(z+z_0)^2}}-\frac{1}{4\pi}\frac{1}{\sqrt{(x-x_0)^2+(y+y_0)^2+(z-z_0)^2}}+\frac{1}{4\pi}\frac{1}{\sqrt{(x+x_0)^2+(y-y_0)^2+(z+z_0)^2}}-\frac{1}{4\pi}\frac{1}{\sqrt{(x+x_0)^2+(y-y_0)^2+(z-z_0)^2}}+\frac{1}{4\pi}\frac{1}{\sqrt{(x+x_0)^2+(y+y_0)^2+(z-z_0)^2}}-\frac{1}{4\pi}\frac{1}{\sqrt{(x+x_0)^2+(y+y_0)^2+(z+z_0)^2}},$$

其中 $M_0(x_0,y_0,z_0)$ 是第一卦限 $x>0,y>0,z>0$ 内一点.

5. $G(M_0,M)=\dfrac{1}{4\pi}\cdot\dfrac{1}{r_{MM_0}}-\dfrac{1}{4\pi}\cdot\dfrac{1}{r_0 r_{MM_0}}-\dfrac{1}{4\pi}\dfrac{1}{r_{MM_0'}}+\dfrac{1}{4\pi}\dfrac{1}{r_{MM_1'}}$,其中 M_0 是上半单位球

域内一点．M_1 是 M_0 关于球面的对称点，M_0'是 M_0 关于 $z=0$ 的对称点，M_1'是 M_1 关于 $z=0$ 的对称点．

7. $$G(M_0,M)=-\frac{1}{4\pi}\ln[(x-x_0)^2+(y-y_0)^2]+\frac{1}{4\pi}\ln[(x+x_0)^2+(y-y_0)^2]-\frac{1}{4\pi}\ln[(x+x_0)^2+(y+y_0)^2]+\frac{1}{4\pi}\ln[(x-x_0)^2+(y+y_0)^2],$$

其中 $M_0(x_0,y_0)$是第二象限 $x>0,y<0$ 内一点．

8. $G(M_0,M)=-\frac{1}{2\pi}\ln\cdot\frac{1}{r_{MM_0}}+\frac{1}{2\pi}\cdot\frac{1}{r_0 r_{MM_1}}+\frac{1}{2\pi}\ln r_0$，其中 M_0 是单位圆域内一点，M_1 是点 M_0 关于圆周的对称点．

第 9 章

习题 9

略．

第 10 章

习题 10

略．

参 考 文 献

[1] 汪德新, 数学物理方法[M]. 北京:科学出版社, 2006.

[2] 胡嗣柱, 倪光炯,. 数学物理方法[M]. 北京:高等教育出版社, 2002.

[3] 郭敦仁. 数学物理方法[M]. 北京:高等教育出版社, 1965.

[4] 梁昆淼, 数学物理方法[M]. 北京:人民教育出版社, 1961.

[5] R柯朗, D希尔伯特. 数学物理方法:卷Ⅰ[M]. 钱敏,郭敦仁,译. 北京:科学出版社, 1958.

[6] R柯朗, D希尔伯特. 数学物理方法:卷Ⅱ[M]. 熊振翔,杨应辰,译. 北京:科学出版社, 1977.

[7] 严镇军, 数学物理方法[M]. 合肥:中国科学技术大学出版社, 1999.

[8] 杨华军, 数学物理方法与计算机仿真[M]. 北京:电子工业出版社,2005.

[9] 王明新, 数学物理方程[M]. 北京:清华大学出版社,2005.

[10] 杨奇林, 数学物理方程与特殊函数[M]. 北京:清华大学出版社,2004.

[11] 李家春, 数学物理中的渐近方法[M]. 北京:科学出版社,2006.

[12] 徐鉴君, 凝固过程动力学与交界面稳定性理论导引[M]. 北京:科学出版社,2006.

[13] Ali Hasan Nayfeh. Introduction to Perturbation Techniques[M]. New York:Wiley-Interscience publication, 1981.

[14] 谷超豪, 李大潜, 陈恕行, 等. 数学物理方程[M]. 北京:高等教育出版社, 2002.

[15] 孙仁济, 陈明文,数学物理方程[M]. 北京:中国科学文化出版社,2001.